U0014983

All Voices from the Island

島嶼湧現的聲音

二〇〇九年中度颱風莫拉克為何釀成巨災？
全面解讀颱風之謎！

颱風
在下一次巨災來臨前
記二〇〇九年莫拉克風災後的重建與防災故事

TYPHOON: Becoming Resilience Before the Next Disaster

Contents

CHAPTER 01

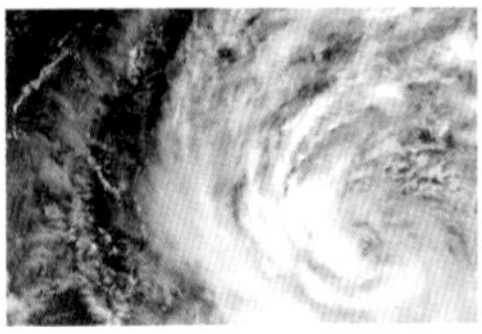

CHAPTER 02

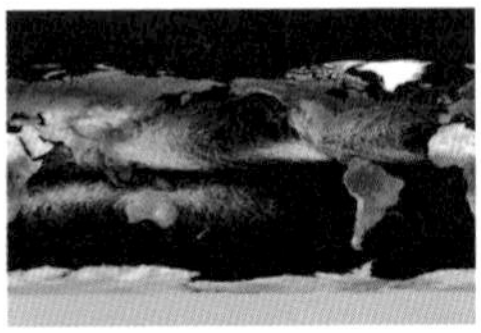

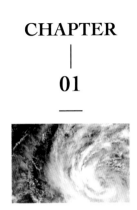

CHAPTER 03

水與土地交纏捲起的巨變……092
——災害為何接踵而來

CHAPTER 04

回得去嗎？……132
——重建的故事與人

CHAPTER

05

先驅性的颱風研究與防災科研運用……206

CHAPTER

06

機會或是命運——耐災生活的未來藍圖……258

——序文——

防災的演進

國家災害防救科技中心主任 陳宏宇

「颱風」對於居住在太平洋西岸亞熱帶地區的我們來說，是一個再熟悉不過的名詞，打從剛懂事的孩提時代以來，大家都已經是這個天然災害的見證人了。伴隨著颱風的出現，每次都是大風大雨一路跟著來，無一例外。不同的是，它衝擊力道的大小。力道大的，致災性強，人命財物的損失便接踵而至；力道小的，充沛雨量的挹注，反而變成解決民生問題的活水。多年來，由於它負面的影響遠大於正面的表列，因此，防救災的議題，便與「颱風」齒唇相依地圍繞在大家生活的周遭。這些令人印象深刻的致災性颱風，包括了一九九六年賀伯颱風、二〇〇一年桃芝颱風和納莉颱風、二〇〇四年敏督利颱風、二〇〇八年卡玫基颱風、二〇〇九年莫拉克颱風等等，幾乎每個颱風都是時雨量破百毫米，累積雨量破千毫米的歷史紀錄。而且，各個颱風相對於周遭環境，以及大眾百姓的傷害相當驚人，其中造成傷亡慘重的二〇〇九年莫拉克颱風，雖然一眨眼，已經過了十個年頭，但是這個縈繞於大家腦海中的山崩、土石流等地質災害，幾乎是一個無法抹除的夢魘。

這些高強度的降雨事件，已經成為近期極端氣候中一種常態現象，也是我們居住在這個地方所必須經常面對的。

其實颱風暴雨並不是我們唯一承受的大自然衝擊事件，在臺灣一年四季中，就有將近四分之一的時間，會碰上無風無雨的高溫與乾旱的日子。二〇一五年及二〇一八年的立春過後，出現連續五個月、不見雨水的高溫天氣，都會區內從五月汛期開始，屢屢出現超過攝氏三十五度的高溫，甚至延續達兩個月，超越了歷史紀錄，使得南部水庫的蓄積水量只剩下不到三%，缺水問題不停地浮上檯面，也直接、間接地衝擊了民生，以及經濟發展。

如何讓憾事不再發生，如何在氣候變遷的大環境中生活得安適，最切身的工作就是盡快將過去歷史災情中的致災因子找出來，然後提出與大自然共存共榮的生活方式，才是我們的因應之道。

這本書是災防科技中心的同仁第一次嘗試與金鼎獎製作團隊合作，期望透過文學的筆觸、科普的語言翔實記錄颱風災害事件的始末以及每一次颱風災害的衝擊，也將過去只提供災害調查使用、鮮為人知的科技輔佐工具，逐一曝光介紹，並旁徵博引地敘明災害觸發時，周遭地質環境的致災因子，讓我們在探討過去災因發生的同時，可以逐一找出致災的弱點，逐步來強化避災及減災的措施，減少人命及財產的損失，這應該才是大家所期待的。

——前言——

風暴前夕

水情告急！水庫水位降到歷史新低，日月潭九蛙疊像已有七隻青蛙露出水面，恐將啟動第二階段限水，第一期稻作被迫停灌休耕……人們議論紛紛，今年梅雨季是否又是個「空梅」？是否只能指望颱風季帶來雨水舒緩旱象？

但若是老天過分慷慨降下暴雨，乾渴的大地可能一夕變為水鄉澤國，大雨挾帶泥沙使原水濁度破表，民眾對水龍頭流出的濁水抱怨連連，各大超市礦泉水被搶購一空。愈來愈極端的旱澇交替考驗著水利單位該如何應變，颱風來臨前快見底的水庫無法提前洩洪，而一個颱風可能就會帶來足以填滿整個水庫的雨量，令水庫不得不在颱風期間洩洪，又被質疑加重下游水災災情。萬一這個颱風雷聲大雨點小呢？該不該進行預警性洩洪？或保留珍貴的水資源因應接下來長達半年的枯水期？

同樣繃緊神經的還有政府各級機關防災人員。在一般民眾規劃暑假出國旅遊的行程時，他們知道自己得留在國內為可能發生的狀況做好準備，期望能度過一個無災無難的颱風季。各縣市首長則是祈禱自己能在該不該放颱風假的問題上做出完美決定，畢竟一旦決定放假卻無風無雨，或者狂風暴雨卻沒放假，聲望或滿意度可是會一夕崩落。

你問，我們現在談的是哪一場風暴前夕呢？從人類的角度，制度性地為颱風編號、命名不過是近百年來的事，但別忘了這座島嶼的自然環境與眾多生靈千萬年來也不斷接受颱風洗禮。一隻臺灣獼猴會記得那場吹落森林一半以上枝葉，讓牠必須離鄉背井一年半才能回到原居地的颱風，一株白匏子會記得那場擾動樹冠層形成孔隙，使它有機會接觸更多陽光、萌芽茁壯的颱風。森林不記得颱風的名字，然而卻是颱風淬鍊出它如今的樣貌。在三級以上颶風侵襲頻率約每五十年一至兩次的美國東北部，一次颶風可能導致超過二〇%林木死亡，一九九六年強烈颱風賀伯中心幾乎直接穿越福山，事後調查卻發現僅有不到二%的林木死亡，熱帶氣旋擾動最頻繁的西北太平洋，打造出最強韌的森林生態系。[1]

相較於如此巨大的演化時間尺度，我們對於颱風的適應似乎才剛起步。自一八九六年日本殖民政府成立臺灣總督府臺北測候所、一八九七年發布第一張颱風氣象圖以來，有許多事已經改變了，包括許多前人難以想像的觀測工具與科技進展；但也有許多現象如原地踏步般不斷重演，例如中央氣象局的預報能力常在災後成為眾矢之的，這樣的批評是否合理？更嚴峻的問題是，颱風是不是也變了？臺灣未來會遭遇威力更強的颱風嗎？該如何面對日趨極端的氣象災害？希望你手上這本書，能夠成為改變思維的契機，讓風暴之島的子民，在減災與避災的道路上，持續往前。

（本文作者：林書帆）

1 參考林登秋，〈颱風對森林生態系的影響：福山啟示錄〉，《林業研究專訊》第十九卷第六期（二〇一二年），頁五二至五八。金恆鑣，〈自然，吹又生〉，《中國時報》（二〇〇四年九月二十四日），E7版。

CHAPTER

01

颱風變臉！
空中風雲史

莫拉克颱風衛星雲圖（圖片來源：United States Navy, Wikimedia commons）

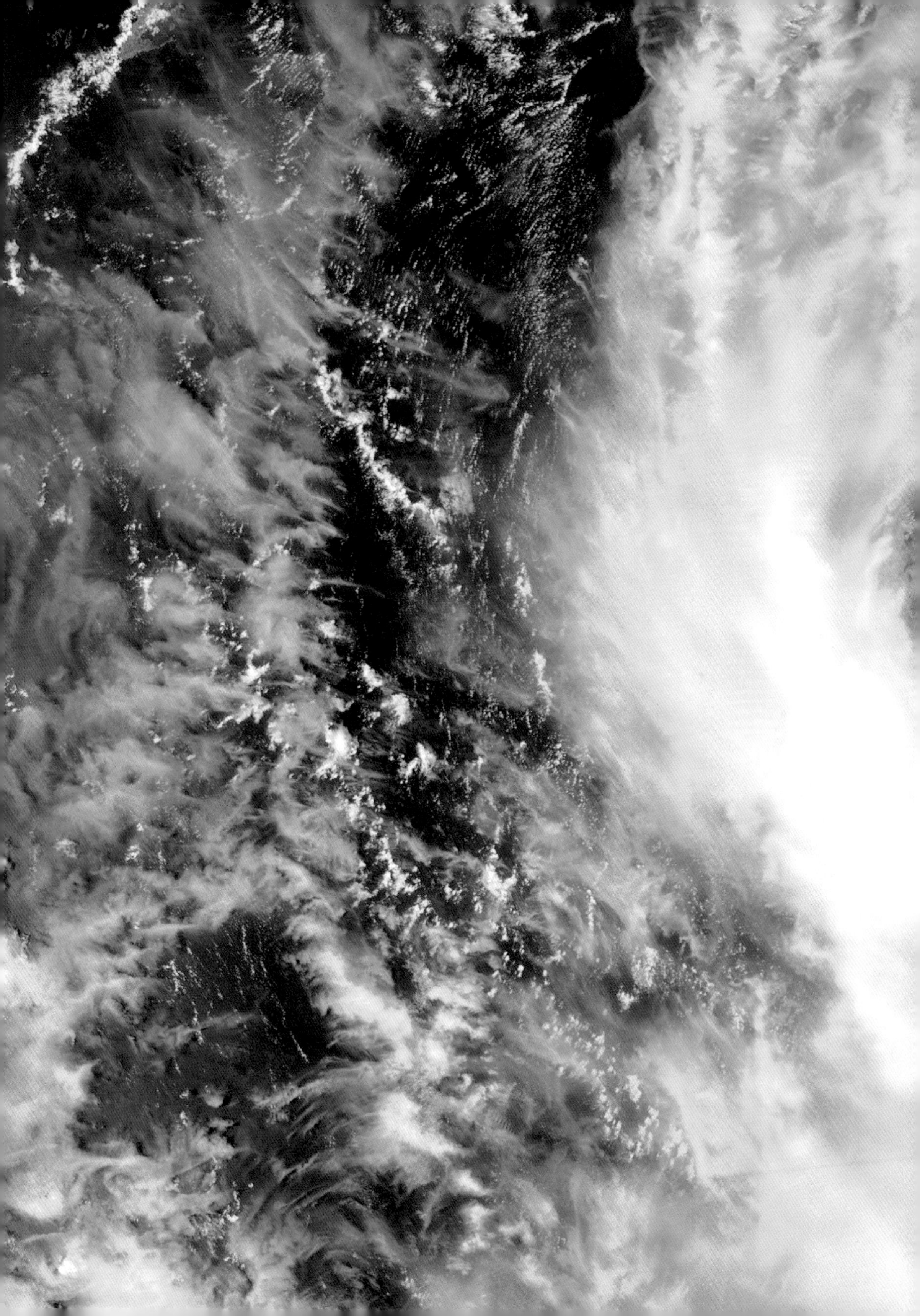

「我感受到大自然那種劇烈又無盡的吶喊。」

——孟克（Edvard Munch），一八八三年

二〇〇九年八月，中度颱風莫拉克（Morakot）重創臺灣，在嘉義、臺南與高屏山區出現長延時的強降雨，時雨量五十毫米的時間長達二十四小時以上，多處累積雨量超過兩千毫米，阿里山測站更破三千毫米，超過氣象局超大豪雨的分級。其實扣除莫拉克的雨量，臺灣當年是雨量嚴重偏少的，在莫拉克之前甚至處於偏乾旱的氣候型態。另一種極端降雨也挑戰了豪雨的分級，臺北市大安區二〇一九年七月二十二日創下時雨量一三六．五毫米的紀錄，其中半小時的時雨量高達九九．五毫米，也就是半小時內就降下等同豪雨等級的雨量（三小時一〇〇毫米）。這類短延時強降雨經常在都會區造成災害。

面對不斷破紀錄的極端降雨，國家災害防救科技中心（簡稱災防科技中心）二〇一五年就提出報告，將研究細化到十分鐘的降雨。但為什麼中度颱風、熱帶低氣壓，甚至不需要有颱風侵襲，就足以造成超大豪雨事件？到底極端天氣跟氣候變遷的關聯有多大？在莫拉克風災十年後，本書將以全球暖化的尺度為序幕，探討我們要共同面對的未來的颱風，以及颱風的未來，並逐一剖析莫拉克颱風的特殊性。

1-1 全球暖化與颱風轉型

地球愈來愈熱了。直到上個世紀末為止，科學界還存在許多辯論，但在今天，全球暖化已取得科學界的共識。聯合國政府間氣候變遷專門委員會（IPCC）在二〇一四年出版的《第五次評估報告》

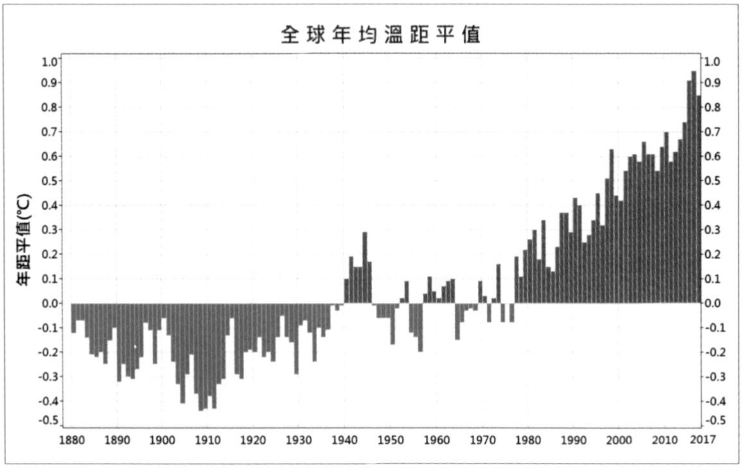

1880～2017年
全球年均溫距平值

地表溫度合併考量海洋與陸地溫度，此圖之距平值定義為各年平均溫度減去 20 世紀全球平均溫度。本圖顯示2014年起全球平均地表溫度連續四年都打破過往紀錄，並在2016年創下歷史新紀錄。2017年雖未打破2016年的紀錄，卻是歷史上最熱的非聖嬰年，發生許多極端天氣與氣候事件。（資料來源：美國國家海洋暨大氣總署〔NOAA〕，2018；圖表重製：災防科技中心，《臺灣氣候的過去與未來：〈臺灣氣候變遷科學報告2017－物理現象與機制〉重點摘錄》，2018）

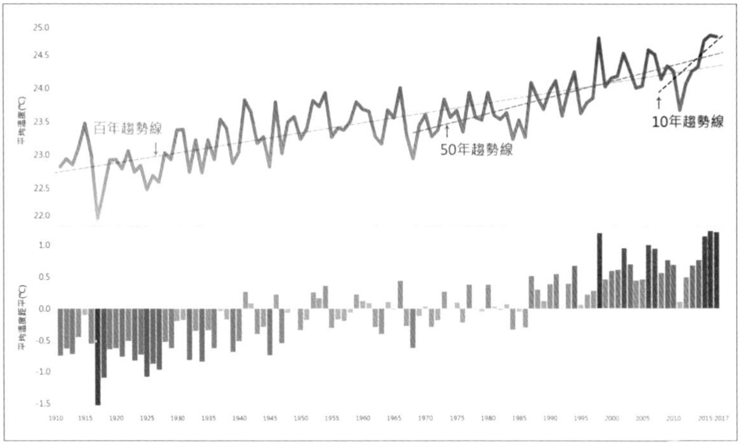

1900～2017年
臺灣氣溫觀測趨勢

臺灣全年氣溫（平地氣溫）在過去一百多年（1900～2012年）上升約攝氏1.3度，且近五十年、近十年增溫有加速趨勢。（資料來源：TCCIP計畫；圖表重製：災防科技中心，《臺灣氣候的過去與未來：〈臺灣氣候變遷科學報告2017－物理現象與機制〉重點摘錄》，2018）

	平均氣溫（百年增溫）	日最高溫度（百年增溫）	日最低溫度（百年增溫）
全年	23.1℃（+1.3℃）	27℃（+0.8℃）	20.2℃（+1.7℃）
夏半年（5～10月）	26.7℃（+1.3℃）	30.5℃（+0.9℃）	23.7℃（+1.8℃）
冬半年（11～4月）	19.6℃（+1.2℃）	23.4℃（+0.9℃）	16.6℃（+1.7℃）

1900～2012年
臺灣平均氣溫與百年增溫幅度

（資料來源：TCCIP計畫；圖表重製：災防科技中心，《臺灣氣候的過去與未來：〈臺灣氣候變遷科學報告2017－物理現象與機制〉重點摘錄》，2018）

（AR5）[1]中直言，全球地表溫度自從十九世紀末起「幾乎確定」增加，在一九〇〇年至二〇一二年間增加了攝氏〇・八九度。臺灣方面，科技部「臺灣氣候變遷推估與資訊平臺計畫」（簡稱TCCIP計畫）團隊將AR5與臺灣在地的研究資料彙編出版《臺灣氣候變遷科學報告二〇一七》，報告中提到在一九〇〇年至二〇一二年之間，臺灣平地溫度顯著增溫了攝氏一・三度，高於全球平均。

光是這點幅度的升溫，乍看之下似乎對於人類的生活沒有太大的影響，實則已經使地球遭遇了前所未有的問題。

全球暖化帶來最明確且直接的問題，就是陸地上的冰棚融化入海，提升了海平面。AR5報告指出，一九〇〇年至二〇一〇年之間，全球平均海平面以每年一・七公釐的趨勢上升，共上升了〇・一九公尺。驚人的是，這〇・一九公尺中將近三分之一的量，發生在過去二十年間。一九九二年高精度的衛星測高技術問世後，人類得以掌握更真實可信的海平面變化數據，卻也因此看見暖化加劇的影響——一九九三年至二〇一二年間，

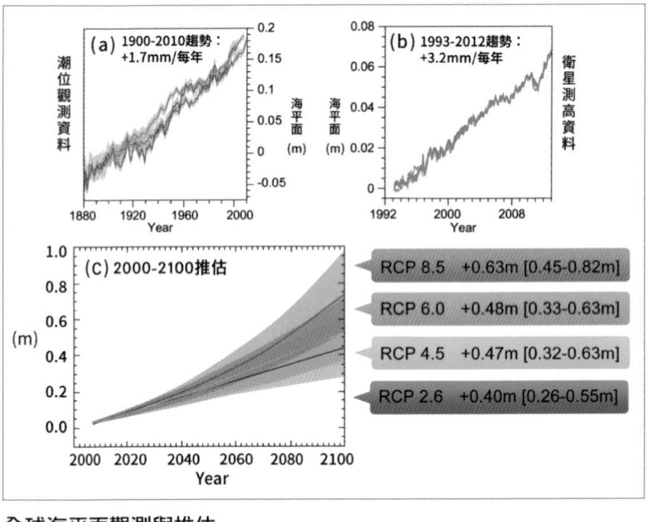

全球海平面觀測與推估

（a）1900～2010年，每年海平面約上升1.7公釐，近數十年的上升幅度增加。
（b）1993～2012年間上升速率約為每年3.2公釐。
（c）推估全球海平面上升趨勢，在RCP4.5情境下，21世紀末可能增加0.47公尺，若是RCP8.5情境下，更可能上升0.63公尺。目前IPCC有四種未來氣候情境，因RCP8.5與RCP4.5模式數量較多，故選錄此二情境說明。[2]（資料來源：IPCC，2013；圖表重製：災防科技中心，《臺灣氣候的過去與未來：〈臺灣氣候變遷科學報告2017–物理現象與機制〉重點摘錄》，2018）

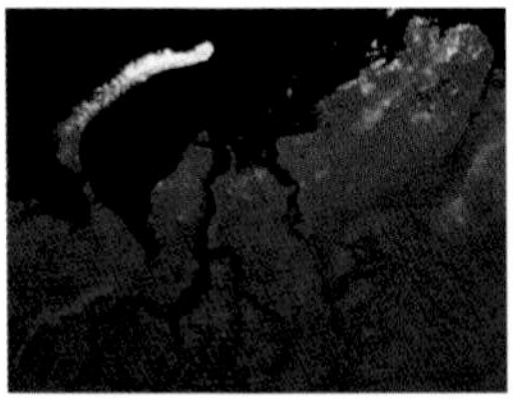

西伯利亞亞馬爾半島
（資料來源：wikimedia_
commons）

全球平均海平面的上升率約每年三・二公釐，比起上個世紀初要劇烈許多。持續上漲的海水將為許多島嶼帶來「滅頂之災」，吐瓦魯、馬爾地夫等島國都面臨國土流失的問題。事實上，臺灣的東沙環礁也將遭遇類似的困境，若珊瑚礁生長的速度追不過海平面上升，環礁最終將沉沒在水體之中，從地圖上消失。

除了海洋與陸地的面積與界限受到影響，地表上的人們也直接受到影響，甚至造成了此前不曾特別注意的公共衛生問題。二〇一六年夏天的高溫，衝破了百餘年來的觀測紀錄，西伯利亞亞馬爾半島（Yamal Peninsula）終年冰凍的凍原，埋藏深處的永凍土，竟為高溫所融化，冰凍在其中、帶有炭疽桿菌的馴鹿屍體解凍，將病菌釋放到了水和土壤之中，造成了大批馴鹿亡命，甚至導致一名十二歲男童死亡。上一回的炭疽病例是一九四一年，病菌在永凍土裡過了六十五年，竟因全球暖化而復出釀成災禍。像這樣在凍原裡面未腐化的生物屍體，已成為全球暖化的最新危機議題，歷史上銷聲匿跡的各種傳染病，很可能就此捲土重來。

除了北極以外，素有「世界第三極」之稱的最高峰珠穆朗瑪峰，登山客的屍體也令人擔憂。自一九五三年人類首次登頂以後，迄今已有將近三百位登山客死於非命，但仍有兩百具左右的屍體深埋在冰雪之中。尼泊爾登山協會近年來陸續搬運了一些屍體下山。若不這樣做，我們當代人體內的病菌，原本可能就這麼冰封在其中，隨著全球暖化，到了數十甚至數百年後融化出來危害後代。

世界最北端的城市——位於北緯七十八度的隆雅市（Longyearbyen），是挪威斯瓦巴群島的首府，兩千多人的小鎮，很早就意識到了屍體的問題。早在一九五〇年，小鎮就發現墓地裡的屍體——包含一九一八年因西班牙型流行性感冒而死亡的七名礦工，與一九二〇年因煤塵爆炸而遇難的二十六人——只是凍在土裡，因為氣候的關係而幾未腐化，因此訂下了一個特別的規定，那就是不能在當地埋葬屍體。任何行將就木之人，都會（被大家想辦法送）到挪威本土度過殘生。目前該市墓地僅允許經火化後的骨灰，裝在骨灰甕裡埋葬。科學家嗣後於一九九八年在墓地未腐爛的

印度塔爾沙漠（資料來源：wikimedia_commons）

屍體上檢出仍具活性的H1N1病毒株，證實了當地對屍體的擔憂，也證實了全球暖化可能會造成的新興問題。

天寒地凍的極地為全球暖化所苦，遑論本來就已經很熱的低緯度地區。根據英國廣播公司（BBC）報導，印度西部的小鎮帕洛迪（Phalodi）在二〇一六年五月觀測到攝氏五十一度的歷史新高溫，打破一九五六年攝氏五〇・六度的紀錄。雖然距離全球高溫極端紀錄（攝氏五六・七度，一九一三年美國死亡谷）還有些距離，但連日持續超過攝氏四十度的高溫，足以開始融化瀝青，讓柏油路變得黏答答的，過個馬路都非常不容易。當然了，這個小鎮本來就很熱，位於印度西部的塔爾沙漠（Thar Desert）之中，雖然緯度比臺北還高一些些（北緯二十七度），但因為缺乏海洋的調節，在南亞季風抵達以前是罕見降水的熱季。雖然全球暖化有的地方劇烈而有的地方緩慢，但沒有一人能夠置身事外，由於環境複雜的因素，地表上任何一處都可能是拉高平均值的「熱門地區」。

地球為什麼會暖化得這麼厲害呢？這一切得從暖化的源頭——二氧化碳排放說起。

都是二氧化碳惹的禍

工業革命以後，人類科技快速發展，成就了我們今天進步、方便的生活，卻也在不斷消耗能源的過程中，將燃燒的產物「二氧化碳」大量排放到大氣之中。二氧化碳是一種溫室氣體，能夠吸收地表輻射，在晝夜之間控制地表熱量的平衡，讓地球表面彷若溫室一般恆溫，不至於在日落後驟降到不宜人居的低溫。隨著二氧化碳的排放量增加，濃度也跟著上升，猶如地球穿上了一層愈發厚重的羽絨衣，地表也愈來愈暖和，暖到覺得熱了，卻無能為力脫下這層外衣。AR5指出，空氣中的二氧化碳濃度，已從工業革命前的二七八ppm增加為二〇一一年時的三九一ppm，增幅高達四〇%。不只是二氧化碳，其他如甲烷、一氧化二氮等次要的溫室氣體，也分別從七二二ppb、二七〇ppb來到一八〇三ppb、三二四ppb，只是影響未若二氧化碳顯著，在溫室效應加劇的貢獻上，二氧化碳濃度改變所占的影響超過六成。[3,4]

二氧化碳濃度提升不僅微幅改變了大氣組成，使得溫室效應加劇、地球連年增溫，甚至對於海洋也產生了重要影響。當大氣中的二氧化碳愈來愈多，海洋吸收、涵蓄的二氧化碳也隨之增加，分擔了一部分的負荷，達到二氧化碳在氣圈與水圈之間的新平衡。換言之，不僅僅是空氣中的二氧化碳增加了，海洋裡的二氧化碳也增加了。融入水裡的二氧化碳（CO_2）與水分子（H_2O）結合形成碳酸（H_2CO_3），碳酸解離成氫離子（H^+）與碳酸根離子（CO_3^{2-}），使得海水酸化。AR5報告指出，海洋的酸鹼值自工業革命以來，已從八．二下降至八．一，而且在最壞的情形下，到了二十一世紀末還會持續降至七．五，快速降低海洋生物形成碳酸鈣殼體或骨架的能力。海水酸化當然還有其他因素，例如人為排放入海的化學物質等等，亦間接與工業革命後的人類文明發展有關。

科學家們慢慢認識到問題的全貌，遂逐漸以「氣候變遷」取代「全球暖化」來指涉整個大環境的改變，涵蓋多個與氣候相關的範疇，以及全球生態。

氣候變遷所涉及的層面相當廣，我們已知暖化及海水受到的三重影響——海平面上升、海水酸化、地球溫度上升——都是確知可信的現在進行式。那麼在降雨方面，是否有什麼改變的傾向？

針對與升溫之間的關係較不直觀的氣象觀測，AR5也提出了一些看法。理論上，氣溫上升，海水的蒸發量也會上升，空氣中的水氣含量增加，降雨量也會隨之增加。然而，過去的觀測結果並不一致，僅部分研究指出全球平均年雨量增加，且非全部具有統計上的意義。不同的緯度帶似有不一致的趨勢，整體受限於觀測資料，難謂全球雨量已有明確的變遷趨勢。不過，極端降水事件的發生頻率自一九五一年以來確實有增加的情形，尤以北美與歐洲地區最為顯著，惟存在區域與季節上的差異。

颱風也轉型？觀測資料看端倪

至於颱風，過去一世紀以來有什麼變化趨勢？莫拉克所帶來的豪大雨，能不能說是肇因於氣候變遷的極端事件呢？

颱風專指西北太平洋上劇烈的熱帶氣旋，其形成與發展，和高溫、高溼的環境有密切關聯，一般必須要海水表層的溫度達到攝氏二十六度以上，且中、低層大氣足夠溼潤，才有可能形成熱帶氣旋。既然溫度是生成熱帶氣旋以至於颱風的必要條件，我們不免猜想在氣候變遷的腳步下，颱風的態樣、規模、行徑等等會不會隨之改變。根據《臺灣氣候變遷科學報告二〇一七》引用AR5報告的成果，就一九七〇年代迄今的衛星觀測資料來看，全球或西

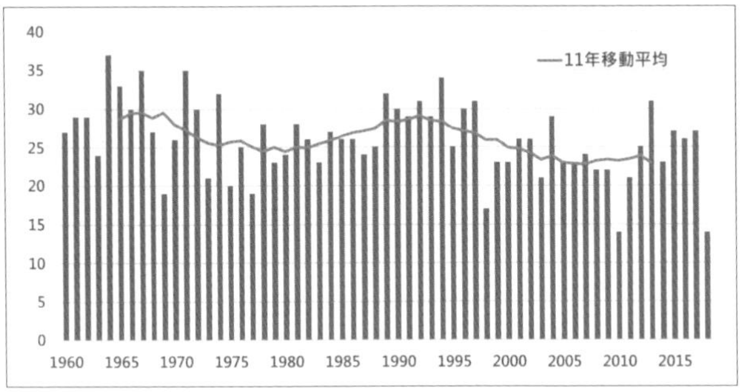

1960～2015年西北太平洋颱風生成個數

臺灣位處的西北太平洋海域，熱帶氣旋生成個數呈現明顯的年代際變化特徵，且於1990年代中期開始至今，生成個數相對偏少。

（資料來源：TCCIP計畫；圖表重製：災防科技中心，《臺灣氣候的過去與未來：〈臺灣氣候變遷科學報告2017–物理現象與機制〉重點摘錄》，2018）

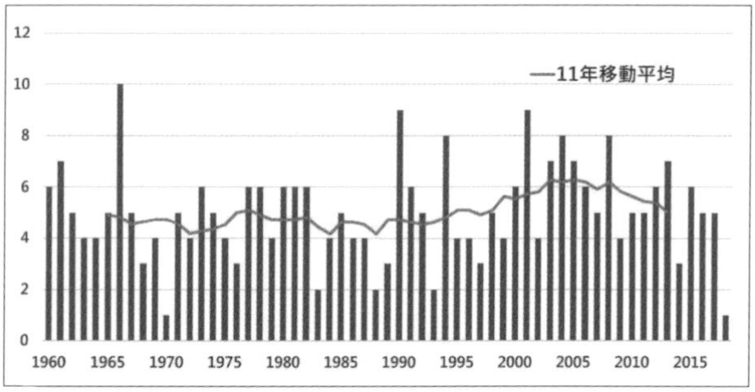

1960～2015年近臺300公里颱風個數

長期趨勢發現近臺颱風個數並無線性變化趨勢，而是存在明顯的年際與年代際差異。1960年代和2000年之後，影響臺灣的颱風個數相對偏多，1970年代至1990年代間，個數相對偏少，顯示近臺個數具有明顯的年代際震盪。（資料來源：TCCIP計畫；圖表重製：災防科技中心，《臺灣氣候的過去與未來：〈臺灣氣候變遷科學報告2017–物理現象與機制〉重點摘錄》，2018）

北太平洋熱帶氣旋的發生頻率或強度，並未見改變的趨勢。若再納入一九五〇年至一九七〇年的資料來看颱風個數的變化，雖無整體改變趨勢，但可以明顯看出年際變化與年代際變化，亦即年與年之間的個數差異很大，並且年代之間（以數十年為單位）也有變化。[5]

由十九頁圖表可知，一九六〇年代、一九九〇年代前期颱風較多，而一九七〇、八〇年代以及一九九〇年代中期以後颱風較少。造成這種差異的潛在原因，可能在於表層海水溫度的兩個大尺度現象：聖嬰─南方振盪（El Niño-Southern Oscillation, ENSO）[6]與太平洋年代際振盪（Pacific Decadal Oscillation, PDO）。[7]所謂振盪，係指地面氣壓在高低之間擺盪，擺盪時間尺度差異很大，長達數年至數十年之久，且範圍擴及整個區域海洋，例如聖嬰─南方振盪是一種年際變化，週期約二至七年，而太平洋年代際振盪則是一種年代際變化，週期約二十至三十年。海水的溫度、鹽度、洋流週期性變化，影響了颱風的生成，尤其太平洋年代際振盪普遍認為是颱風數量年代際變化的重要因素，然其成因複雜，一般認為是多種能量在動態平衡的過程之中疊加的結果。

全球熱帶氣旋發生的頻率在過去一個世紀沒有明顯的改變，在侵襲臺灣的颱風個數上，長期持續增加或減少的趨勢亦不明顯。不過，該報告亦指出，近期研究顯示一九七〇年以後，颱風帶來的強降雨發生頻率有增加趨勢，總雨量也增加許多，蓋因侵臺颱風的移動速度有放慢腳步的趨勢，拉長了影響臺灣的時間。舉例而言，莫拉克颱風侵臺時間先後長達四天，而二〇〇一年強烈颱風納莉（Nari），侵臺時間位居史上第一，長達六天之久，造成的嚴重災情讓臺北盆地居民記憶深刻。

影響颱風移動路徑的因素繁多，之所以變得愈來愈慢，目前機制仍不明朗。關於颱風移動的細節，將在第二章介紹。

未來的地球，未來的颱風

雖然目前的歷史觀測資料在熱帶氣旋的生成上仍難看出變化跡象，但氣候若持續變遷，未來的地球會變得如何？科學家應用電腦運算資源，以模式推估二十一世紀末時的地球環境，得到了令人擔憂的結果。依據AR5報告的資料，到了世紀末（二〇八一～二一〇〇年），全球地表溫度相較於一九八六～二〇〇五年的長期平均，將增溫攝氏〇．三至四．八度，端看二氧化碳等溫室氣體的多寡來決定增幅。[8]伴隨升溫接踵而來的海平面上升問題，到了世紀末，亦會隨溫室氣體的排放變化，預估將介於〇．四〇至〇．六二公尺之間。平均海拔一．五公尺、最高處僅二．四公尺的馬爾地夫，屆時將變得無法居住，因此若非填海造陸，馬爾地夫居民就只有遷徙一途。

雖然過去的雨量觀測資料在變化趨勢上較不明顯，但根據世界氣候研究計畫（World Climate Research Programme, WCRP）主導的第五期耦合模式比對計畫（Coupled Model Intercomparison Project Phase 5, CMIP5），模擬結果顯示全球平均降水強度和大氣中的水氣都將隨溫度上升而增加：每增溫攝氏一度，前者（降水敏感度）將增加一%～三%，而後者（水氣敏感度）將增加七%。換言之，隨著全球暖化，雨水會愈來愈豐沛，大氣中的溼度也會提升。為什麼水氣的增加幅度與降雨不一致呢？因為水氣增加係低層大氣增溫所致，而降雨強度則關乎大氣能量的平衡，進而影響大氣環流與溫溼度，兩者由不同的物理過程主導變化。

至於颱風，就個數而言，過去由於暖化的影響潛藏在年際與年代際變化之中，所以看不出明顯的趨勢，但若從模擬分析來看，隨著暖化增強，颱風個數受暖化影響的情形就有可能愈趨明顯。

根據《臺灣氣候變遷科學報告二〇一七》所引用的研究，至本世紀末時，全球熱帶氣旋的發生頻率將減少六%～三四%，西北太平洋的颱風也不例外。TCCIP計畫分析，在AR4報告（AR5前一版）的A1B情境[9]之下，暖化將使西北太平洋的颱風個數減少二七%，惟侵

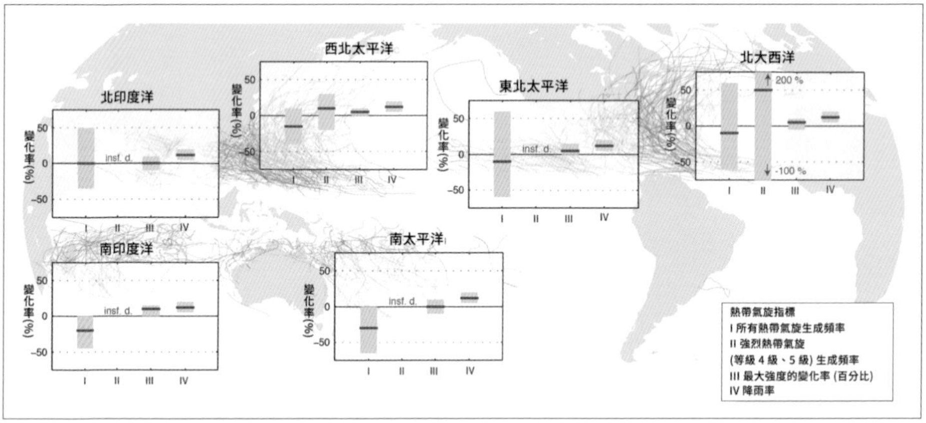

2081～2100年全球與西北太平洋颱風未來推估

西北太平洋在21世紀末颱風的生成頻率將減少，但強烈颱風（強度四、五級以上）的生成頻率將增加，熱帶氣旋的平均最大強度也將可能增加，熱帶氣旋的降雨率增加幅度介於5%到30%。此與暖化情境下熱帶大氣水氣含量增加及熱帶氣旋水氣輻合增強等特徵一致。（資料來源：IPCC；圖表重製：災防科技中心，《臺灣氣候的過去與未來：〈臺灣氣候變遷科學報告2017－物理現象與機制〉重點摘錄》，2018）

臺個數會如何變化，仍存在不確定性。海洋溫度升高、水氣旺盛，固然在能量的供給上有利於颱風生成，然而暖化增溫集中在中層大氣，使得對流層內高空與低層相比，位溫（同一壓力下的溫度）較高，大氣相對穩定，不利對流發展，因此颱風的整體數量才會減少。

縱然西北太平洋的颱風頻率降低，但僅就劇烈颱風（薩菲爾—辛普森颶風風力等級第四級以上，即一分鐘平均風速一一三節以上）而言，頻率則顯著增加，平均最大強度亦增強。部分研究更指出，本世紀末的颱風，相較於上個世紀末的颱風，強度將上升四至六m／s（公尺／每秒）。颱風增強的原理，推測係因對流要突破未來穩定的大氣更不容易，但是一旦突破臨界值，就能夠快速發展。換言之，颱風的生成受到壓抑，整體強度趨勢正逐漸往「不鳴則已，一鳴驚人」的態勢發展。

颱風變少又變強，是否代表帶來的雨勢也會

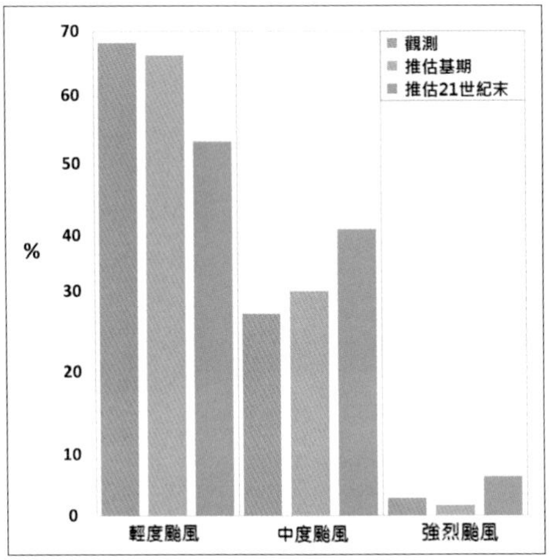

2081～2100年侵臺颱風強度比例圖

（資料來源：TCCIP；圖表重製：災防科技中心，《臺灣氣候的過去與未來：〈臺灣氣候變遷科學報告2017–物理現象與機制〉重點摘錄》，2018）

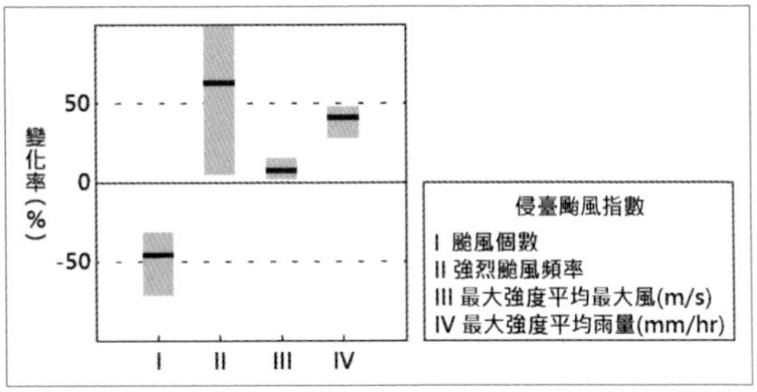

2081～2100年侵臺颱風未來推估

侵臺颱風與西北太平洋颱風有類似的現象，未來暖化將使侵臺颱風個數減少。而受到暖化影響，未來海面的溫度與颱風的水氣含量明顯增加，降水能力較強的颱風發生比例變大。若不考慮颱風路徑與頻率的改變，只考慮降雨強度的改變，21世紀末，侵臺颱風個數將減少，強颱比例將增加，降雨強度將增加。（資料來源：TCCIP；圖表重製：災防科技中心，《臺灣氣候的過去與未來：〈臺灣氣候變遷科學報告2017–物理現象與機制〉重點摘錄》，2018）

增強呢？雖然颱風與降雨之間並無必然關係，但TCCIP計畫成果顯示，在A1B情境下，到了世紀末，不論西北太平洋的一般颱風還是侵臺颱風，暴風半徑一百公里內的水氣含量都將增加二○%，且西北太平洋颱風在該半徑內的降雨強度亦將增加二○%，降雨機率更增加一倍以上。侵襲臺灣的颱風，在降雨強度上的變化更大，將超過三○%，此係因臺灣位於颱風熱門路徑上的中心位置，較少颱風在侵臺期間生成或消散（降雨強度較小）拉低平均值的緣故。若進一步考量颱風中心與降雨的空間分布關係，當颱風與島嶼硬碰硬的時候，首當其衝的山地，自然不能和平坦的地區相提並論。在A1B的情境下，平地降雨強度平均增加二○%～四○%，中部、中北部山區可達六○%。

談到熱門路徑，氣候變遷是否也會改變颱風的路徑呢？縱有研究指出西太平洋的颱風生成處會往東邊偏移，但仍待更詳盡的資料來佐證。熱帶氣旋的生成與其路徑變化，受到許多環境因素影響，可能得先模擬大氣—海洋模態的變化（例如聖嬰現象），並考慮熱帶海溫未來變化的空間分布特徵，方能獲得較可信的推估結論。

誰是壞人？「溫室效應」vs.「溫室效應加劇」

除了「全球暖化」，同一時間流行起來的科學辭彙還有「溫室效應」。溫室效應並不是地球發燒、不宜居住的原因，反而是讓地球孕育生命萬物的重要效應。

太陽光照射到行星表面的熱量，為星球所吸收，達成平衡後又逸散到外太空去，形成白天高溫、夜晚低溫的極端溫差變化。舉例而言，太陽系的水星沒有溫室氣體籠罩在外，最高溫高達攝氏四二七度，最低則為攝氏負一八三度，平均溫度攝氏一六九度，日夜溫差逾攝氏六百度，完全不適合生命萌芽。但在我們的地球，大氣中的溫室氣體在白天的時候阻隔、反射部分來自太陽光的能量，使地表不至於過分吸熱，到了夜晚則保住地表溢散出來的熱量，使地表不至於急速失溫；地球表面相對於其他星球表面而言，處於較為恆溫的狀態，宛如溫室裡的環境一般，這就是溫室效應。

恰如其分的溫室效應並非惡名昭彰的人為災禍，而是大氣在生命演化過程中所扮演的自然史詩，使地表溫度控制在水的沸點與冰點之間，水氣因而有機會凝結成水，降雨形成大海，最終使生物能夠發展和居住。

然而，工業革命以後，二氧化碳的排放量節節高升，溫室效應愈發劇烈，氣候變遷已然成為眾所矚目的焦點。氣候變遷的核心問題不是溫室效應，而是「溫室效應加劇」所造成的全球暖化。

金星、地球與水星表面（資料來源：wikimedia_commons）

溫室氣體包含水氣、二氧化碳、甲烷等，以水氣為主，惟水氣是大氣中的變動成分，本來就隨時空變化而變動所占的比例。近年來溫室效應不斷加劇的主因，在於二氧化碳、甲烷等氣體不斷排放，其濃度已明顯增加，而將更多的熱量鎖在地表與大氣之中。科學家預期氣溫攀升將導致極地冰山、冰川融化，釋放原本凍結的甲烷，加劇溫室效應。融化的冰山將使海平面上升，除了前文提到的現象之外，有學者稱還可能改變海裡的溫鹽分布，進而影響洋流、氣候。

順帶一提，溫室效應之極致，非地球的鄰居金星莫屬。金星與太陽的距離是水星的兩倍，相對於均溫攝氏一六九度的水星，理應較涼快才是，然而金星大氣中有高達九六．五％的二氧化碳，且大氣壓力是地球的九十倍，劇烈的溫室效應使得金星不論日夜都超過攝氏四六二度，熱得讓生物無法招架。由此看來，溫室效應還是恰如其分為佳，抑制「加劇」才是人類亟需面對的課題。

颱風、颶風、氣旋——為什麼颱風叫颱風？

劇烈的熱帶氣旋在世界各地有不同的稱呼。在臺灣，我們習慣稱之為颱風，但其他地方的人卻未必如此。當今國際上常用的英文稱呼及其華文翻譯，僅西北太平洋稱為typhoon（颱風），大西洋與東北太平洋、北大西洋中部稱為hurricane（颶風），印度洋上則稱為cyclone（氣旋）。

一般認為颱風與typhoon之間互為音譯的關係，但實際上的故事要複雜得多了。颱風與颶風之間的糾葛，以及「typhoon」一詞的起源，得從距今約一千六百年前說起。中國古代稱劇烈的熱帶氣旋為「颶風」，首見於南朝劉宋時，沈懷遠所撰嶺南地區的方志《南越志》：「熙安多颶風，颶者，具四方之風也；一曰懼風，言怖懼也，常以六七月興。」[10] 颶風一詞常見於後世，鼎鼎大名的蘇軾甚至曾寫過《颶風賦》。[11][12]

另一方面，有兩個與臺灣關係密切的史料，提供了珍貴的線索。清初王士禛《香祖筆記》有云：「臺灣風信與他海殊異，風大而烈者為颶，又甚者為颱。颶倏發倏止，颱常連日夜不止。正、二、三、四月發者為颶，五、六、七、八月發者為颱，九月則北風初烈，或至連月，為九降。」這可能是颱字表颱風之意首次見於歷史，還描述了颶、颱有程度和季節之別。緊接在後沒幾十年，清人魯鼎梅重修《臺灣縣志》：「所云颱者，乃土人見颶風挾雨四面環至，空中旋舞如篩，因曰風篩，謂颶風篩雨，未嘗曰颱風也，臺語音篩同台[13]，加風作颱，諸書承誤。」說明了此前包含王士禎所謂的颱，實源自篩（臺語颱、篩皆音thai），就好像傳統用米篩把湯圓裹粉，湯圓在篩子裡滾來滾去，猶如旋舞的樣子。

颱源自臺灣閩南語的篩，看似已臻明確，但是「颱風」這個雙音節詞，卻未必這麼簡單。

近代東亞在大氣科學的領域中，發展最早的就是日本。起初日本還使用從中國傳入的颶風一詞[14]，然而西風東漸之後，洋名的地位逐漸取代颶風，以至於明治維新後，日本多用「大風」（ōkaze）或「タイフーン」（taifūn），直到一九〇七年後，日本氣象學者岡田武松開始使用「颱風」稱呼。彼時，臺灣在日本殖民統治之下，開始了氣象觀測，而當時留下來的文獻，多見颱風、風颱字眼，雖不知道岡田武松是否參考了臺灣用的「颱」字，但有可能是將typhoon譯為颱風之始。

那麼，英語的typhoon又是怎麼來的呢？較早期的文獻認為源自粵語「大風」訛變，今人多不採信此說。較具說服力者，一說源自希臘神話裡象徵風暴的妖魔巨人τυφων（typhon），一說源自阿拉伯語的風暴طوفان（tufan），傳往歐洲之後，復以英語typhoon之姿來到東亞，在日本人發揚了「颱風」取代「颶風」的情況下，才在漢字文化圈之間流行了起來。[15]易言之，颱風與typhoon被日本學者兜在一起，只是恰巧發音類似而已，並非音譯。颱風固著為西北太平洋劇烈熱帶氣旋的代名詞後，古來使用的颶風，便拿去對譯美國周邊的風暴hurricane了。

1-2 莫拉克是偶然還是必然？

二〇〇九年八月，中度颱風莫拉克自臺灣東部直撲而來，在短短四天（八月六日至八月九日）之內降下超大豪雨，阿里山觀測站創下總雨量三〇五九毫米的紀錄，一口氣就超過了平均一整年的降雨量。根據災防科技中心的報告，全臺共計一四五個鄉鎮市淹水，一六九〇個災害點位，臺中縣市以南無一倖免，共導致六百餘人死亡，近二十人失蹤。[16]

莫拉克颱風所帶來的豪大雨，是不是氣候變遷下的極端事件？在瞭解過去與未來氣候變遷的趨勢後，這個問題或許已經獲得解答。全球暖化乃至於氣候變遷，對於我們的環境，包含氣圈、水圈各個系統的影響，背後的機制是相當複雜的，不能單以全球暖化論斷個別極端事件的肇因。八八風災雖是一次極端事件，但絕不是因為全球溫度升高了幾度，或哪一塊海域升高了幾度，直接導致莫拉克颱風含蓄較以往的颱風更多的水氣，因而釀災。

構成這場風災和水患的因素很多，莫拉克恰好齊備了多種先決條件。全球暖化造成的氣候變遷，改變了各個先決條件的發生機率，使得湊在一起發生的機率也隨之改變，但沒有人能保證多少年會遇到一次，也沒有人老早預料到莫拉克颱風就是那一次。因此，將八八風災一句話推給全球暖化是不恰當的，還是得細究各個尺度下的時空背景，才能知道當年發生了什麼事情，以及氣候變遷扮演了什麼角色。

◐ 莫拉克的誕生：大氣指標

颱風與季風之間，存在著密不可分的關係。東亞夏季季風（也就是我們熟知的西南季風）吹到了太平洋高壓的前緣（高壓脊），就好像遇到了一堵牆，容易滯留不前而產生豐富的擾動。在菲律賓東方海上這個擾動頻仍的區域稱為西北太平洋季風區，是孕育颱風的溫床，西北太平洋為數不少的熱帶氣旋皆源自於此。擾動所產生的對流，是熱帶氣旋生成的契機，若再加上高溫、高溼的環境供給能量，就有機會發展成颱風。

二〇〇九年，莫拉克颱風來襲的那一年，從季風指數（季風的強度指標）來看，東亞夏季季風的強度並不是歷年最強，但在莫拉克生成前，確實有增強的趨勢。[17] 以莫拉克颱風生成史（七月二十五日~八月九日）來看，西北太平洋季風區不論季風指數或水汽通量，都來到史上新高。[18] 水汽通量是指單位時間內通過單位面積的水氣量，破表的數值顯示莫拉克颱風生成前，在這一片颱風的溫床裡，空氣中已富含大量的水氣，達到形成熱帶氣旋所需要的溼度。

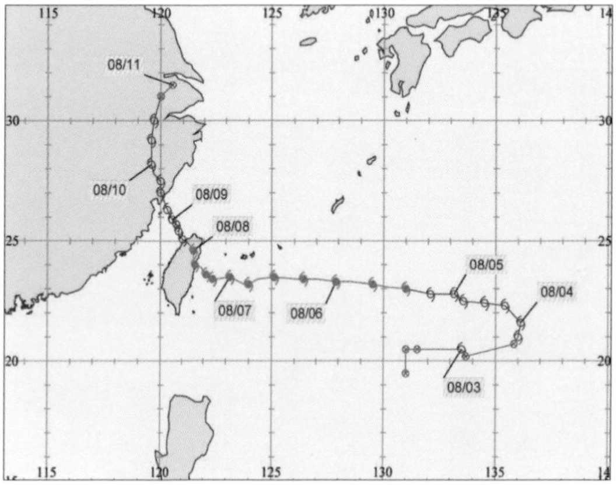

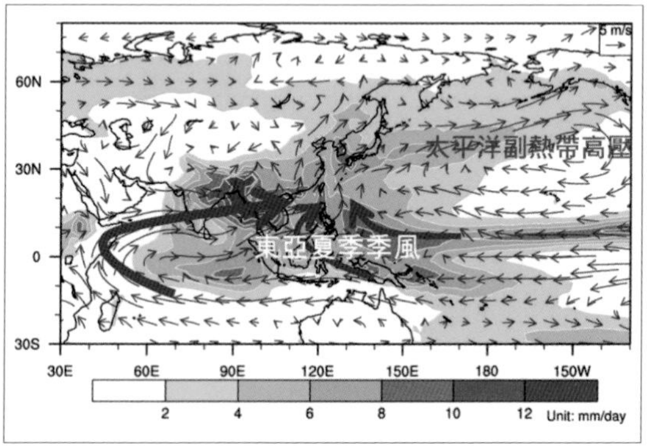

②|①

① 臺灣位於太平洋高壓的前緣（高壓脊）附近，也就是太平洋高壓東風與東亞夏季季風（西南季風）交會的區域，這裡所形成的西北太平洋季風區，對流旺盛，是孕育颱風的溫床。（資料來源：中央氣象局）

② 莫拉克路徑圖（資料來源：中央氣象局）

在擾動旺盛且富含水分的情況下，整個東亞與西北太平洋的季風槽接連發展出柯尼颱風（Goni）、莫拉克颱風和艾陶颱風（Etau）三個劇烈的熱帶氣旋。莫拉克颱風之所以在臺灣造成超大豪雨，不僅與西南季風夾帶豐沛的水氣有關，和前後兩個颱風之間也有密切關係。

◐ 莫拉克的一生與侵臺始末

颱風的前身是熱帶性低氣壓，兩者在本質上都是熱帶氣旋，只是風力規模不同而已。沿著時間軸來看，柯尼、莫拉克、艾陶三個颱風從生成之前到之後彼此間的消長與互動，是解開莫拉克致災的重要密碼。

八月一日與八月二日，西北太平洋季風槽先後生成兩個熱帶性低氣壓，連成一片低壓帶，沿著太平洋高壓南緣的高壓脊，在東風擔任導引氣流（駛流）之下向西移動。低壓帶南緣強勁的西南季風，也就是夏季東亞季風，有一部分源自南亞季風，自孟加拉灣帶來充沛的水氣，這股水氣持續提供低壓帶內部對流活動的發展。八月三日，較早

②|①

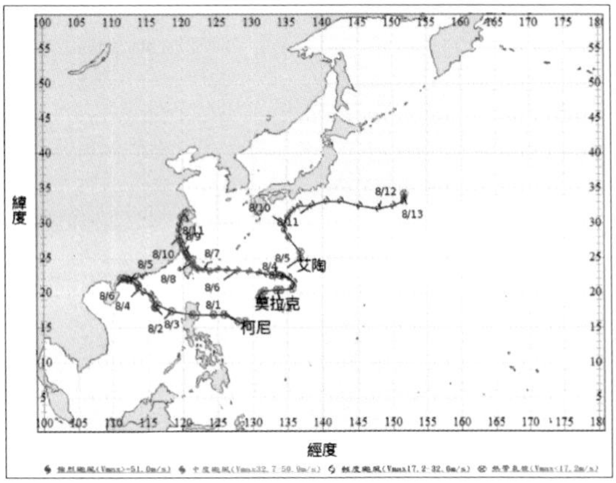

① 2009年7月底至8月初期間，在一季風環流圈（monsoon gyre）之中發生了柯尼、莫拉克、艾陶三個颱風。此圖為三颱的生命週期與路徑。（資料來源：中央氣象局）

② 2009年8月8日柯尼、莫拉克、艾陶三個颱風的衛星雲圖（資料來源：中央氣象局）

生成的低氣壓已掠過菲律賓來到南海地區，較晚生成的低氣壓則位在菲律賓東部，兩者先後達標，分別被命名為柯尼颱風與莫拉克颱風。八月五日，柯尼颱風登陸廣東，風力減弱，同時莫拉克颱風增強變為中度颱風。隨著莫拉克颱風加速向西，直撲臺灣而來，兩個颱風之間的距離拉近，發生了藤原效應，較弱的柯尼颱風（於八月六日降為熱帶性低氣壓）受到較強的莫拉克颱風牽引，逐漸轉向南方，八月七日自廣西出海進入越南東京灣（北部灣），八月八日重新整合為輕度颱風，復往東北東方向前進，繞行了海南島一整圈。在這個過程中，整個低壓帶內對流不輟，兩個氣旋強化了西南風與水氣的輸送，使得臺灣降下了破紀錄的雨量。

正當柯尼在整合的時候，莫拉克颱風的東邊又發展出了一個熱帶擾動，也就是後來的艾陶颱風。熱帶擾動的發展減緩了太平洋高壓西移的速度，減弱了駛流對莫拉克颱風的導引作用，再加上登陸後的地勢阻擋，雙重因素拖慢了莫拉克颱風的腳步，也就拉長了它影響臺灣陸地的時間，間接促使莫拉克颱風帶來更顯著的災害。單就莫拉克颱風在臺灣的警報期間來說，從第一報到最後一報，長達四天又九個小時，在歷代颱風之中排名第十六，雖非名列前茅，但和大部分的颱風相比，影響時間已相當長。

八月八日，莫拉克北方的高壓強度持續減弱，促使颱風北轉向上，出海之後，莫拉克減為輕度颱風，向西北方向續行，最後在八月九日掠過馬祖列島進入福建，臺灣本島才逐漸脫離外圍環流的影響。

從莫拉克颱風到八八風災

莫拉克颱風其本身尺度內的結構，可以從雷達回波（雷達發射之電磁波經由大氣中的降水粒子反射回來的訊號）會同各觀測站的觀測雨量看出兩條強降雨回波的形成。相較於其他更扎實的颱風來說，莫拉克的中心雲系相對鬆散，南北兩側隨時間發展得極不對稱。八月七日莫拉克自花蓮外海進逼陸地，北側雲系受到地形破壞而稍微減弱，翌日隨著颱風北移，北側環流繞過臺灣北部的山來到臺灣西部，與西南氣流輻合，對流系統不斷從海上進入西南部地區，造成臺南以南從沿海到山區強降雨的發生，也是南部沿海低窪地區淹水的原因。颱風環流與西南氣流產生的共伴效應，使輻合的氣流由西往東自海上深入山區，形成一條東西向的雨帶。

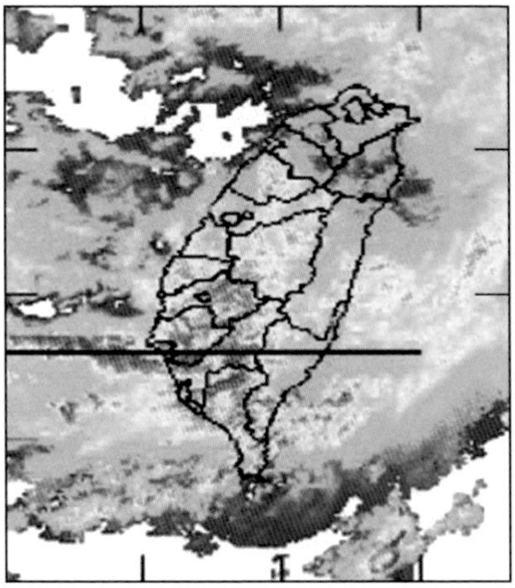

莫拉克颱風氣象分析圖。呈現東西向與南北向雨帶分布。（資料來源：災防科技中心）

另一條南北向雨帶則是受地形影響。南側雲系與西南季風輻合，從最外圍的環流到暴風圈內連成一氣，持續增強。氣流遇到山地時，受地形影響而抬升，便在迎風面山區降下超大豪雨。從觀測降雨的雷達迴波可以看到有一條雨帶緊貼中央山脈南部，有別於前述東西向降雨帶，正是颱風與西南季風產生共伴效應後因地形攔阻而造成的雨帶。從八月七日到八月八日，颱風北上後向西北方越過山脈，南部山區所承受的風雨嚴重加劇，並隨著颱風續行西北，降雨強度的高峰也跟著北移。屏東縣山區鄉鎮的時雨量尖峰位於八月八日凌晨，到了嘉義、高雄山區則推遲至八月八日深夜，看得出由南到北陸續受災的情形。正因如此，後來我們將這場浩劫命名為八八風災。

若更仔細來看雨水與土地的關係，我們會發現單就降雨量而言，莫拉克颱風累積降雨量前十名之測站所在，分布在高屏溪、曾文溪、八掌溪流域的上游。其他如濁水溪、朴子溪、東港溪與林邊溪、太麻

2009年8月5日～10日
莫拉克雨量分布

雨帶變化以及降雨集中在中南部及南部山區，中南部平地平均降水量可達800毫米以上，山區更超過3000毫米的觀測紀錄，比臺灣平均一年大約2500毫米來得多。（圖片來源：中央氣象局）

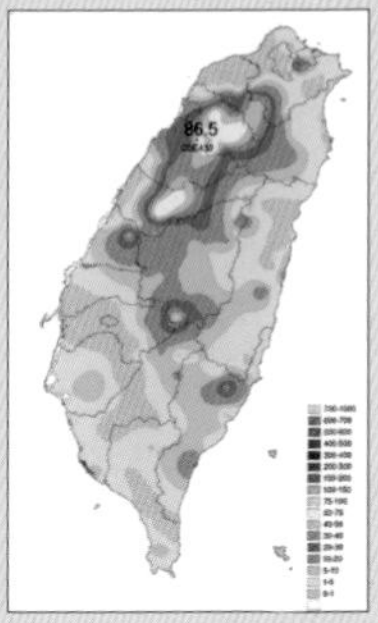

2009年8月5日

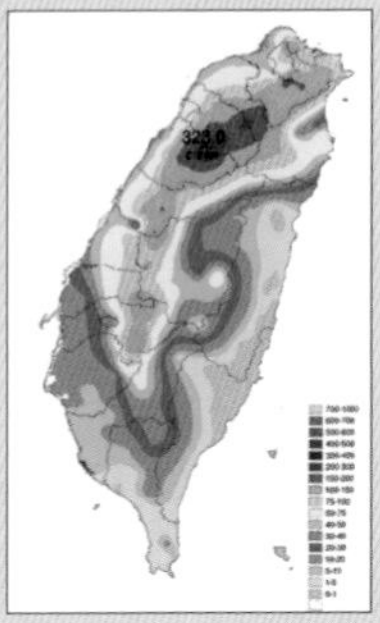

2009年8月6日

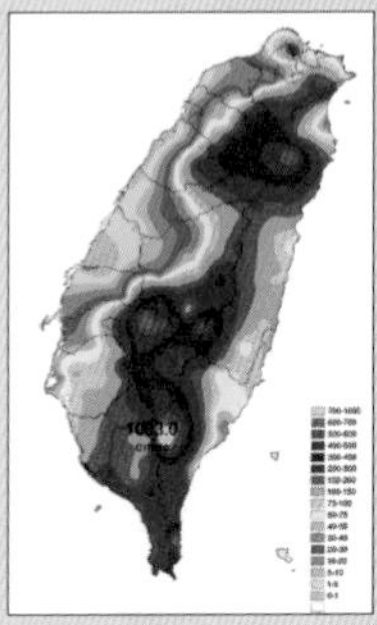

2009年8月7日

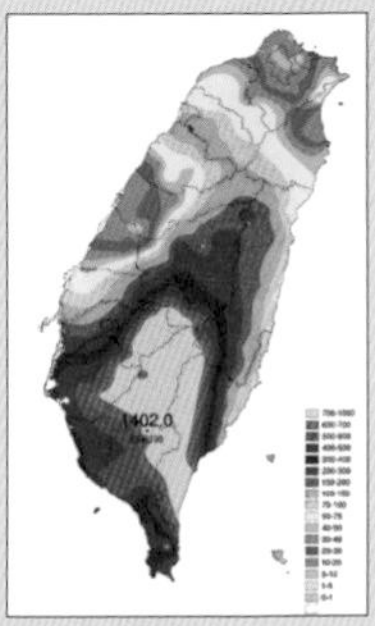

2009年8月8日

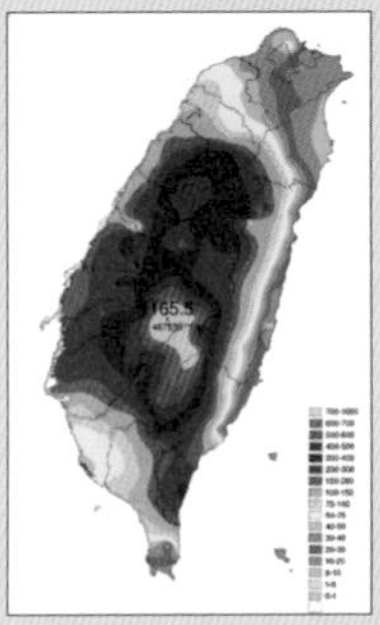

2009年8月9日

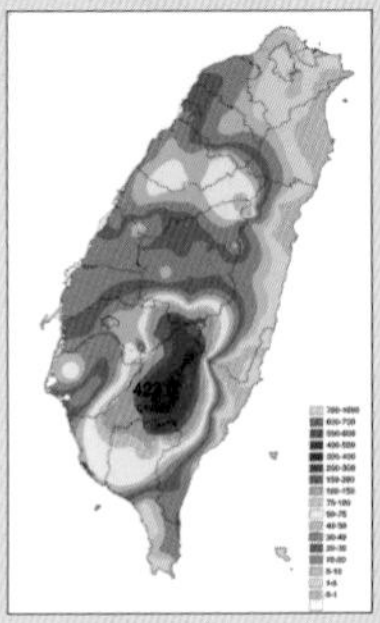

2009年8月10日

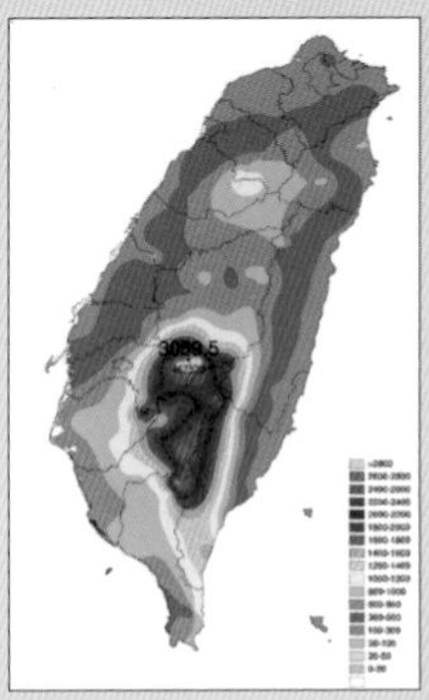

2009年8月6日至10日期間，阿里山測站總累積雨量高達3059.5毫米，打破了許多紀錄，更直逼世界紀錄。

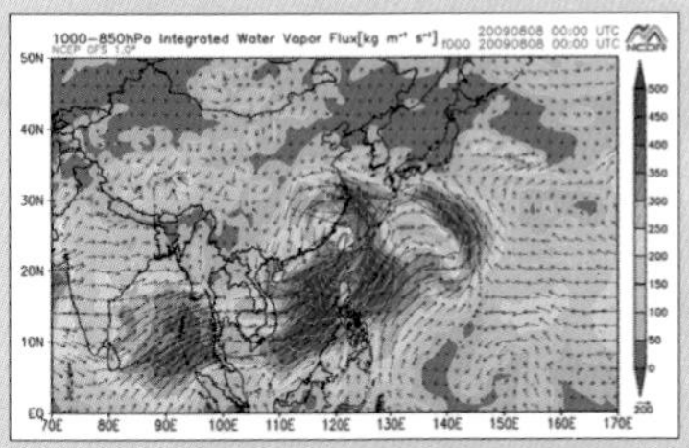

2009年8月8日零時

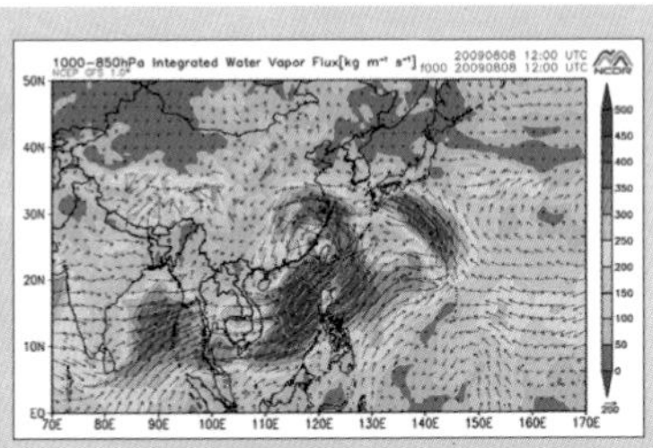

2009年8月8日十二時

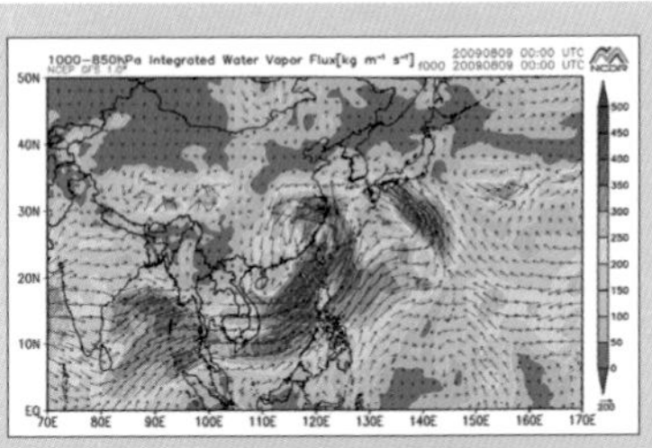

2009年8月9日零時

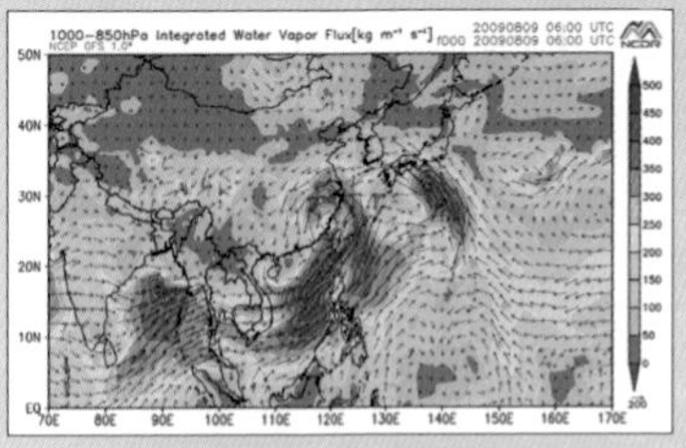

2009年8月9日六時

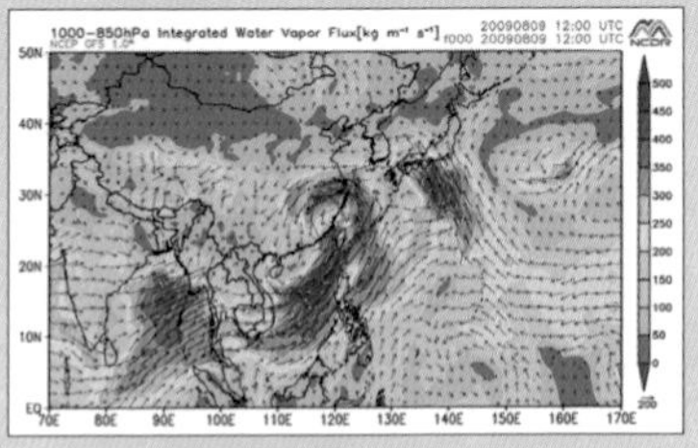

2009年8月9日十二時

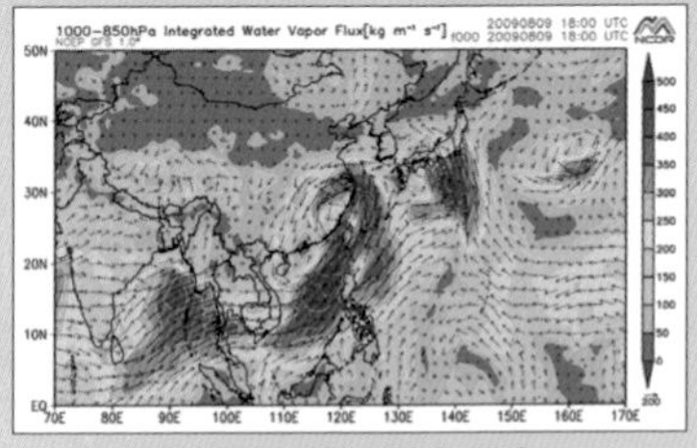

2009年8月9日十八時

2009年8月8日～9日莫拉克與西南氣流關係

莫拉克颱風明顯的西南氣流引入案例，低層風場與水氣通量圖，顏色愈紅代表愈旺盛的水氣。（圖片來源：災防科技中心）

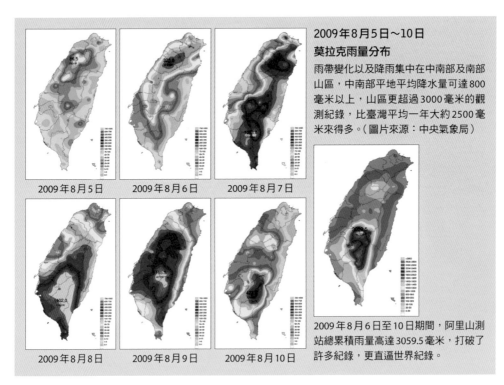

莫拉克雨量直逼世界紀錄

	世界紀錄	莫拉克紀錄
24小時累積雨量	留尼旺 1966年1月7日至8日 1825mm	阿里山測站 2009年8月8日 1623.5mm
48小時累積雨量	印度 1995年6月15日至16日 2493mm	阿里山測站 2009年8月8日至9日 2361mm

里溪、知本溪等河川的流域，共計八大流域，皆是主要致災的流域。在這些區域，不論是上游、中游、下游皆設有測站，或者上游並無測站，利用雷達估計降水來分析，都可以看到在累積雨量上，上游遠遠高於中游，中游又遠高於下游。儘管如此，災害點位遍布臺中以南，並不以上游為限，因為高強度的降雨下在山裡，河川上游迅速暴漲，水體只能順流向下游氾濫宣洩，甚至溢堤釀成洪災。因此，八八風災是一場全國性的災難，山區、平原、濱海低窪地區各有各的災害型態。

與其說是變遷所致，不如說是巧合。莫拉克颱風所帶來的豪雨，遠遠打破了臺灣人對颱風降雨的認知，打破了颱風總雨量在許多測站的歷史紀錄，在二十七個中央氣象局局屬測站之中的八個測站位居第一，尤以阿里山的三〇五九．五毫米居冠，是該測站第二名一九九六年強烈颱風賀伯（Herb）一九八七毫米的一．五倍，也是第三名二〇〇八年強烈颱風辛樂克（Sinlaku）一四五七．七毫米的兩倍有餘。

莫拉克颱風8月6日至8月10日
總累積雨量排名前十名測站雨量數據

站　名	累積雨量	鄰近溪流	河川流域	行　政　區
阿里山	3059.5	阿里山溪	曾文溪流域	嘉義縣阿里山鄉
尾寮山	2910.0	大社溪	高屏溪流域	屏東縣三地門鄉
奮起湖	2863.0	八掌溪	八掌溪流域	嘉義縣竹崎鄉
御油山	2823.0	荖濃溪	高屏溪流域	高雄縣桃源鄉
溪　南	2746.5	馬里山溪	高屏溪流域	高雄縣桃源鄉
石磐龍	2705.5	八掌溪	八掌溪流域	嘉義縣竹崎鄉
南天池	2694.0	拉庫音溪	高屏溪流域	高雄縣桃源鄉
小關山	2485.0	寶來溪	高屏溪流域	高雄縣桃源鄉
瀨　頭	2407.5	曾文溪	曾文溪流域	嘉義縣阿里山鄉
新　發	2355.5	荖濃溪	高屏溪流域	高雄縣六龜鄉

從升溫到氣圈與水圈的互動，再到災害，豪雨翻轉了我們的生活經驗，在臺灣的氣候史與災防史上留下一道刻痕，我們或許可以將豪雨解讀成一次極端事件，但無法連結這就是氣候變遷所造成，是二氧化碳排放失控的下場。

區區一個中度颱風莫拉克竟能釀成如此巨災，甚至外圍環流在南部山區肆虐時，中心的風暴早已減為輕度颱風了，可見得颱風內部風、水的故事遠比一般人所想像的要龐雜。

「莫拉克風災，或者說八八風災，其實是一連串的巧合。」災防科技中心坡地與洪旱組組長張志新提醒：「如果不是當時這樣的大尺度背景，如果莫拉克颱風沒走得那麼慢，如果臺灣的地形不是長這樣，莫拉克颱風也不會造成這麼大的災害。」

若非大尺度之下熱帶氣旋與西南季風、高壓之間如此互動，若非莫拉克的路徑與臺灣的地形如此互動，若非臺灣的山脈與河川走向，甚至地質的因

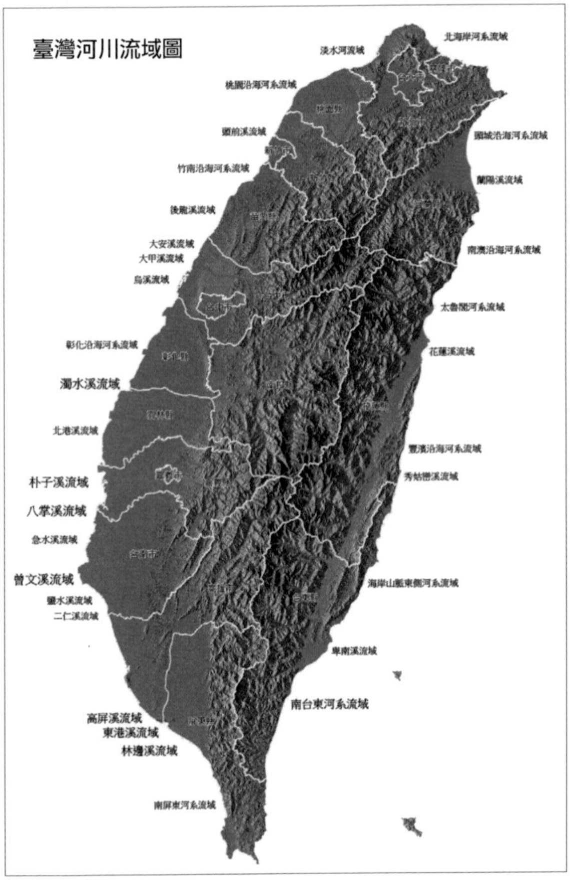

莫拉克颱風的主要致災流域分布於臺中以南
（資料來源：國立臺灣大學地理環境資源學系臺灣地形研究室）

素也參與其中，又怎麼會聚合莫拉克的悲劇呢？至於這個巧合，在有限的時間尺度下看起來是一場偶然，拉長時間尺度來看，卻又像是一場必然，地球總是不斷透過各種自然過程，促使自然界的各種能量達成平衡。

◐ 準暖化研究方法：世紀末的莫拉克？

下一場如莫拉克颱風一般的風暴還會來襲嗎？答案是肯定的，只是不知道是多久之後罷了。

雖然科學上，我們無法預測下一場巨災何時來襲，也不易準確預估暖化節奏下的雨量變遷，但在災防科學上，我們可以使用準暖化（Pseudo-global warming, PGW）的方法來看暖化對巨災的影響。準暖化的研究精神在於，我們先不要問下一場風暴何時來臨，改問「過去的巨災，若發生在暖化後的未來，屆時將和歷史經驗有什麼不同？」進而瞭解到災害的變遷。

災防中心利用準暖化的方法來研究八八風災，將莫拉克颱風發生前的所有氣象條件，包含東亞季

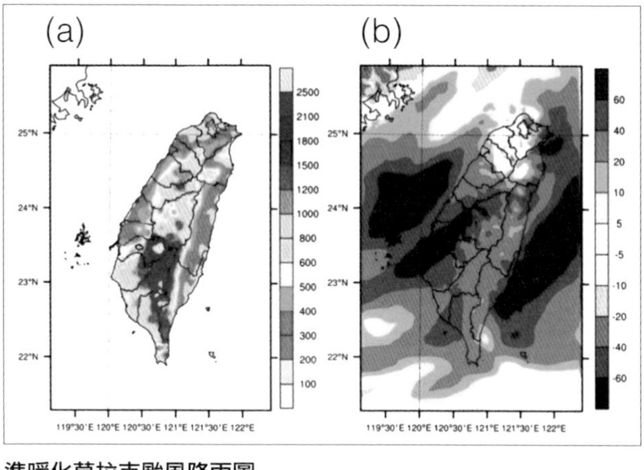

準暖化莫拉克颱風降雨圖

準暖化模擬能模擬暖化情境下的歷史事件，模擬結果可供災害衝擊評估之用。（a）為2009年莫拉克颱風的觀測總雨量，（b）為21世紀末RCP8.5暖化情境下的莫拉克颱風降雨改變率。
（資料來源：災防科技中心）

風、西南氣流、三颱彼此之間的牽引等全部都放入暖化模式，來看颱風帶來的總雨量會如何變化。準暖化研究方法的結果相當驚人，在暖化最糟糕的情境下（RCP8.5），全臺受颱風影響的平均降雨量將增加四〇%。換句話說，如果莫拉克颱風的整個劇本上演在本世紀末暖化嚴重的背景之下，阿里山的總雨量將從將近三千毫米推進到四千二百毫米，連帶可能造成的災情變化也就不言而喻。災防科技中心氣候變遷組組長陳永明表示，「三千的降雨已經帶來臺灣土地的重創，四千二的極端降雨是科學上帶來的警訊，值得我們深思數據背後對防災工作的意義。」

面對風暴與巨災，前端的科學研究帶給我們豐碩的成果，慢慢抽絲剝繭看出暖化與氣候變遷的種種影響。伴隨在科學成果之後的，則是災防應變與工程，以及創新韌性的思維。四千二百毫米的大水，或許會來，或許不會來，我們的準備必須跟著颱風一起轉型。

（作者：雷翔宇）

注釋

1 下一版評估報告（AR6）將於二〇二一年問世，屆時必然可見更豐富的數據和分析。

2 未來氣候如何變遷，假使不針對人為造成的排放有所控制，對於未來氣候的衝擊會有什麼變化？IPCC設定了幾種氣候情境以推估未來氣候情形，主要關注於人為造成的排放。在IPCC《第五次評估報告》（AR5）中，是以「代表濃度途徑」（Representative ConcentrationPathways，簡稱RCPs）定義未來變遷的情境，共有四種假設情境，分別為RCP2.6、RCP4.5、RCP6及RCP8.5，係指每平方公尺的輻射強迫力在二一〇〇年增加了2.6、4.5、6、8.5瓦，其中RCP2.6係指低溫室氣體排放情境，屬暖化減緩的情境，是較為樂觀的態度看待溫室氣體減量，而相對於RCP8.5係指各國未減排情境，屬於溫室氣體高度排放的情境，則是相對於較為悲觀的態度。這四種情境所能涵蓋層面比過去第三次評估報告設定情境還廣，除了設定了逐年的溫室氣體濃度，根據整合評估模式、簡化氣候模式、大氣化學模式以及全球碳循環模式的組合計算，每個RCP可以估算出人為溫室氣體排放量，並提供土地利用變遷的空間分布以及各區域空氣汙染物的排放量。藉由不同設定情境，利用氣候模式推估未來氣候變遷下氣候情形，以瞭解可能面臨之氣候衝擊。

3 單位ppm係指百萬分之一，ppb係指十億分之一。以二氧化碳而言，三九一ppm相當於體積濃度〇・三九％。

4 針對溫室氣體對於地表輻射的影響，AR5引進了新指標「有效輻射強迫作用」（Effective radiative forcing，ERF），定義為「在海洋與海水不變的狀況下，因子變化造成之大氣層頂輻射通量的改變」。二氧化碳、甲烷、一氧化二氮等溫室氣體，在工業革命至二〇一一年為止的ERF，分別為一・八二Wm-2、〇・四八Wm-2、〇・〇七Wm-2。其他如對流層臭氧、對流層水氣的變化，亦對將能量鎖於對流層有些微貢獻。

5 全球熱帶氣旋的強度，除了年際波動外，四十多年來並無顯著的改變趨勢。AR5指出，各大洋的情形略有不同，惟除北大西洋外，多不具備統計學上的意義；一九七〇年代以後，只有北大西洋海域的熱帶氣旋有明顯趨於頻繁和強盛的情形，且該海域的觀測資料較為完整，可信度相對較高。儘管如此，仍有學者懷疑早期的資料可能低估了真實的情形，才得到了顯著的趨勢。

6 一般將太平洋東部、中部赤道地區海水偏暖的情形稱為聖嬰現象，偏冷的情形稱為反聖嬰現象。後來研究發現此一溫度升高、降低的週期性擺盪，與太平洋赤道地區東西部之間高低氣壓的振盪（南方振盪）乃是一體兩面，遂合稱為「聖嬰—南方振盪」。

7 或譯「太平洋十年期振盪」。

8 面對未來的氣象變化，排放最輕（RCP 2.6）的情況下，將增溫攝氏〇・三度至一・七度，其次（RCP 4.5）攝氏一・一度至三・一度，再其次（RCP 6.0）攝氏一・四度至三・一度，而最嚴重（RCP 8.5）的情況下，將增溫攝氏二・六度至四・八度。

9 如同AR5採取了RCP 2.6、RCP 4.5、RCP 6.0、RCP 8.5等四個情境，前一版的AR4也根據不同的人類文明發展劇本，設計了A1、A2、B1、B2情境，A1又考量社經狀況和排放量而分成A1F1、A1T、A1B。災防中心較常採用A1B的情境加以分析，而在AR5出版後，則優先採用全球氣候模式（GCM）模式數較多的RCP 4.5與RCP 8.5情境來進行分析。

10 《南越志》已佚，但後世多引用之。有關颶風為具四方之風的描述，見於北宋時期的類書《太平御覽・風》。

11 一說為蘇過（蘇軾第三子）所作。

12 颶風之外，唐代沈佺期在詩中亦有稱「颱颶」，只是字書多不載，而後失傳。

13 此處臺、台發音不同，並非異體字。小川尚義《臺日大辭典》將之各別收錄，臺讀tâi（陽平第五調），台讀thai（陰平第一調），不可混淆。

14 一八五七年，日人伊藤慎藏翻譯荷蘭文典籍，著成《颶風新話》一書，使用颶風一詞。

15 漢字文化圈之中，越南語稱劇烈的熱帶氣旋為「𩙍」（Bão），同時亦將英語Typhoon當作外來語使用，故「颱風」二字並非完全通行於漢字文化圈。

16 二〇〇九年臺中縣市、臺南縣市、高雄縣市皆尚未合併升格，故分開計算。

17 許晃雄等著，〈莫拉克颱風的多重尺度背景環流〉，《大氣科學》第三十八期第一號（二〇一〇年）。

18 周仲島等著，〈莫拉克颱風氣象分析〉，國家災害防救科技中心，（二〇一〇年）。

CHAPTER

02

海陸製造的自然蒸汽機

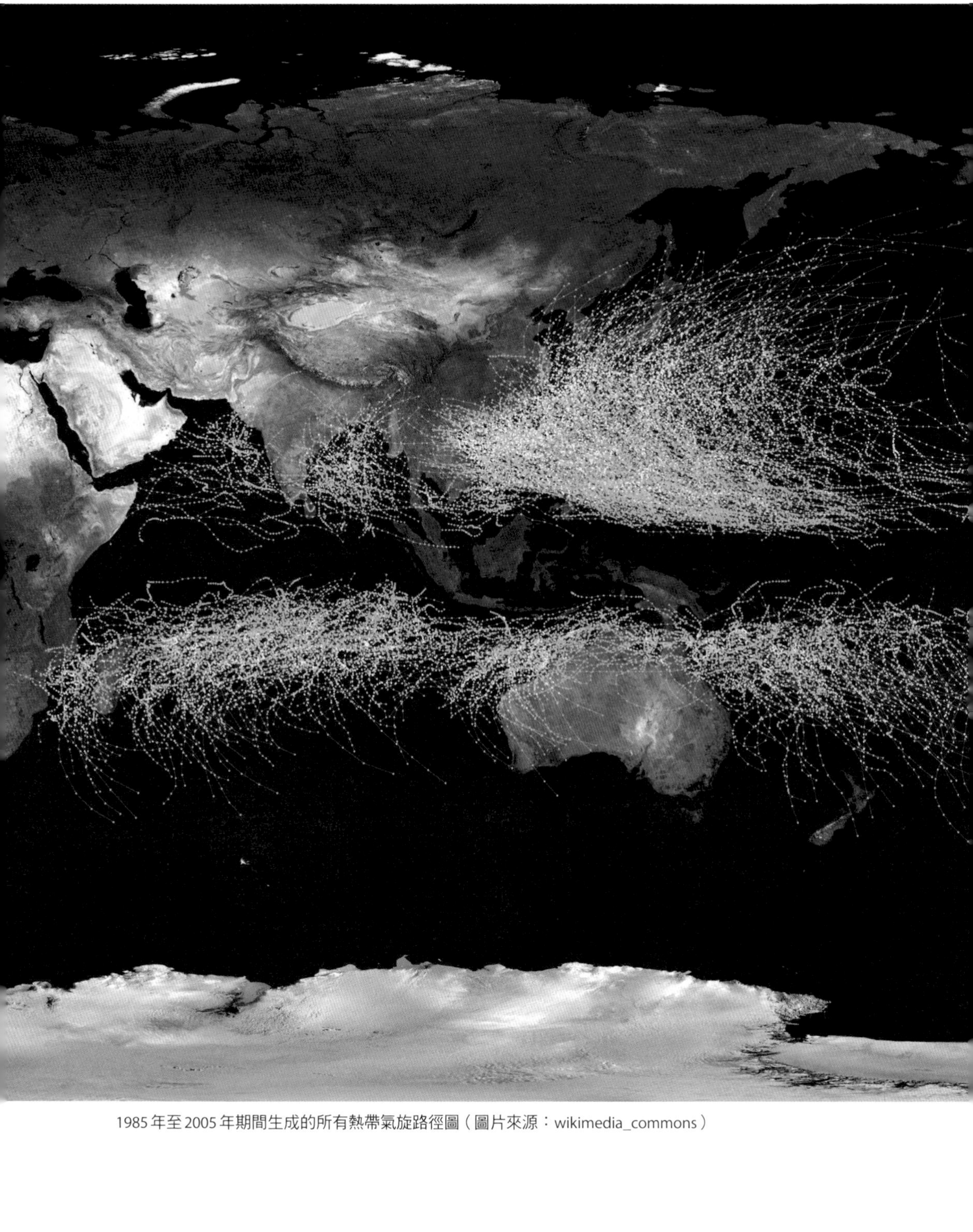

1985 年至 2005 年期間生成的所有熱帶氣旋路徑圖（圖片來源：wikimedia_commons）

它們距離上天這麼近
知道神自始至終不忘
給人類考試
徹夜以戲劇性的聲調
叩擊屋宇，撼動門窗
為不眠的我們反覆
提示重點

——颱風／陳黎，二〇〇九

一九一四年七月，也是大正三年，花蓮豐田官營移民村經歷強颱侵襲，造成超過百戶民宅全倒，耕地一夜之間成為汪洋，一九一九年臺灣總督府《官營移民事業報告書》特別記錄災情並制定防災方式，當時官方的布教所、派出所、火葬場等「所有建築物無一倖免，呈現一片蒼涼悽慘的景象」。那年夏天連續的颱風與豪雨，幾乎使移民對在臺灣永住感到灰心喪志。一百多年後來看大正三年暴風雨紀事，臺灣夏秋之際常有颱風造訪，甚至造成重大災情並不是稀奇的事。但如果我們因此希求不要有颱風，那恐怕悲慘的是整個地球。

全球的氣候模式都與各地的風有關，地球透過風重新分配熱量與水，大氣分配系統讓熱帶與極地區域之間能彼此傳遞能量，《大氣：萬物的起源》（*An Ocean of Air*）這本書就描述，假如熱帶陽光帶來的熱量完全保留原地，赤道溫度會比現在再高攝氏十四度，兩極地區則會更冷，再下降攝氏二十五度，影響整個中高緯度地區，整個地表將有大部分不適人居，地球將部分凍結，部分燒焦。水分也是，水分子進入大氣後，十天內便有可能降雨，一旦水分子是被鎖進海洋與冰蓋，可能千百年都不會變化。對所有生命都需要的水來說，大氣可說是得力助手。

「天空不會永遠靜止不動，也不會是均勻的。」[1] 空氣在移動中吸取海洋的水分，這些分子會不斷向另一處移動，重新凝聚成雨滴，釋放出能量，當能量足夠時，就進一步形成各種氣旋。其實大氣所含的水分只占地球總水量的百分之幾，但它們孕育出的風暴之謎，已足以困惑十九世紀中葉以來的科學家，包括一個在維吉尼亞州農莊中自學而成的科學天才佛雷爾（Wlliam Ferrel，一八一七～一八九一）。從一八五六年佛雷爾發表論文後，人類大致明白北半球氣旋為何都是逆時針轉動，南半球則是順時針方向轉動。不過從佛雷爾至今，我們仍持續活在理解颱風的科學史當中。

2-1 形成颱風的機運

人類活在兩個海洋中，一個是真正的海洋，一個是空氣的海洋。這兩種海洋有時讓人類成功，有時讓人類失敗。一二七四年與一二八一年，已拿下朝鮮半島的元朝忽必烈兩次發動艦隊進攻日本失敗，都是因遇到颱風，傷亡慘重。日本因此稱颱風為護佑他們的「神風」。一四九二年八月，將近兩百年後，哥倫布從西班牙出航想要尋找東方，船隊先往南到摩洛哥外海的加納利群島，尋找穩定可靠的東風往西行，在航行日記中，哥倫布與船員竟然因航行過度順利感到不安，兩個多月後，哥倫布踏上聖薩爾瓦多島，隔年一月回航，卻因狂暴的西風差點回不了西班牙。雖然他錯將美洲當成東方，也不是第一個所謂發現美洲的人，但哥倫布自此開啟歐洲持續在美洲殖民的時代。從一四九二年後，世界史完全不同。

這兩起歷史事件同樣是大費周章的航行，卻有截然不同的結果。它們所遭遇的風是兩種尺度的大氣現象，且至今還在影響我們。哥倫布並不知道，加納利群島所在的北緯二十八度，使他的船隊剛好進入了東北信風帶，而回程的時候碰到北緯三十度以北的西風帶，這都是地球大氣環流系統形成的大尺度風帶。往後經歷幾個世紀科學家才接續發現，地球以赤道為中心，南北半球如鏡像般地分別具有三個大尺度的環流，稱為三胞環流。至於忽必烈艦隊所遭逢的颱風，則是尺度較小且條件相對複雜的現象。對夏季經常受颱風襲擾的地區來說，颱風不算稀客，但美國颱風研究權威伊曼紐教授（Kerry Emanuel）說，「對科學家而言，重點不在於颶風為何會生成，而在於它們為何鮮少發生。」[2]

◐ 花兩百年理解風

假設地球只有海洋沒有陸地，在受太陽照射的情況下，只需考慮隨著緯度高低接收到的輻射能量差異，致使加熱的空間分布不均，會形成熱帶、寒帶，低緯度的空氣會受熱上升，北邊高緯度的空氣流動進來，這是最基本的循環理解。估算出哈雷彗星週期的科學家哈雷（Edmond Halley）對穩定的東風很感興趣，一六八六年就畫出第一張全球風圖，他雖然已知太陽的熱能是驅動力，但仍無法解釋風為何不斷從東邊來，提出是因為太陽在空中由東往西走，使水面上的空氣跟著逐日，這並不正確。到一七三五年，一位對科學研究更具熱情的英國律師哈德里（George Hadley）修補了哈雷的說法，哈德里加入地球自轉的因素，認為愈靠近赤道轉動會比較快，導致原本由北南下的環流，變成更像是從東邊來的風。

要再過一百年，哈德里的解釋才會由佛雷爾得出更精確的計算與證明。佛雷爾一八五六年運用數學推算，得出「當地表某一物體朝任意方向運動，地球旋轉現象便施加一種作用讓運動偏斜，在北半球是向右，在南半球則相反」。換言之，由於地球自轉，不論哪個方向的風都要被迫轉彎。這個現象在後來稱為科氏力。但佛雷爾的時代，科氏力的發現者科里奧利（Gustave Gaspard de Coriolis）只是在一八三六年提出一組方程式，並沒有用在大氣領域。佛雷爾可說是靠自己證實了科氏力。

從佛雷爾開始，人類總算可以畫出比哈雷更精確的全球風圖，也就是三胞環流與形成的壯闊風帶。由於這是考慮緯度差異，地球這顆行星受太陽照射造成熱能需重新分配的結果，因此稱為行星風系，這些大尺度且旺盛的風，就是當初哥倫布遇到的東風與西風，人類自古以來早就依賴行星風系的分布航海。當代對大氣與氣候的理解，也跟這個基礎有關。

哈德里與佛雷爾的重要貢獻使三胞環流有兩個以他們為名：分別為中低緯度的哈德里環流、中緯度的佛雷爾環流以及高緯度的極地環流。三胞環流最重要的是讓我們理解大氣為何在赤道與緯度六十度左右輻合，又為何有些地方形成大型高壓帶，如副熱帶高壓，根本是座聳立全球的大氣山脈。

哈德里環流使我們得以描述，赤道的空氣受熱膨脹，到高空開始往高緯度移動，但受科氏力偏轉，到緯度約三十至三十五度氣流已不能再往南或北前進了，同時也因一路冷卻，遂又下沉回近地表並朝赤道流動，填補赤道地區近地表的空缺。這個環流帶來的風，在南北半球本該分別是南風與北風，但同受科氏力影響，北半球往右，南半球向左，就成了北半球的東北信風和南半球的東南信風。[3]

赤道地區因南北信風帶在此輻合而上稱為「間熱帶輻合區」（ITCZ），是一個低壓帶。緯度三十度區域下沉氣流旺盛，則分別往赤道與高緯度輻散出去，也就是副熱帶高壓，其中往高緯度輻散出去的近地表氣流在偏向後就形成西風。以北半球來說，這股往高緯度的氣流會在緯度六十度的地方遭逢極地南下的氣流，造成輻合使空氣抬升（也就是佛雷爾環流），出現低壓區。這麼冷的緯度卻有空氣上升的現象，有些研究者就認為，其實中緯度沒有明顯的環流圈，「只有一團團迴旋風暴與氣象系統錯雜交纏」，三胞環流並不完全正確。[4]

大氣系統的複雜由此可見，至今謎團尚多。臺灣位在北緯二十二到二十五度，氣候自然深受間熱帶輻合區與副熱帶高壓的影響，但要理解颱風／熱帶氣旋的誕生為何與臺灣有關，重要的是季風。

孕育颱風的子宮

二〇〇四年十二月，南瑪都颱風（Nanmadol）來襲讓氣象相關人員大為驚奇，因為從一八九七年起的歷史紀錄，臺灣十二月到三月從未經歷颱風侵襲，多集中在七至九月，沒想到十二月真的有颱風登陸，

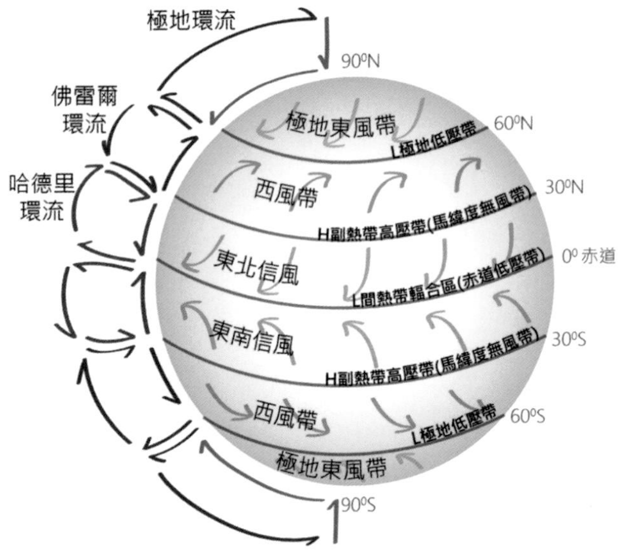

三胞環流與行星風系參考圖（圖片繪製：廖倩儀）

而且最後出海時已變成溫帶氣旋，成為氣象局第一個以溫帶氣旋解除颱風警報的案例。事實上西北太平洋與南海每月都會有機會生成熱帶氣旋，只是生成頻率仍以七至九月最高。要解開這當中頻率與季節的關係之謎，就一定要理解季風，這是把陸地與地形因素加進來後，出現的另一種環流系統，稱為地方風系。不同於大尺度的行星風系，這經常是各地歲時作息、生產與災難的來源。

當我們去到海邊，會發現海洋陸地在面臨白天與入夜時，反應是不同的。由於水的比熱很大，海洋調節溫度，溫差變化較陸地來得小。白天陸地較熱，空氣膨脹上升，地表氣壓較低，風從海洋吹往陸地，是為海風；夜晚陸地較涼，地表氣壓比海洋高，風改從陸地吹往海洋，是為陸風。這是特定區域範圍的交替變化，如果是整個歐亞大陸與太平洋、印度洋，它們之間的熱力性質與氣壓差異，再加上前述提到的科氏力所牽動的，就是超大型的海陸風：季風環流。

全球的大陸與海洋分布形成好幾個季風區，但最大的要屬亞洲季風，除了歐亞大陸、太平洋連接印度洋的面積外，也因夏日北半球的太陽輻射很強，超過海拔四千公尺的青藏高原是歐亞大陸的超大熱源，在高原地表形成低壓，此時南半球的副熱帶高壓又往北移，高壓的低層氣流越過赤道後，受科氏力影響，就往右偏向變成亞洲季風。這股西風一旦在菲律賓東方海上，與來自太平洋副熱帶高壓南緣的東風或東南風匯聚，就形成西北太平洋季風環流，也就是季風槽。季風槽的豐富水氣與呈逆時鐘的氣旋環流，造成許多擾動，是孕育颱風的子宮，

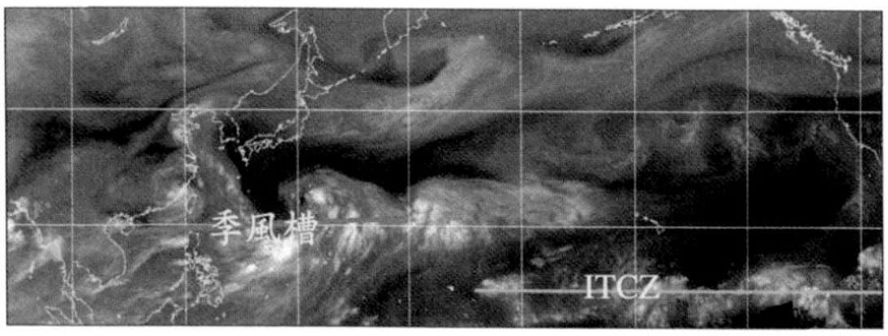

臺灣東側一條長長的雲帶，大約是源自南半球的季風氣流和北半球天氣系統交會的介面，這長條狀的低壓帶，稱為季風槽。北太平洋上接近赤道附近有另外一條雲帶，也是低壓帶，稱赤道低壓帶，或間熱帶輻合帶（ITCZ）。這兩條雲帶常常連接在一起，是孕育颱風的子宮。（圖片來源：鄭明典）

從天氣圖來看，季風槽就是一個熱帶雲簇容易發生的地方。

但讓熱帶積雲出現組成熱帶氣旋的機率，在夏季因間熱帶輻合區會由赤道往北移動（一般稱為行星風系的風帶季移），在西北太平洋形成一片低壓雲帶，有時還會與季風槽的雲帶相連。我們可以想像，這片地球最大的暖池上總懸掛著許多熱帶積雲，但為何有的會形成颱風，有的不會，颱風的生成與發展不僅讓學者發展出各種理論，也是臺灣每年得緊盯不放、可能只屬於上帝的隨機遊戲。

難以拆解的自然蒸汽機

攤開世界地圖來看，如今氣象學家已歸納出全球熱帶氣旋主要在三個帶狀區域發展。第一個從熱帶西大西洋開始，往西橫跨加勒比海、墨西哥灣到熱帶東北太平洋，第二個從北大平洋中部往西，一路到南海、孟加拉灣與阿拉伯海，第三個是在南半球，從南太平洋中部往西到南印度洋，越過馬達加斯加島到非洲。這三個帶狀區域有相似之處，都在熱帶海洋，但避開了赤道，且都順著東風（北半球東北信風，南半球東南信風）往西延伸。[5]

一九六八年美國大氣科學教授格雷（William M. Gray）提出著名的

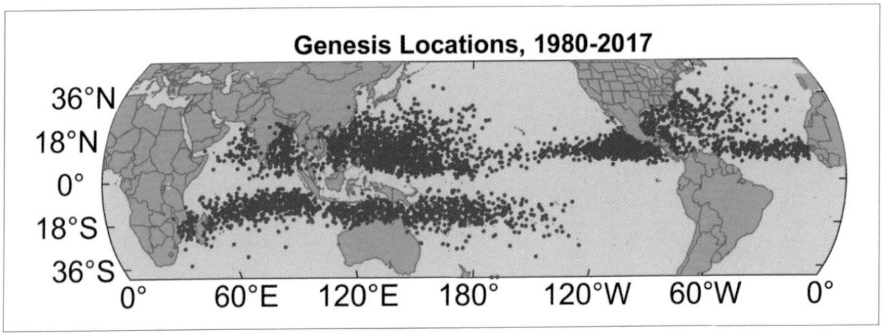

1980～2017 年熱帶氣旋生成位置圖（圖片授權來源：©Kerry Emanuel, 2019）

熱帶氣旋生成六大條件：一、海溫至少攝氏二十六．五度，不太確定深度，但至少要五十公尺深都是這個溫度以上。二、大氣溫度隨高度迅速降低，使潛熱釋放（水氣凝結成雨時，會將海水蒸發成水氣的熱釋放出來，因此稱為潛熱），對流層有一定溼度，造成不穩定的情況。三、靠近中對流層的空氣要有相對溼度，太乾不利於風暴的持續發展。四、近地表已經有低壓系統存在。五、垂直風切要小。六、至少要距離赤道五百公里，才有足夠的科氏力讓擾動持續。（緯度愈高，科氏力影響愈大，赤道的科氏力是零）但觀測史上，有幾個颱風卻在赤道附近形成，如二〇〇一年畫眉颱風（Vamei）在北緯一．四度形成，二〇〇四年阿耆尼颱風（Agni）更創下在北緯〇．七度形成的紀錄。

違反科氏力？在赤道附近生成的颱風

赤道地區由於沒有科氏力的影響，一般認為不可能產生氣旋，然而歷史上有幾個熱帶氣旋挑戰了這樣的說法。一九五六年莎拉颱風（Sarah）形成於澳屬巴布亞北部（今巴布亞紐幾內亞），在北緯二．二度發展成輕度颱風，到了北緯三．三度已發展為中度颱風，是觀測史上第一個在赤道附近形成的熱帶風暴。這個紀錄在二〇〇一年十二月底被畫眉颱風刷新，它在南海北緯一．四度處（新加坡與婆羅洲之間）形成。畫眉颱風向西移動，自馬來半島最南端的馬來西亞柔佛州登陸，籠罩新加坡，帶來災情。新加坡此前未曾遭逢颱風，在風暴來襲期間，始終不曾發布熱帶風暴的消息，媒體只報導天候不佳是受「季風影響」，不敢相信身處赤道國家也會受到颱風的洗禮。畫眉颱風最終穿過蘇門答臘北部進入孟加拉灣，變身北印度洋的氣旋風暴，是少數在不同盛行區間「移境」的熱帶氣旋。由於畫眉颱風造成馬來西亞多處崩塌與土石流，最終遭到除名。

畫眉的紀錄，在二〇〇四年十一月被北印度洋阿拉伯海的氣旋風暴阿耆尼打破，美國聯合颱風警報中心（JTWC）認為阿耆尼曾一度南下至北緯〇・七度，具有地緣關係的印度政府機關則認為中心最南曾在南緯〇・五度發展逆時針方向氣旋，引發學界熱烈議論。氣旋風暴阿耆尼在海上即因垂直風切增強而受到破壞，侵襲非洲東部索馬利亞時已然減弱，並未傳出災情。

莎拉、畫眉與阿耆尼的經驗，挑戰了科學家對熱帶氣旋的認知，顯見人類對熱帶氣旋的認識還很有限。

從各方面來看，颱風就像是天然的完美蒸汽機，充滿巧合與機運。首先一片溫暖的海洋上，可能充滿上下不斷交會的氣流，也就是無數的擾動，這些擾動的整合互相併吞成愈來愈大尺度的對流。在不斷整併的過程中，上升氣流不停發展，中心壓力不斷降低，形成人們能顯著觀測到的氣旋。因受科氏力影響，北半球氣旋因空氣旋進中心時偏右，因此從上方看起來是逆時針方向旋轉。

這些上升水氣在高空凝結，釋放潛熱，必須使中上層保持溼度與暖度，而且還不能遇到垂直風切，因為颱風的中心是垂直結構，像根煙囪。垂直風切意指水平風在垂直方向的改變量。倘若不同高度的水平風有著很大的變化時，颱風的高層與低層環流會隨著風往不同的方向飄動，環流不會契合、最大的垂直上升運動區不會重疊在一起、能量的釋放與轉換無法聚焦在同一區域，進而影響了颱風的發展。垂直風切不僅在熱帶氣旋形成之初加以阻撓，即便是面對發展成形的強烈颱風，也會像一把利刃一樣截切迎來的氣旋，破壞對流的順暢，是颱風的「殺手」之一。

躲過了垂直風切，颱風的中心垂直結構還得有下沉氣流，隨著高度下降升溫，維持颱風中心的暖度，可以說，颱風就是一種暖心低壓系統，當上升旺盛，氣壓愈低，空氣往內輻和的力量也增強，帶動更多熱空氣上升，形成正回饋。在這個過程中，海洋的熱能就像是颱風的「燃料」，但伊曼紐認為，根據計算，颱風的發展只讓海洋的上層溫度平均略降攝氏〇．一度。[6]

冷心低壓也會形成颱風

熱帶氣旋是暖心低壓，但高空的冷心低壓也會形成颱風。臺灣其實對冷心低壓並不陌生，二〇一五年七月就因冷心低壓通過，上空突然變冷造成劇烈對流，雙北、花蓮均下起冰雹。冷心低壓夏秋出現在北太平洋上，環流最強的高度約十公里，環流強度會隨著高度減弱，但有時會突然發展對流釋放潛熱，變為暖心低壓，就有可能發展成颱風。另一個造成擾動的是東風波，東風波是出現在東風帶的低壓波動，有一小部分颱風的形成跟東風波的擾動有關，絕大部分還是發生在季風槽。

從格雷的六大條件之後，有更多研究指出光依靠積雲對流與低壓系統所形成的正回饋關係，是較為線性的關係，還是無法解釋熱帶氣旋的生成與否，伊曼紐重視與海洋的交互作用，提出是低層氣旋使風速增強，在洋面匯集能量，供給氣旋增強所需的潛熱與水氣，是經由風引導的表面熱量交換。也有學者堅持，颱風生成與增強是兩個不同的階段。可以說，人類愈研究颱風，就會發現更多條件與例外，但始終無法解答生成之謎，因為這些研究還是奠基在低層已有低壓中心形成的前提。隨著觀測技術的進步，或許還是有可能更理解颱風。近年最重要的研究就是低層中尺度渦旋（Mesoscale Convective Vortex, MCV），有一些學者認為，是在對流層的低層早就形成中尺度渦旋，這些渦旋高度在三公里以下，也有人說是四到六公里，規模能大到一、二百公里。[7] 第五章的T-PARC跨國計畫，某種程度上就是在做這樣的突破。

關於颱風生成與發展的原因遲至今日還有很多未解之處，這使大氣研究多少帶點熱血與浪漫的味道，如在惡劣的天氣中，開飛機衝進颱風裡，這恐怕要比哥倫布出航需要更多勇氣。但颱風讓人類無法掌握的，不只是生成，還有它的結構與怎麼移動。

颱風開眼，有眼無珠

隨著颱風的規模愈來愈強，中心也慢慢形成了一圈空白——颱風眼。為什麼颱風有眼？是為了在暴風中心留個空間讓氣流匯聚向上嗎？其實並非如此。颱風最初發展的時候，中心的確匯聚了旺盛的上升氣流，但當雲系中間開了一顆澄澈的眼睛，此時上升氣流只發生在颱風眼周圍一圈，也就是颱風眼牆的位置，並不及於眼珠中心的部分。這是因為颱風近中心的風速因為角動量守恆，通常是最大的，但當離心力與氣壓梯度平衡時，風就進不來了，彷彿形成一個無形的「結界」。當空氣分子全速移動，來到了這堵進不去的牆，便只能在這裡上升。因此風速愈大，颱風的眼睛愈扎實，中間空白的部分，正好給上升後的氣流一個下降的去處。微弱的下沉氣流，使得颱風眼內的天氣宛如放晴，若是在夜晚，甚至還能窺見一隅星斗，很難想像一牆之隔就是狂風暴雨。至於雙眼颱，通常只是過渡階段，最終只會剩一隻眼。

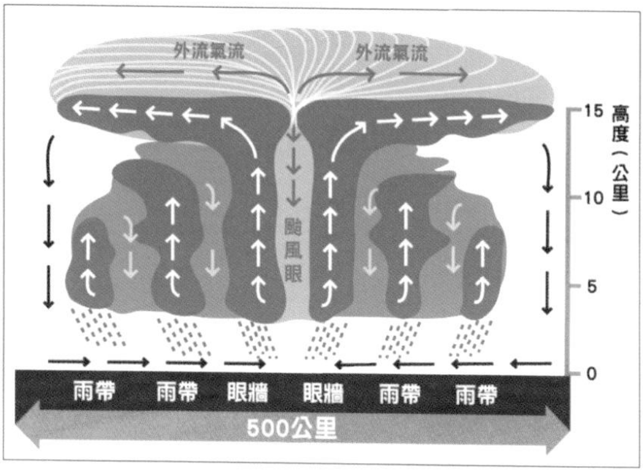

颱風垂直剖面圖（圖片來源：中央氣象局）

2-2 颱風的結構、強度、移動

據說哥倫布第四次航行新大陸時，曾預測過颶風的到來。他是從加勒比海的原住民那裡，學到觀看雲、風與海面的方法。後來的科學家要理解颱風，也不脫要觀看雲、風與海洋。到了十九世紀下半葉，有兩個耶穌會的神父一西一東，一八七五年於哈瓦那、一八七九年於馬尼拉分別發布颶風警報，被認為是史上最早發布的警報。哈瓦那的維涅斯神父（Fr. Benito Viñes）因颶風給古巴帶來災害而致力研究，在沒有雷達、衛星與飛機的年代，他先蒐集過去十二年詳細的天氣觀測文獻，每天早上四點到晚上十點，勤奮地一小時觀測一次，他手上僅有的工具就是六分儀、氣壓計與風力風速計。

從肉眼到蒐集資料歸納，一直到一九四〇年代偵察機與雷達的出現，一九六〇年代人造衛星的運用，才有辦法理解颱風的內部結構與演變過程，伊曼紐教授在《颱風》開頭就寫到，「現今幾乎所有關於颱風的知識都是來自於飛機、雷達與人造衛星的觀測。」相較於前人，我們可說是最理解颱風的幾個世代。[8]

◐ 颱風的內部結構與強度

一開始人類對颱風這部自然蒸汽機有多巨大爭論不休，有人認為頂多一點六公里高，現在我們已經瞭解，颱風的雲層能貫穿整個對流層的高度，多半有十幾公里高，也有繼續延伸至低平流層，高達十八公里的程度。透過衛星雲圖，我們像上帝一樣，可以看清楚颱風的模樣，有眼、眼牆與雲帶。當熱帶氣旋於遠洋形成時，科學家就得以依靠大量衛星雲圖開始估算推測，判斷颱風中心有多強的風速。這個稱為德氏分析法的，是由加州大學氣象科學家德沃夏克（Vernon F.Dvorak）提出，可以根據雲在高層的各種型態推算數值T，進一步幫熱帶氣旋計算目前強度值（Current Intensity, CI），再轉換成近中心最大風速與海平面氣壓。[9] 可以說，比起維涅斯神父，德沃夏克大概就是看到更高空、解析度更好的雲。但這些就是讓預報更加複雜與細緻的基礎。

颱風的強度，是以靠近中心的平均風速劃分，颱風愈強，中心氣壓愈低。人類認定為熱帶氣旋，是以中心每秒風速超過十七．二公尺為主，這也等同於要超過七級風以上，因此暴風半徑就是指中心到七級風的位置，暴風半徑可從二、三百公里到五百公里不等，如果再加上中心雲柱的高度，可以想見這部蒸汽機的體積有多大。臺灣並不是太大的島嶼，被暴風圈覆蓋的情形並不少見。（關於德氏分析法與氣象預報可看第五章，至於熱帶氣旋各國分級請看本章第四節。）

不過衛星並無法透視颱風的真正內部，尤其是雨帶。在使用雷達觀測後，目前關於颱風的螺旋雨帶已有大致理解。颱風的雨之所以要特別注意，是因為它的對流系統是大氣中降雨效率最高的。降雨效率指的是，最終降落地表的雨量相對於上方空氣的水氣的比值。颱風的眼牆不僅雲層很高，也有飽滿的水氣，以強烈颱風來說，眼牆的降雨效率幾乎是百分之百，因為夠潮溼，雨水不會在半空中再度蒸發。當颱風在洋面逐步增強時，颱風眼核心區的風速也會更快，捲動更多潮溼空氣旋轉上升，不斷形成上衝流，颱風與海洋的摩擦力也會變大，形成的內流加上風暴增強的上升流，結果就是環繞颱風眼的強烈降雨區。

一九八八年，美國颶風研究者威洛比（Hugh Willoughby）指出，成熟的颱風結構大概可以分成眼牆區（eyewall）、主要雨帶區（Principal band）與次要雨帶區（Secondary bands）。眼牆區看颱風大小，以颱風眼為核心的半徑一、二百公里範圍都屬這個核心區。核心區是以眼為中心，半徑一二〇公里之處，核心區內有明顯螺旋雨帶的主要雨帶，裡面有許多強對流胞；中間一二〇到四百公里的地方，就是一些對流的次要雨帶。颱風的雨帶分布不是同心圓式，愈往內愈強，而是在主要雨帶之間，經常夾雜著較弱的對流區。

臺灣因所在經緯度的關係，是容易遭受成熟颱風侵襲之地，這也使颱風對臺灣的風雨威脅特別嚴重。但就跟結構一樣，颱風的移動也有多重複雜的條件。

三種流場的總和影響颱風行徑

颱風一開始生成的時候移動速度會比較慢，約每小時十到十五公里，然後會加快至每小時十五到二十五公里，但轉向或增強的時候會變慢，甚至停滯，最慢可能連五公里都沒有，轉向後會愈來愈快，達每小時二十到五十公里。從全球熱帶氣旋三大地帶的行走路徑來看，多半都是生成後往西走，然後再往極地的方向轉向。為什麼會有如

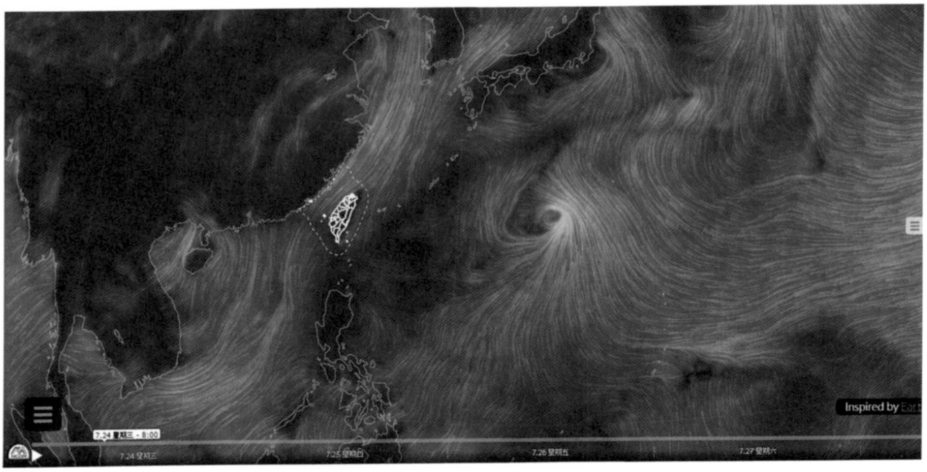

風場表現了風在空間分布中的流動趨勢（圖片來源：災防科技中心）

此的規律？這涉及到颱風的走向是三種流場的總和。

颱風自己是個渦漩流場，但它位在一個尺度更大的背景流場中，也就是副熱帶高壓南緣的信風，這股高壓環流的東風是一股導引氣流，稱為駛流，驅使颱風跟著它走。[10]以西北太平洋來說，就會看到颱風沿著太平洋高壓移動，由於太平洋高壓可能大到幾萬公里，相對於颱風是尺度較大的現象，因此颱風深受其影響。太平洋高壓往東或往西移，經常決定了颱風何時偏北的關鍵。

第三種流場則發生在颱風自身，跟科氏力有關。颱風通常會跨越數個緯度，由於高緯度較低緯度更易受科氏力影響，有一些物理現象使颱風南北側氣體流動的偏轉程度不同。簡單來說，北半球的熱帶氣旋在逆時針旋轉時，左邊會把比較大的科氏力帶下來，就會往西或西北方向走。這稱為β效應或β偏移。伊曼紐教授則認為，颱風會自己產生次渦漩，北半球颱風因為逆時針旋轉緣故，東邊的風會往北走，另外形成一個順時針的次渦漩，西邊的風往南走，則形成一個逆時針的次渦漩。這兩個次渦漩會使颱風往西北方向推進，因此在大氣靜止的情況下，颱風仍會自己移動。伊曼紐指出，如果不考慮這個偏移，可能導致預報在二十四小時內偏差達一百九十公里。[11]

兩種怪奇的效應：藤原效應與動彈不得的鞍點

除了上述這些作用在影響颱風行徑，颱風之間也會彼此影響。日本氣象學家藤原咲平（Sakuhei Fujiwhara，一八八四～一九五〇）率先於一九二一年提出了相關看法，且不斷透過實驗，利用水槽模擬人工漩渦來觀察它們的運動。我們已知，風場表現了風在空間分布中的流動趨勢，颱風除了受到外在駛流的影響，本身亦造就了漩渦形的風場，任何質點位於其中，都會受其帶動，移動路徑呈現氣旋式旋轉。當兩個颱風彼此的外圍環流互相接觸時，都會受到各自的風場影響，互相牽引拉扯，不再獨立運行。

理想的兩個對稱漩渦，理論上會互相纏繞，但我們星球的球體表面，並不如水槽那麼簡單，不僅要考慮背景駛流，不同緯度的科氏力、地表溫度也不相同，都會影響颱風的運動，颱風也往往不是對稱的形狀。結果除了互繞之外，還可能吸引合併、排斥分離、拉伸變形等等，得視諸多因素而定。

但凡有質量者，不論大小，都會在風場之中受到影響，因此不論是兩個實力相當的颱風，或者一強颱、一熱帶性低氣壓，都有可能互相牽制，彼此消長。實力相當者，往往互相影響，例如一九八六年的韋恩颱風（Wayne）與薇拉颱風（Vera），兩相牽制之下，前者重創臺灣，打破觀測史上許多紀錄。實力懸殊者，多半是單方向的影響，例如本書的主角莫拉克颱風與受之影響的柯尼颱風，柯尼颱風在莫拉克颱風的影響之下，整整繞行了海南島一圈。

另一種怪奇效應稱為鞍點或鞍型場。通常是東西兩側都有個高壓，這兩個高壓之間會形成奇怪的停滯點，使颱風路線難以預測。二〇〇一年造成大臺北淹水的納莉颱風就是落在這樣的鞍型場中。當時它

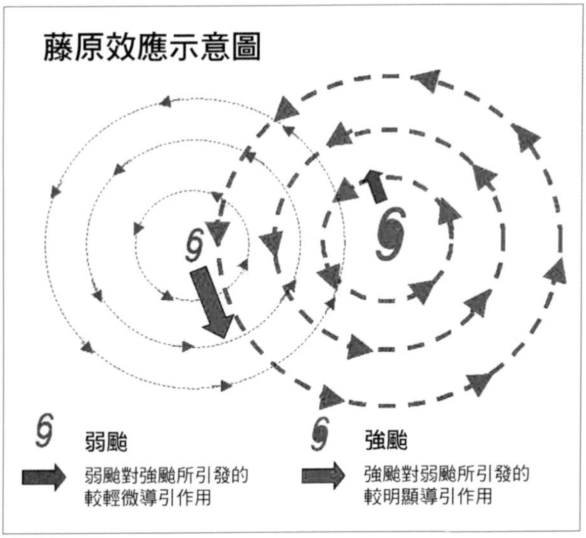

（圖片來源：吳俊傑）

③｜①
②

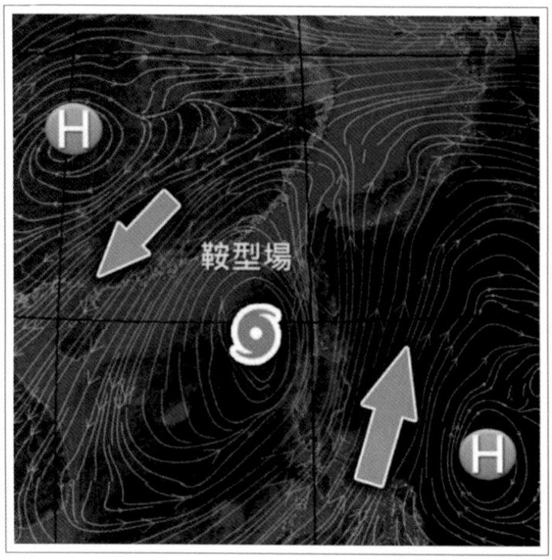

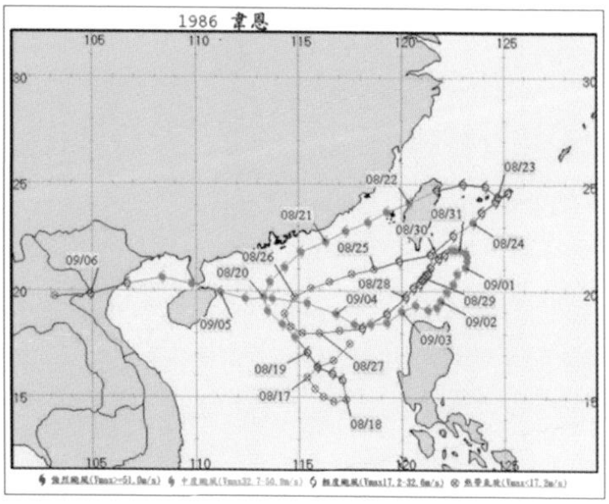

① 1986年的怪颱韋恩路徑圖（圖片來源：中央氣象局）
② 1986年韋恩和薇拉颱風形成藤原效應
（圖片來源：中央氣象局）
③ 鞍型場是在兩個高壓間形成的停滯點
（圖片來源：香港天文臺網站）

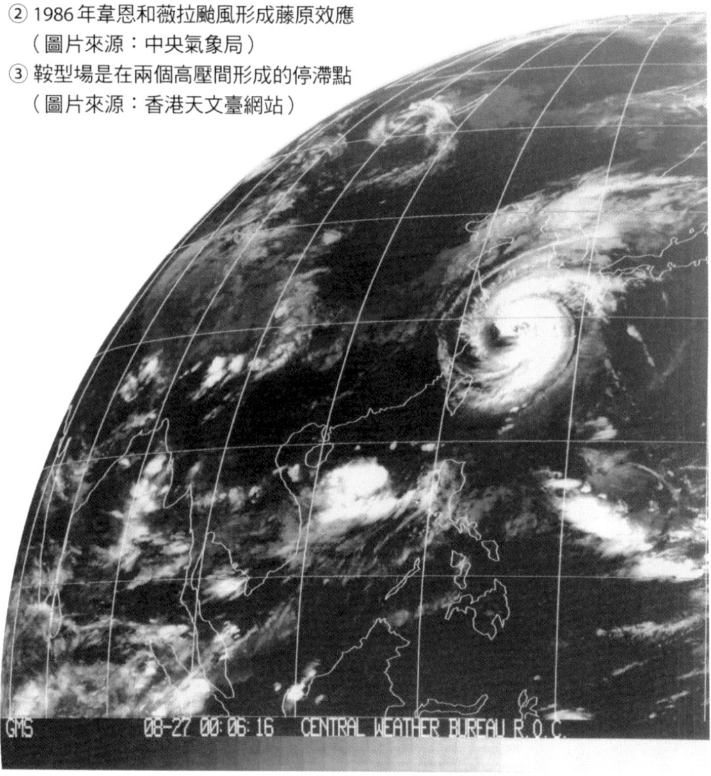

的西邊是大陸高壓，東邊是太平洋高壓，南北還各有低壓帶，這個停滯點使納莉在臺灣東北方海域滯留多日，吸飽了水氣，後來往西南方牽引的力量略強，納莉才緩緩往臺灣前進，納莉颱風中心通過臺灣的時間長達四十九小時，造成嚴重災情。[12]

藤原咲平其人其事

「藤原效應」來自日本氣象學家藤原咲平的名字。藤原早在一九二一年就提出了颱風彼此牽引的理論，但直到近幾十年來，藤原效應一詞才慢慢知名，這之間的時間差有其原因。

藤原在二十五歲自東京帝國大學理論物理學系畢業後，旋即從事氣象預報的工作，同時著手於諸如「積雪中的熱傳導」這樣的環境物理學研究。一九二〇年，藤原三十六歲，遠赴歐洲學習氣象學與海洋學知識，就在此時觀察到港口水門附近的漩渦，從而開啟了漩渦動力學的研究，一九二二年回國後成為日本近現代重要的氣象學者。

一九四一年，藤原成為日本中央氣象臺臺長，同年底被迫為軍方進行北太平洋天氣預報。當年海上電報的接收並不順利，但聯合艦隊與高氣壓並行，最終成功偷襲珍珠港，改寫了整個歷史。[13]珍珠港事變後，鑒於成功偷襲的經驗，日本政府實施氣象管制，氣象預報成為軍方專屬的最高機密，民眾再也無法取得氣象預報的資訊，而臺灣屬於日本殖民地，當然也不例外。一九四二年七月，Ｂ１６６颱風來勢洶洶，儘管臺灣已廣設測候站，總督府卻未向民眾發布警報，通知颱風即將來襲，終釀成災禍。

一九四三年，日本氣象學家荒川秀俊（Hidetoshi Arakawa，一九〇七～一九八四）在軍方的命令下研製氣球炸彈，利用噴射氣流將氣球炸彈送至北美，造成小規模無差別攻擊。[14]藤原咲平亦奉命參與氣球炸彈的研究，戰後面臨同盟軍的清算。駐日盟軍總司令部飭令「公職追放」，罷黜任公職的軍國主義分子，直到韓戰爆發後才陸續解除追放。藤原在一九四七年解任中央氣象臺臺長，離開政府宿舍後無家可歸，荒川便接濟藤原，將自家讓給藤原一家人住，自己偕妻子住到娘家去，成為氣象學者惺惺相惜的佳話。可惜藤原未等到解除追放、官復原職之日，便於一九五〇年死於胃癌。

藤原咲平一生除了科學研究，還撰寫近二十本氣象啟蒙著作，在氣象學知識的推廣上不遺餘力，當今許多氣象用語，就是由他所制訂的。不過，或許是基於那段隱晦的歷史，或是其他原因，日本直到二〇〇六年四月一日，才將「颱風互相干涉」改稱「藤原效應」，惟僅用作報導術語，不用於氣象預報。但二〇一四年春天，日本氣象廳又將其從「解說／報導術語」改為「避免使用之術語」，理由是颱風不僅受颱風影響，也會受到高氣壓、盛行西風等的影響，且藤原效應四字未明示相互影響的程度，乾脆棄之不用。臺灣尾隨在日本之後，近幾年藤原效應一詞開始廣為人知，不知道氣象局有一天會不會一樣避用這個詞呢？

身處和平歲月的現代人，很難想像藤原咲平、珍珠港事變、颱風未警報造成死傷等之間有何關聯，然而氣象史的發展，免不了與戰爭的歷史有所牽連。直到今天，仍有部分外國機構為求政治正確，不稱藤原效應，而稱雙颱效應，要注意的是，這個效應並不限於雙颱，若有三個以上的颱風，當然也是會互相牽引。

颱風在臺灣的特殊發展

除了這些影響颱風結構、強度與移動的影響，由於臺灣位在東亞季風區，還需要特別注意颱風與季風的輻合——又稱共伴效應。每當颱風與季風發生共伴效應時，雨勢變得驚人，時常在臺灣釀成水災。特別是深秋時節發展起來的颱風，在進到季風氣候區時，如果與東北季風產生共伴效應，在氣象學上就稱為「秋颱」，往往夾帶大量的雨水。臺灣歷史上著名的秋颱，包含一九八七年強颱琳恩（Lynn），以及二〇〇〇年強颱象神（Xangsane），都在大臺北地區造成嚴重的洪災；一九九八年中颱芭比絲（Babs）與二〇一〇年強颱梅姬（Megi）則先後重創宜蘭。需注意的是，秋颱不是指所有秋天發生的颱風，而是專指與東北季風輻合的颱風。

2000年11月1日強颱象神與東北季風產生共伴效應，造成臺北嚴重水患。（圖片來源：中央氣象局）

在夏秋之際，颱風則常與西南

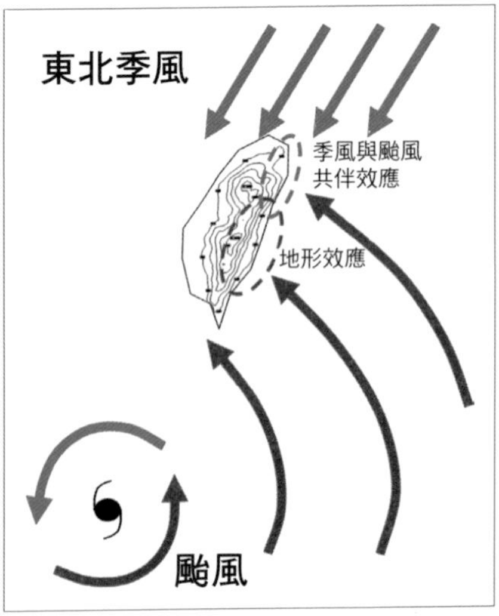

共伴效應

秋季時，行經菲律賓或南海區域颱風（亦稱秋颱）所伴隨外圍環流容易與東北季風形成共伴效應，加上地形作用，造成臺灣東北部、東半部地區大量降水。（參考文獻：Wu, C.-C., K. K. W. Cheung and Y.-Y. Lo, 2009: Numerical study of the rainfall event due to interaction of Typhoon Babs (1998) and the northeasterly Monsoon. Mon. Wea. Rev., 137, 2049-2064.）

季風輻合，帶來暖溼的氣流，也就是常聽到的西南氣流。西南氣流帶來的雨量未必亞於颱風，常有颱風已不見蹤影，卻拖著尾巴在臺灣釀成災禍的紀錄。除了二〇〇九年的中颱莫拉克，二〇〇四年中颱敏督利（Mindulle）也是因西南氣流帶來豪雨的例子。

莫拉克的巨大災害正好顯示臺灣地理環境的特殊性，不僅位於東亞季風的交互作用區，且因陡峭地形影響對流。莫拉克的雨帶分布完全與威洛比描述的典型颱風結構不同，主要雨區不在主渦漩附近，因旺盛的西南氣流輸入水氣，以及中央山脈的地形抬升作用，在南側還多長出一條原來颱風沒有的重複新生雨帶。（詳細描述可見1-2）八月七日到九日，降雨超過一千五百毫米集中在中央山脈西南側從嘉義到高雄的山區，但中心附近的雨量不過五百毫米。最強的風也不是在颱風眼附近，八月八日晚上八點中心風速已降到每秒三十三公尺以下，七股雷達卻測到臺灣海峽的颱風外圍環流，出現每秒三十五公尺的強西南風。[15]

莫拉克的種種現象，正如伊曼紐教授在《颱風》一書上所說，「歷史上最嚴重的降雨多發生在高山林立的島嶼上」[16]，颱風在接觸到陸地之後，是一連串讓人類措手不及的複雜效應。

2-3 在颱風消逝之前

二〇〇八年五月，就在莫拉克風災前一年，強烈熱帶氣旋納吉斯（Nargis）重創緬甸伊洛瓦底江三角洲，不僅帶來豪雨，掀起的三點六公尺暴潮更直衝內陸四十公里，死亡與失蹤人數逼近十四萬，受災人數高達二百四十餘萬。一個參與無國界醫生組織的心理學家記錄當時的工作寫道，有個小漁村九百人，只倖存了一百多人，許多人有著創傷後症候群。國家災害防救科技中心曾做災情報告，尤其因臺灣西南部地層下陷地區與伊洛瓦底江三角洲類似，建議應儘早研擬大規模災害應變計畫。一年多後，莫拉克果然在西南山區與沿海造成重災。

納吉斯與莫拉克對緬甸與臺灣來說，似乎都是一種例外的災害。緬甸當時已四十年沒有熱帶氣旋登陸，納吉斯的行經路徑也跟以往不同，不是進入孟加拉山區，而是沿著海岸線，最後一直到泰緬邊界的高原區才消散。莫拉克則是遇到旺盛的西南氣流，加上中央山脈的抬升，造成長延時的強降雨，在颱風中心已經出海後，連環的災難才開始。

再強烈的颱風終須消逝。[17]但在消逝之前，往往是颱風由盛轉衰的時候，在消逝之前，往往已碰撞出無法彌補的重大災難。不論是平坦的三角洲還是多山的島嶼，十年過去，納吉斯與莫拉克的重建之路一樣還沒結束。

颱風的極限與弱化的過程

變冷、乾燥是使颱風弱化的重要因素，不論在海洋或陸地都是如此，並不是一直待在海洋，熱帶氣旋就會持續變大。當熱帶氣旋發展到一定程度，狂風會攪起較深層的冷水，而上空凝結的雲也會遮蔽太陽輻射，使海水表層溫度下降，不能無極限地發展。或者熱帶氣旋在一塊海面上滯留過久，海水這個熱庫能提供的能量彷彿被吸乾，氣旋在能量上後繼無力，隨著自身能量消耗，便只有減弱一途。

同樣的道理，如果颱風移動到海水溫度低於攝氏二十六度的海域，或者環境變冷，即使仍在熱帶的海面上，亦會面對吸不到熱的情形，無法維持暖心結構。二〇一六年十一月的馬鞍颱風（Ma-On），就是在升格為颱風之後，移動沒幾步路，就因為冷空氣南下，再加上垂直風切的影響，失去颱風發展的要件，甚至無法維持颱風規模，最後不到兩天就消亡了。

當然颱風登陸後會更居劣勢，不僅失去溫暖海水的能量供給，地形帶來的摩擦力都會使風速迅速減弱，通常一天之後風速只會剩下一〇%（雨的減弱速度會相對較慢），但還是有例外，也就是颱風行經沼澤或湖泊等有水氣之地時，就會持續吸收熱能，保持原來的強度。《颱風》一書就提到，只要有三十公分高的靜態水，就能顯著減緩風暴的弱化，而一個一公尺深的沼澤，就可使風暴長時間維持在標準規模。

伊曼紐在《颱風》當中舉出美國在二〇〇五年卡崔娜颶風之前，美國史上災害最嚴重的一次風災，是一九九二年安德魯颶風。它正是在佛羅里達州南部登陸後，行經美國第四大湖泊歐基求碧湖（Lake Okeechobee）的廣大溼地，導致它有能量之後繼續橫掃路易士安納州。安德魯颶風當時使南佛州的萊姆、酪梨、熱帶水果植物和苗圃事業幾乎全毀，災損高達三百五十億美元。[18]

不過安德魯颶風的例子畢竟少見，地形對颱風仍具有一定的破壞力，尤其是有高山的地形，不僅會弱化颱風，甚至導致分裂。臺灣因為高聳的中央山脈經常阻擋颱風，被稱為護國神山，但其實中央山脈與颱風的關係需要更多複雜的解釋。

颱風的分裂與再生

臺灣本島因有南北約三百餘公里、寬約八十公里、高度約三千公尺的中央山脈，使造訪的颱風彷彿撞上一堵巨牆。一九九六年時，臺灣幾個氣象學者根據百年來登錄臺灣的颱風路徑，歸納出一般以西行颱風最易受中央山脈的破壞。颱風強度較強，原中心能順利「自由過山」的，就稱為連續過山路徑，但也有些颱風受到阻擋，出現了「分裂過山」的現象，形成一個甚至好幾個副中心，最後取代了原中心，這個稱為不連續過山路徑。但即便順利過山的，颱風也會長得跟原來不一樣，不過出現分裂的颱風，有時副中心帶來的災難同樣嚴重，二〇〇一年七月潭美颱風（Trami）在高雄形成的副中心就造成災情。

二〇〇一年是怪颱特別多的一年。那年七月、九月，分別有潭美、桃芝（Toraji）、納莉與利奇馬（Lekima）四個颱風登陸，這四個颱風都出現了副中心，它們的發展與路徑變化，學者認為「為臺灣颱風具有紀錄之歷史上所未有」，中央山脈是個重要因素，因為中央山脈會改變颱風的外圍流場。颱風以颱風眼為中心，半徑一百公里內為內圍，再往外則是外圍。中央山脈的高度影響了外圍環流，使颱風的外圍環流繞到山的西側形成新的低壓，原中心有時留在山脈東部逐漸弱化消散，或者即便也越過山脈，但也會被副中心取代，如利奇馬。[19]

如今臺灣的研究人員已可歸納出，颱風與中央山脈之間的四種流場方式，這跟颱風的登陸地點與氣流角度有關，分別為沿山流、繞山流、爬山流、組合流。沿山流，就是颱風的流場沿中央山脈走，繞山流則是氣流遭遇中央山脈阻擋，只能繞山，這一類也是最容易造成分裂過山的類型。爬山流則是颱風的氣流在迎風面爬上山，組合流則是颱風的下層氣流被阻擋繞山，上層氣流則順著爬山。臺灣因為地形，使颱風的型態千變萬化，永遠都有不曾見過的例子出現，這一年的納莉也是，因為納莉的副中心是出現在東部海上。

前一節曾提及納莉一開始身陷鞍型場，在日本沖繩附近滯留多日後才往西南方向移動，但在逼近臺灣東北角時，在臺東成功的外海突然出現一個副中心，而且副中心後來還反客為主，流場發展得比原中心大，控制了原中心的發展，牽動納莉往南行走，使納莉在臺灣從北到南都造成一定雨量，而就在納莉原中心消散後，副中心也跟著不見蹤影。

臺灣因為有中央山脈的緣故，使颱風影響更形複雜，在山脈西南側造成副中心或中尺度的對流系統，使局部致災情況特別加重，莫拉克就是一例，在國科會於莫拉克發生半年後提出的《莫拉克颱風科學報告》中，就提到山區容易受到遮蔽，需要加強山區的雷達監測。[20]

有分裂也會有再生，伊曼紐教授在《颱風》一書就提到，有些颱風或只要其剩餘殘骸，會在中高緯度與天氣系統交互作用得到「再生」，變性為溫帶氣旋，之所以稱為再生，是因為熱帶氣旋變性為溫帶氣旋的過程中，有可能威力更強，降雨與風速還超過颱風強度。大氣的不思議正在於此，可以在結構原理上完全改變，繼續存活。[21]

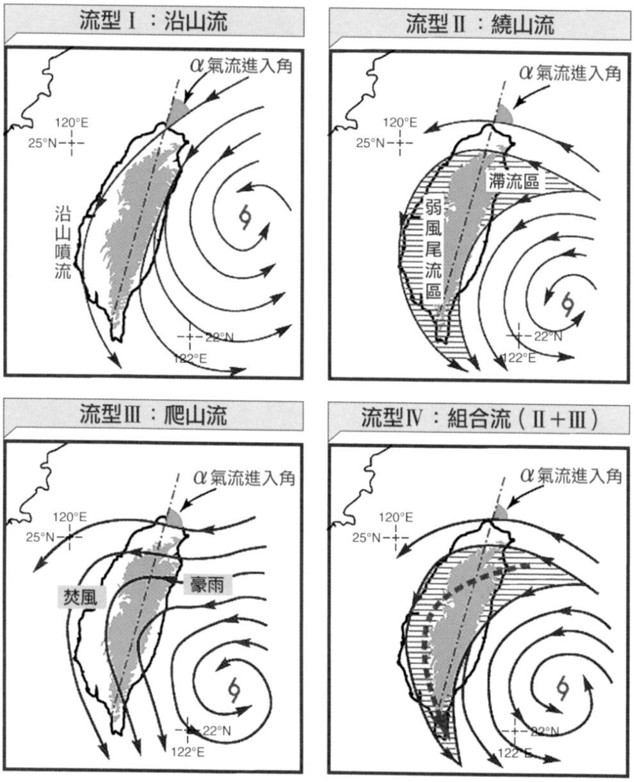

颱風與中央山脈間的四種流場（圖片來源：臺灣颱風預報輔助系統網站）

◐颱風的變性與出界

之所以將熱帶氣旋變成溫帶氣旋，或是溫帶氣旋變熱帶氣旋的現象稱為變性，是因為它們是兩種不同的構成原理。跟熱帶氣旋從水氣得到能量的方式不同，溫帶氣旋是透過南北溫度的梯度差異，冷空氣在高的位置，暖空氣的低位置，透過位能轉換成動能，溫差愈大就會出現不穩定狀態，會透過紊流釋放不穩定能量。溫帶氣旋的強度也很大，英倫三島的風暴就經常形成災害。一七〇三年的暴風雨，還讓當時剛出獄的《魯賓遜漂流記》作者笛福深感興趣，到處蒐集資料，登廣告徵求故事，寫出《暴風雨》一書。據說那場暴風雨，死亡人數八千。這本書也被認為是現代報導文學開山之作。[22]

因為原理不同，溫帶氣旋不需要像熱帶氣旋一樣，高空低空的低氣壓必須維持在同一個位置（所以熱帶氣旋特別怕垂直風切），中心像根煙囪一樣，溫帶氣旋藉由位能轉換成動能的過程，使它可以傾斜發展，所以難以想像會有氣旋不斷在溫帶與熱帶當中變性，二〇〇八年的中颱多爾芬是個經典例子，由溫帶氣旋轉性而來，在太平洋上繞了一大圈，最後又轉回溫帶氣旋。

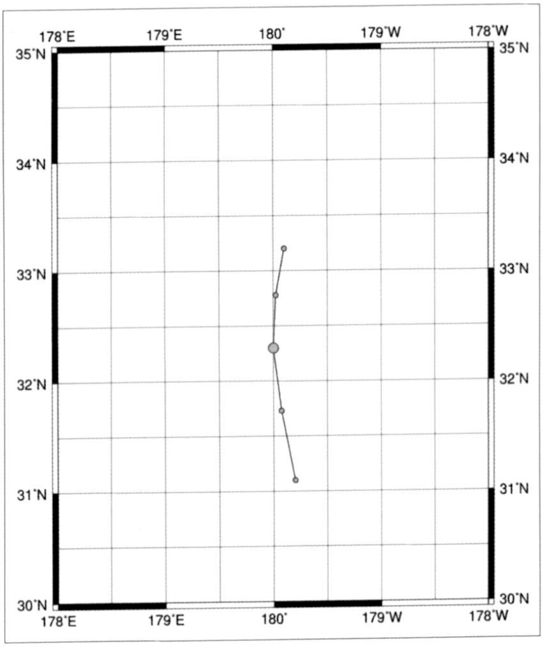

戴特颱風路徑圖（取自日本デジタル台風〔国立情報学研究所〕（日本數位颱風資料庫by國立情報學研究所）

另一種越界則是跟人類對氣旋的命名分界有關，造成紀錄上最短命的颱風。一九七〇年颱風戴特還是熱帶氣旋時，位於夏威夷西北，一度在越過中途島、擦著國際換日線的邊時，增強達到颱風的標準，獲編為颱風戴特（Dot），豈料一命名完就轉東北方向，變身颶風戴特。雖然今天各大機關普遍將之視為颶風，但它占掉了一個颱風的名位，故在紀錄上為壽命最短的颱風。而且因颱風壽命的最小單位為三小時，所以戴特的壽命在不到三小時的情況下，紀錄是〇小時。

西北太平洋的颱風，不只可以從東邊出界，也可以從西邊出界。二〇〇一年畫眉颱風在穿越馬來半島南部、印尼蘇門答臘之後進入印度洋。繼畫眉颱風之後，二〇一九年帕布（Pabuk）颱風，穿過泰國南部進入印度洋之後，日本在一月四日宣布它已離開管轄範圍，變身印度負責的帕布氣旋風暴。

關於颱風的分類、命名、分級，都顯現人類想要管理與系統化颱風的動機，但這也往往呈現人類的局限，以及理解自然現象的困難，即便氣象史的發展充滿各國不同的標準，但是隨著氣候議題與防災的重要性，也使人類必須不分你我，共同合作。

人定勝天？從卷雲計畫到破風計畫

颱風消散的情形，除了失去海水熱庫援助或觸地摩擦，其實人類還想過人工改造。

美國氣象學家薛佛（Vincent Schaefer）與朗繆爾（Irving Langmuir）本為表面化學家，

後者曾在一九三二年獲得諾貝爾獎。兩人於一九四三年始熱衷於氣候改造，提出在雲中播下乾冰可促成雪的生成，並在一九四六年十一月二十日成功改造了一朵雲，促成翌年的卷雲計畫（Project Cirrus）。卷雲計畫由科學家所屬的奇異公司（General Electric, GE）研究實驗室與美國三軍相關部門合作，由海軍、空軍提供飛機與飛行員，實驗室負責技術處理，想藉由先前的成功案例，利用乾冰來改造颶風。

一九四七年十月十三日，卷雲計畫鎖定遠離美洲大陸往外海而去的薩布爾角颶風（Cape Sable hurricane），利用飛機延著雨帶灑下約一百八十磅的碎乾冰。命運弄人，薩布爾角颶風倏地轉頭向西，直接從喬治亞州與南卡羅來納州之間登陸，帶來災害。民眾將矛頭指向計畫，朗繆爾亦主張颶風轉向肇因於人力介入，計畫面臨法律訴訟，直到後來發現一九〇一年的佛羅里達群礁颶風（Florida Keys hurricane）亦有類似的迴轉路徑，且薩布爾角颶風在轉向前已見類似跡象，方才免責。韓戰爆發後，軍方飛行員以作戰為優先，人手不足，計畫無疾而終。

卷雲計畫使得播物種雲來改造氣旋的計畫沉寂長達許多年，直到美國氣象局自一九五五年設立的國家颶風研究計畫（National Hurricane Research Project）才有了變化，開始利用飛機蒐集颶風數據。一九六一年九月十六日，該計畫在艾斯德爾颶風（Hurricane Esther）眼牆外側傾倒了數桶碘化銀，成功讓颶風減弱了一〇％的風力。碘化銀是一種人工冰核，可有效使水滴轉成冰晶釋放出潛熱，使颶風在舊眼牆外側產生新的眼牆，逐漸取代萎縮的內眼牆。在這過程之中，眼牆的半徑擴大，壓力梯度減低，風速隨之降低。此次成功，讓美國重燃改造颶風的熱情，促成了史上知名的破風計畫（Project Stormfury）。

一九六二年，美國政府啟動破風計畫，為了避免悲劇重演，訂定嚴格的適格颶風條件：二十四小時內接近陸地的機率須為一〇％以下，必須處於為飛行器搆得著的範圍，且須有完整的眼牆。一九六三年，標拉颶風（Hurricane Beulah）雀屏中選，計畫團隊在八月二十三日投放碘化銀，但投錯位置，投放無效。翌日再度嘗試投放，這回投對了地方，眼牆確實擴大，風力下降了二〇％。

一九六九年，破風計畫迎來了最成功的案例——黛比颶風（Hurricane Debbie）。八月十八日投放後，風速降低了三一％，八月二十日二次投放後，風速再降一八％，與假說的預期不謀而合，甚至讓政府打算擴編研究團隊。然而適格颶風難找，一九七一年破風計畫勉強對眼牆不完整的金哲颶風（Hurricane Ginger）實施投放，果然投放無效，此後便再無投放的紀錄。

為了更密集進行實驗，計畫在一九七六年將矛頭從颶風轉向颱風，飛機轉移陣地，由關島起飛。然而，日本政府聲明日本需要颱風帶來水源，而中國當局更表示若有颱風因人工改造而來訪，將會「非常不爽」。一九八〇年代初期，研究人員意識到就算沒有投放，颱風本來就會有新舊眼牆遞補的情況。隨著觀察的颱風愈多，破風計畫被打上愈多問號，許多人質疑這是否只是白忙一場。計畫在壓力之下，最終於一九八三年正式停止。

2-4 誰說颱風是颱風？談「颱風管理學」

颱風的生成固然是客觀的大氣現象，但是人類對於颱風的認知則否，尤其世界各國對於颱風，總有自己的一套標準，多年來始終難以整合。舉例而言，對於西北太平洋上劇烈的熱帶氣旋，也就是臺灣所稱的颱風，不論程度分級、個數乃至於名稱，縱使各國努力異中求同，仍因諸多複雜的因素而常有相異之處。

◑「颱風」的門檻，亞太各國不相同

一般臺灣人對於颱風強度的認知，就是輕度颱風、中度颱風、強烈颱風三種分級，再加上較弱、稱不上颱風的熱帶性低

熱帶氣旋分級

西北太平洋 JMA	西北太平洋 CWB	北印度洋 IMD	3秒鐘平均陣風風速	澳洲及南太平洋 BoM/FMS
熱帶低氣壓	熱帶低氣壓	低氣壓	<90km/h	熱帶低氣壓
		強低氣壓		
熱帶風暴	輕度颱風	氣旋風暴	90-125km/h	一級熱帶氣旋
強烈熱帶風暴		強烈氣旋風暴	125-164km/h	二級熱帶氣旋
強颱風(強い)	中度颱風	極強氣旋風暴	165-224km/h	三級強烈熱帶氣旋
非常強颱風(非常に強い)			225-279km/h	四級強烈熱帶氣旋
猛烈颱風(猛烈な)	強烈颱風		>280km/h	五級強烈熱帶氣旋
		超級氣旋風暴		

25 - 30% greater than the mean wind. (by BoM)

氣壓。年長一輩的朋友，可能還聽過超級強烈颱風，惟今已取消此一級別。其實在世界各地，尚可聽見其他的稱呼，例如熱帶風暴（Tropical storm, TS），就是一種臺灣未設置的級別。雖然颱風強度與氣旋的壓力梯度有關，但評估颱風強度時，並非依據中心氣壓之高低，而是由風速來認定。另外，利用風速來定義氣旋強度時，一般係採十分鐘平均風速，惟JTWC採一分鐘平均風速，同一氣旋測得之數值並不相同，須經過換算方能比較。[23]

中國、港澳、韓國的熱帶氣旋分級方式大致與日本氣象廳（JMA）類似。臺灣中央氣象局（CWB）所謂的輕度颱風，雖已稱為颱風，但在日韓中港澳僅稱為熱帶風暴或強烈熱帶風暴，可看出亞太各國有所不同。

熱帶氣旋分級

1分鐘平均風速	東北太平洋及大西洋 Saffir-Simpson Hurricane Wind Scale(NHC／CPHC)	西北太平洋 JTWC	10分鐘平均風速
<32節（59 km/h）	熱帶低氣壓	熱帶低氣壓	<28節（52 km/h）
33節（61 km/h）			28-29節（52-54 km/h）
34-37節（63-69 km/h）	熱帶風暴	熱帶風暴	30-33節（56-61 km/h）
38-54節（70-100 km/h）			34-47節（63-87 km/h）
55-63節（102-117 km/h）			48-55節（89-102 km/h）
64-71節（119-131 km/h）	一級颶風	颱風	56-63節（104-117 km/h）
72-82節（133-152 km/h）			64-72節（119-133 km/h）
83-95節（154-176 km/h）	二級颶風		73-84節（135-156 km/h）
96-112節（178-207 km/h）	三級（大型）颶風		85-99節（157-183 km/h）
113-118節 (209-219km/h)	四級（大型）颶風		100-104節（185-193 km/h）
119-122節（220-226 km/h）			105-107節（194-198 km/h）
123-129節（228-239 km/h）			108-113節（200-209 km/h）
130-136節（241-252 km/h）		超級颱風	114-119節（211-220 km/h）
>137節（254 km/h）	五級（大型）颶風		>120節（220 km/h）

Note：Typically gusts over open land will be about 40% greater than the mean wind and gusts over the ocean will be

列舉西北太平洋幾個氣象管理單位對於颱風的分級，包含日本氣象廳（JMA）、臺灣中央氣象局（CWB）、澳洲氣象局（BOM）以及美國軍方的聯合颱風警報中心（JTWC）。同表亦加入了薩菲爾－辛普森颶風風力等級（Saffir-Simpson Hurricane Scale）供參考比較。（資料來源：維基百科與各氣象網站；重製：災防科技中心）

颱風編號與無名颱

颱風是個跨越國境、中尺度的天氣現象，若各國之間的標準不一，便產生了一個問題：如何「管理」熱帶氣旋與颱風，讓各國氣象單位溝通無礙？[24]

答案很簡單，就是編號與命名。早在二十世紀初期，日本已使用數字編號的方式，將靠近各自領土的颱風逐一編號。戰後隨著科技發展，世界各國的氣象單位亦紛紛獨立將熱帶氣旋編號。各國的編號並不統一，使得國際之間交流氣象資料變得繁雜，容易產生誤解。為了解決這個問題，日本逐漸成為颱風管理界的共主，自一九八一年起統一負責西北太平洋上的國際颱風編號，並於二〇〇〇年起統籌國際命名（亞洲名），將達到熱帶風暴等級（即我國所謂輕度颱風）的熱帶氣旋編號、命名，惟不反對各國獨立編號。換言之，日本可謂國際氣象管理所推舉出來的標竿，供國際溝通使用，也供各國國內氣象學界參考。

時至今日，由於各國觀測能力不同與地緣之故，臨界颱風（熱帶風暴）定義的氣旋，往往在各國有不同的認定，而使得編號錯開，或產生「無名颱」的現象。舉例來說，二〇〇一年玉兔颱風（Yutu）、二〇一六年艾利颱風（Aere），皆形成於臺灣東南方菲律賓海海域，由於臺灣具有觀測上的地緣關係，且兩個颱風在當時都即將來襲，中央氣象局遂先日本一步將之升格，發布沒有名字、僅有預計編號的颱風警報，待日本氣象廳給予編號並命名之後，方才沿用，以表尊重。二〇一八年的凱米颱風（Gaemi）則相反，日本氣象廳在六月十五日，於該氣旋登臺期間即將之命名，成為「在臺灣島上形成的颱風」，中央氣象局當時表示此低壓中心風速尚未達到輕度颱風標準，暫不跟進，等到十六日凌晨方才宣布。上述三個中央氣象局與日本氣象廳不同調的例子，皆因該熱帶氣旋位於臺灣附近，我們的觀測據信較日本誤差更小，因此決定採用自家數據。

◐她、它還是他？颱風姓名學

除了編號之外，我們對於颱風更耳熟能詳的，是颱風的名字。原先將颱風擬人化只是一種趣味，卻沒想到後來成為區別颱風的主流形式，甚至連性別議題都參與其中，影響了我們對颱風的稱呼。

最早以人名來稱呼熱帶氣旋者，應屬澳洲氣象播報員瑞格（Clement L. Wragge，一八五二～一九二二），他用玻里尼西亞神話人物的名字和政治人物來命名，以嘲諷後者「造成重大災難」（causing great distress）或「漫無目的徘徊在太平洋」（wandering aimlessly about the Pacific）。直到一九〇三年昆士蘭氣象局關門後，瑞格退休，以人名稱呼熱帶氣旋的情形才暫時中止。

或許是受到瑞格的啟發，一九四一年，歷史學兼地名學家史都華（Geogre R. Stwart，一八九五～一九八〇）出版了小說《風暴》（*Storm*），書中一位年輕的氣象學家用前女友的名字來命名溫帶氣旋。此書在第二次世界大戰期間，廣受美國陸軍航空軍（USAAF）、美國海軍（USN）氣象學者喜愛，影響所及，遂使美軍氣象專家瑞德·布里森（Reid A. Bryson）[25]、愛德華·巴士頓（Edward B. Buxton）[26]、威廉·普蘭李（William J. Plumley）[27][28]去到塞班島USAAF基地負責颱風觀測時，以他們各自的妻子或女友命名熱帶氣旋，向史都華致敬。到了一九四五年，美軍已採用駐關島與菲律賓軍官之妻子名字來命名颱風，之後大西洋側（由美國氣象局USWB主導）於一九五三年起亦跟進以女性名字命名的方式。至此，美國人慣以女性名字命名氣旋，並參雜了對於大自然（Mother nature）的情愫，故習用she稱呼颱風，對應於「她」的用法也隨之傳進了臺灣。

隨著性別平權意識抬頭，在政治壓力之下，澳洲、美國先後於一九七五、一九七九年改採男女姓名混合的名單。臺灣人記憶猶新的韋恩、耐特、賀伯等，都是這個時期的男性名。面對男性名字的颱風，美國人自當以he稱之，不過臺灣似乎不流行相應的「他」字。

國際颱風管理在千禧年發生了一次極大的革新。二〇〇〇年起，不僅颱風的編號統一由日本為之，颱風的名稱也改由聯合國世界氣象組織颱風委員會成員國提案，共十四國各提十個名字，編排為五組輪流使用，並由日本在編號時一併命名。相對於此前的美國名，這些新名字又稱為亞洲名。各國紛紛跳脫人名的框架，改取物品名稱，亞洲名泛見動物、植物、星座、寶石名稱，例如二〇〇九年的莫拉克颱風，是泰語「綠寶石」（มรกต, Morakot）的音譯。今日以人名稱呼颱風的習慣逐漸式微，英語中性it的用法崛起，以擺脫擬人化的情緒，至今為人倡導。

臺灣近年來稱呼颱風，已經可見人稱代詞由「它」取代「她」的趨勢，中央氣象局的新聞稿裡使用的是「它」。至於人字旁的「他」，相當罕用。

亞洲名的系統啟用之後，在世界各國不盡然通用。在提供了名字的十四個會員國之中，有兩個國家在國內不流行國際命名。其一是日本，雖然明明專司國際編號與命名，美式人名也一度流行，但日本颱風使用此名稱只在戰後被美軍占領的短短幾年而已。早在一九五二年《舊金山和約》生效、美軍退出占領以後，追求客觀科學價值的日本便不再將颱風擬人化，美式人名命名式微，大眾傳媒一律以編號為之，至今不輟。另一個則是菲律賓，菲國有一整套完全獨立於國際的命名系統，使用菲律賓名來稱呼颱風。

◐夢魘別再來！致災颱風統統除名

雖然一九八一年起即委由日本編號，但在命名上，世界各國除菲律賓外，長期以來都是援引美國JTWC的命名，也就是循環使用一系列的人名。一旦某個颱風對於某地區帶來嚴重的損害，JTWC便會將之剔除，再遞補新名。世界氣象組織延續JTWC的慣例，受災國可提案讓委員會將致災颱風研議除名，由原命名會員國提供新名遞補。

除名的原因，在於一百四十個亞洲名循環使用，大約每六年就會重複再現，如果釀成巨災的颱風名字再現，難免讓災民重新喚起不好的回憶。想想看，如果這幾年又來了個莫拉克二世、莫拉克三世，臺灣人將情何以堪！颱風委員會衡量莫拉克颱風在亞太諸國造成的災情，最終決議將它永久除名，我們再也不必遭逢以莫拉克為名的颱風。除了莫拉克之外，造成數萬戶停水停電的西北颱二〇〇五年馬莎颱風（Matsa）、二〇一五年重創烏來的蘇迪勒颱風（Soudelor）等，也都在除名之列。

臺灣雖飽受颱風之災，但由於在國際上無力成為世界氣象組織（WMO）成員，對於颱風的名字，沒有提名權，亦沒有除名權。二〇〇九年莫拉克颱風雖獲鄰近國家協助除名，但二〇〇〇年象神颱風、二〇〇一年納莉颱風重創臺北市區，我們對於除名卻束手無策，直到二〇〇六年象神颱風侵襲菲律賓和中南半島沿海各國，象神才遭除名。

儘管臺灣無法將重創家園的颱風除名，但在翻譯亞洲名的政策上，恰好有一個變革，讓討厭的舊名字不會再成為新的夢魘。亞洲名係由世界各國提出，以拉丁字母拼寫而通行，臺灣在翻譯成華語時，起先多採音譯。二〇一三年起，中央氣象局為方便民眾理解原文涵義，改以意譯優先，例如北朝鮮提供的

名字「Kirogi」（기러기），舊譯奇洛基（二〇〇〇、二〇〇五、二〇一二），新譯鴻雁（二〇一七），而韓國提供的名字「Jebi」（제비），舊譯奇比（二〇〇一、二〇〇六），新譯燕子（二〇一三、二〇一八）。[29]曾經重創臺北的納莉颱風，由韓國命名的「Nari」（나리）捨棄音譯「納莉」，改以意涵「百合」之姿存續，發生在二〇〇一年、二〇〇七年者以納莉為名，發生在二〇一三年、二〇一九年者以百合為名。

其實音譯也好、意譯也好，方便發音唱名、體會各國命名文化也罷，颱風的名字不過是個代稱，輔助人們連結事件的記憶，不必執著於擬人或擬物化，也毋須過度移情。

2-5 颱風與臺灣的十種糾纏方式

颱風來自千里廣闊的海洋，行蹤飄忽，島嶼無從閃躲。然而，如同搏擊運動時，挨打的部位固然疼痛，但若能意識到對手從何處出拳，提早防範，或許能夠減輕傷害。瞭解颱風從什麼方位侵襲臺灣，以及潛在災害風險，我們將盡可能防患於未然。面對太平洋上生成的颱風，臺灣的東面首當其衝，除了穿越菲律賓海直撲臺灣以外，還可能在此沿太平洋高壓的邊緣轉向東北。除此之外，在南海生成的颱風，也會從西南方侵襲臺

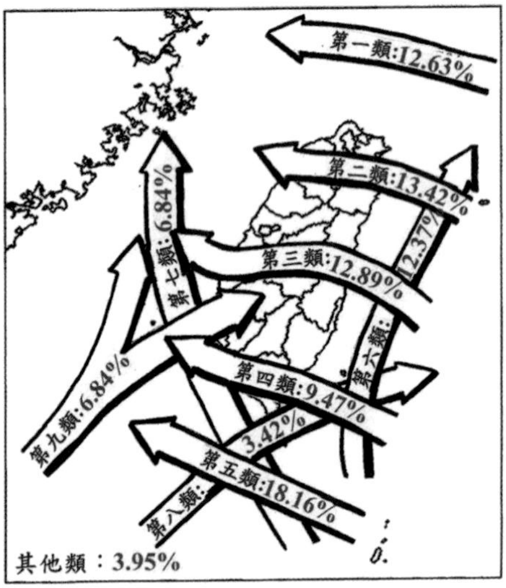

影響臺灣地區的十種颱風路徑分類圖（1911～2018年）（圖片來源：中央氣象局）

灣，或沿臺灣海峽向北移動，一路造成沿海地區災害。在探究路徑時，除了考慮輻合所致颱風各象限不對稱的現象，還要看看颱風的右勾拳是勾在什麼地方。

◑不只十招？颱風出擊的套路

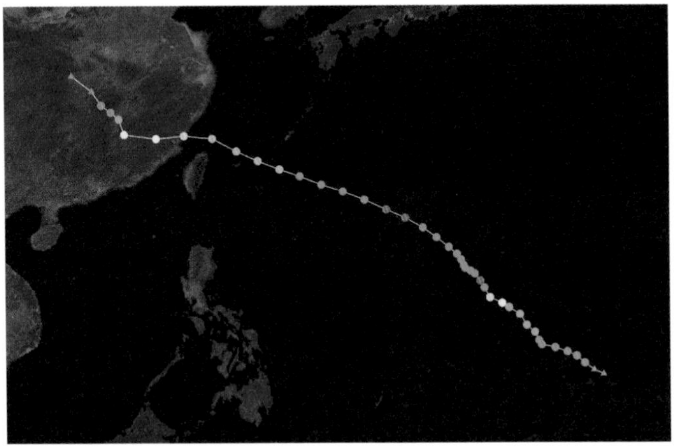
2018年瑪莉亞颱風侵臺路徑屬於第一類型（圖片來源：wikimedia_commons）

中央氣象局的颱風資料庫蒐羅了一九五八年[30]迄今的完整颱風資料，詳細記錄各個颱風的生成、路徑、消亡，並針對接近臺灣的颱風，翔實記載了發布颱風警報的情形與其侵臺路徑的類型。侵襲臺灣的颱風路徑可分為十類，包含九種明確的走勢，以及最後一種囊括所有無從分類的「其他」路徑。侵臺颱風以由東向西橫越臺灣為主，沿東岸北上或穿越巴士海峽後沿西岸北上者次之，來自南海的颱風則相對較少。在這短短一百年的觀測資料中，目前尚無研究指出颱風侵臺路線在時間上有顯著的變化。

眾多路徑中，第一類路徑就是典型的「西北颱」路徑。所謂西北颱，是指從臺灣東方海面向西北方行進的颱風。當中心通過基隆及彭佳嶼之間的海域時，左前象限吹西北風，因未遭受山脈阻隔破壞，又受臺灣西北部地形影響，

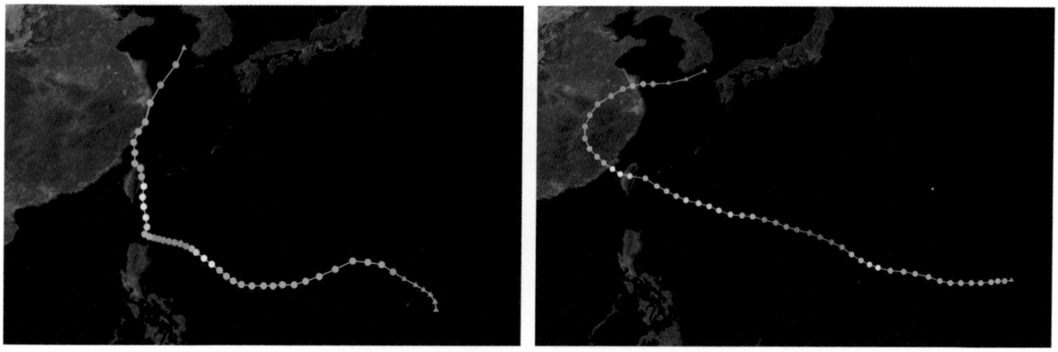

① 2015年蘇迪勒颱風是第三類的穿心颱（圖片來源：wikimedia_commons）
② 2004年敏督利颱風屬於第六類侵臺路徑（圖片來源：wikimedia_commons）
②|①

往往使得北部及中部地區雨勢極大，更因風向幾乎與海岸線垂直，把出海的洪水不斷往陸地吹回，使積水不易宣洩，甚至引發海水倒灌，因而得名西北颱。一九六三年葛樂禮颱風（Gloria）、一九八五年尼爾森颱風（Nelson）、一九九七年溫妮颱風（Winnie）、二〇〇四年艾利颱風、二〇一八年瑪莉亞颱風（Maria）均屬此類。

相對於西北颱，第三類路徑所代表的颱風，同樣是由東向西而來，所帶來的天候狀況卻不大相同。這些颱風往往使得全臺籠罩於暴風圈之內。中央山脈破壞了颱風底層的結構，使得右前象限的風暴在西臺灣相對於登陸以前稍有緩解，能量卻耗損在東部地區的迎風面。媒體常將這一類颱風暱稱為「穿心颱」，對此氣象局專文提醒民眾「唯有多利用中央氣象局預報的用詞用語，才能真實瞭解颱風的特質及影響」。[31]近年來，這一類颱風令人記憶猶新，包含二〇〇一年桃芝颱風、二〇〇五年海棠颱風（Haitang）、二〇〇九年莫拉克颱風、二〇一五年蘇迪勒颱風均在此列。

第六類颱風路徑看似並未穿過臺灣，但是，這類颱風長時間走在海上，有超過一半的空間補充能量，且與臺灣縱長形的位置平行，接觸時間拉長，常常為東部、北部地區帶來猛烈的風雨，例如二○○四年的敏督利颱風就是一例，共發布了三十九次颱風警報，二○○○年的象神颱風亦屬之。

並不是所有的颱風都是從太平洋側撲來，南海也會生成颱風。侵臺颱風之中，約有一○%來自南海，走第八、九類路徑，分別會對東部與中南部地區帶來風勢。第八號路徑極為罕見，史上只有個位數的颱風走這條路，相較之下，第九類路徑颱風就多了，二○○四年南瑪都颱風、二○一○年梅姬颱風皆屬此。

最後值得一提的是代表特殊路徑的第十類路徑。這類路徑有十三次侵臺紀錄，但卻只有八個颱風。這代表什麼呢？原來除了不可歸類於前九類

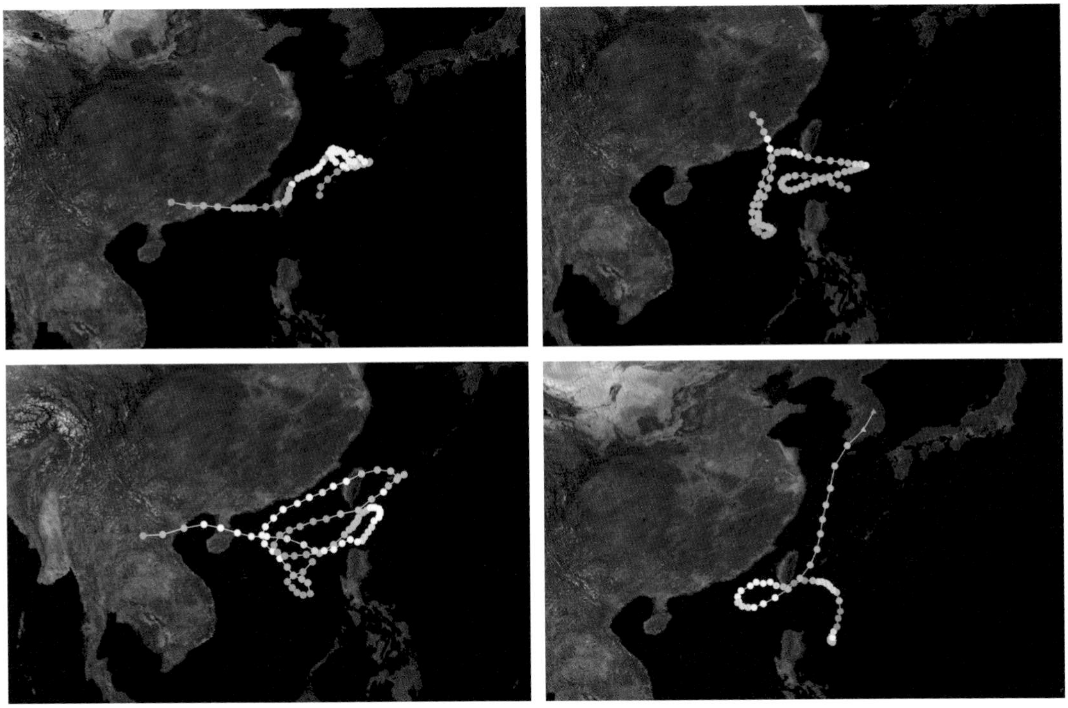

四大怪颱分別是：①1991年耐特颱風、②2001年納莉颱風、③2012年天秤颱風，以及、④1986年韋恩颱風。（圖片來源：wikimedia_commons）

②|①
④|③

的颱風之外，那些在歷史上，離開臺灣之後在海上踅了一圈又再訪臺灣的颱風，都屬於這一類，因此第十類不是一種路徑，而是無數種路徑的結合，囊括了多個非典型的路徑。

第十類路徑的颱風包含二度襲來的一九九一年耐特颱風（Nat）、二〇〇一年納莉颱風、二〇一二年天秤颱風（Tembin），以及觀測史上無前例、三度「訪臺」的一九八六年韋恩颱風，合稱為侵臺四大怪颱。

以韋恩颱風為例，它在南海形成之後，進入臺灣海峽，並於一九八六年八月二十二日自濁水溪口登陸，由西而東貫穿中臺灣，在臺灣觀測史十分罕見，造成中南部地區海水倒灌。隨後在八重山群島迴力鏢似地轉向，穿過墾丁半島後逐漸減弱並回到南海，重新盤整力量後，再度朝臺灣而來，以龜速在巴士海峽逗留了一圈，最終自越南北部進入中南半島而消散。像這種怪颱一般的極端事件，實為當時的海溫、太平洋高壓、季風等諸多因素所促成的巧合，機率極低，無法斷言多久會發生一次，但絕非不可能，韋恩颱風就這樣在臺灣的觀測史上留下了一筆紀錄。

◐ 不登陸也可以侵臺，不侵臺也可以影響臺灣

不論是第十類路徑的怪颱，還是有跡可循的前九類颱風，必須注意的是，颱風未必要登陸才算侵襲臺灣。颱風從中心向外一直到平均風速每秒十四公尺（亦即蒲氏風級七級風風速下限）的圓圈半徑，一般稱作暴風半徑。七級風稱作疾風，能夠使路樹大力搖晃，人難以迎風前行，在海上還會產生不利航行的大浪。暴風半徑視颱風規模可達數百公里之寬，所以即使颱風中心沒有登陸，暴風半徑內的風暴仍有可能把陸地上的人吹得七葷八素，帶來不亞於登陸颱風所造成的災情。

另一方面，中央氣象局若發布了颱風警報，也不代表颱風侵臺。如果一個颱風距離臺灣太遠，僅暴風半徑外圍環流觸及臺灣，即使產生傷亡，只能說臺灣受到影響，未必能夠說颱風侵襲臺灣。二〇一八年山竹颱風（Mangkhut）就是一例，雖然擦邊經過臺灣，傳出零星災情，但不屬於上述十類侵臺路徑的任何一類，並未侵臺。

中央氣象局將颱風侵襲臺灣定義為「颱風中心在臺灣登陸；或雖未登陸，僅在臺灣近海經過，但陸上有災情者」，並說明「侵臺路徑可參見颱風資料庫有發颱風警報列表分類，如路徑分類顯示短槓則表示未侵臺」。前者說明颱風侵臺不以登陸為必要，後者說明發布警報的颱風之中，不是所有颱風都算是侵臺。換句話說，發布警報、侵臺、登陸三者之間，是不同的概念，只能說，凡登陸者必算侵臺，凡侵臺者必發布警報。

◐不怕強颱，只怕慢郎中烏龜颱

除了路徑之外，還有一項必須考量的參數，那就是颱風的行進速度。「颱風帶來的災害與它行走的速度有很大的關係。」災防科技中心坡地與洪旱組組長張志新分享工作經驗，「一個強颱要是走得快，一夜就過去了，倒也未必會帶來重大的災害，但不論強颱或中颱，要是走得很慢，我們就頭痛了。」颱風帶來的雨量，與其本身夾帶多少水分、接觸地面多少時間都有關係，一旦颱風龜速前進，雨下得綿綿無絕期，即便是中度颱風以下，也可能造成山洪氾濫。

個別颱風因所處的風場和駛流不同，加上複雜的環境因素，使得它的行進速度充滿諸多變數。但若將尺度拉大來看颱風移動的速度，仍可見一定的趨勢。一般而言，初生的颱風還在不斷發展，移動緩慢，沿著太平洋高壓邊走邊加快，到了要轉向的時候，則放慢腳步，猶如車輛轉彎時要減速，等到彎過去了，又持續加速往溫帶移動。

隨著背景風場的不同，有的颱風快速通過臺灣，有的則在寶島緩慢轉向。

從氣象局颱風資料庫中可以看出，警報期間長度前十名的颱風，而近年來發布警報的頻率上升，依實際需求加報，也使時間尺度日漸縮小。

颱風的歷史，也是我們的歷史

臺灣位處颱風行進的熱門路徑，總是讓生活在島上的人們心情矛盾。侵襲臺灣時，它會帶來風災、水災等各種災難，但同時，颱風的降水也牽動了臺灣的用水。二〇〇二、二〇一五年臺灣都發生嚴重旱災，並由經濟部成立旱災緊急應變小組因

1958～2018年颱風警報期間前十名（無分海陸颱風）

排名	年份	颱風名	警報期間	警報次數	路徑類型
1	1986	韋恩(WAYNE)	9日20時	42	特殊
2	1960	玻莉(POLLY)[32]	8日7時	25	---
3	2001	納莉(NARI)	7日17時15分	64	特殊
4	2012	天秤(TEMBIN)	6日12時	54	特殊
5	1977	黛納(DINAH)	5日18時10分	25	---
6	1989	莎拉(SARAH)	5日10時40分	23	3
7	2008	辛樂克(SINLAKU)	5日6時	43	2
8	1999	丹恩(DAN)	5日5時55分	43	7
9	1968	范迪(WENDY)	5日	19	5
10	2004	敏督利(MINDULLE)	4日18時	39	6
10	1960	卡門(CARMEN)	4日18時	10	---
⋮					
19	2009	莫拉克(MORAKOT)	4日9時	36	3

（資料來源：中央氣象局颱風資料庫）

應，協調農田休耕、民生用水以及工業用水分配，二〇〇二年最終是因雷馬遜颱風（Rammasun）解除旱象，而二〇一五年會有旱災問題，正是因前一年的颱風雨量不足。

改從歷史的眼光來看，臺灣史也跟颱風大有關係。一五八二年，耶穌會教士一行三百多人帶著「澳門所有的財富」要到日本，卻遇到颱風在臺灣擱淺，停留兩個多月，返回澳門後，三位教士寫下書信報告此次船難，成為文獻上西方人最早到臺灣的紀錄。一六二二年，南明文人沈光文跟著魯王軍隊流亡金門，在鄭成功過世後，原本要舉家到福州，卻因颱風漂流到臺灣，在臺灣的二十多年，開啟了臺灣漢語古典文學，被稱為臺灣孔子。一八七一年，琉球宮古島船隻因颱風漂流到恆春，五十多人遭原住民殺害，一八七四年日本出兵，史稱牡丹社事件，這個事件使清朝與日本簽定《中日北京專約》，臺灣從此捲入近代國家問題。一八九五年後，臺灣成為日本殖民地，而一八九七年，臺灣因日本設立測候所，有了第一張天氣圖。

從一八九七年至現在，每一次颱風災難後，我們總會再多理解一點，也許是土石流的原因，也許是時雨量超標的可怕，也許是國土規畫與河流治理的重要性，莫拉克特別不同的是，不僅在它的重創程度，而是它從科學、路徑、雨量預報、災害都是十分獨特且具挑戰性的重大事件。在前兩章從全球尺度的暖化問題回應人們心中對極端氣候的疑慮，到從大氣科學的發展解析臺灣何以是颱風造訪之地，以及颱風為何帶來棘手的問題，第三章將進一步解讀莫拉克颱風所形成的災害鏈。

颱風來了幾個？侵臺颱風怎麼算？

「颱風侵襲臺灣」六個字說起來很容易，但怎麼樣才算是侵臺，卻是個困難的問題。如果侵臺定義隨時代改變，那麼，研究氣候變遷時，侵臺颱風數量的改變，真的是氣候變遷所致，還是定義調整所致？不同科學家的研究可否互相比較？魔鬼藏在細節裡，定義的問題必須謹慎以對。

根據中央氣象局的定義，除了登陸之外，僅在近海經過卻造成陸上有災情者亦視為侵襲。這裡產生了兩個問題：近海是多近？怎麼樣的災情算災情？

距離陸地的遠近，應以海岸線延伸出去的等效距離最為合理。臺灣早年並非採取上述近海、有災情等籠統敘述，而係明訂侵臺颱風為「掠過臺灣本島海岸二百公里以內；或於二百公里以外通過，而本島平地測站所測得之最大（十分鐘平均）風速在十公尺／秒或雨量在一百公釐以上者」。可想而知，在科技尚不發達的年代，要想精準掌握海岸線延伸二百公里是多麼困難，遂於一九六二年起改變了準則。世界上所有的海岸線皆非完全平直，臺灣也不例外，因此直接以特定的經緯度線劃定範圍，例如氣象局在天氣預報作業上的慣用定義，認為侵臺颱風須滿足（1）平地測站所受到颱風風力達到放假條件（平均風達七級或陣風達十一級）為主要標準，（2）在北緯二十～二十七度、東經一一八～一二四度範圍內，（3）對臺灣地區產生災害。

中央氣象局颱風資料庫亦將「鄰近臺灣颱風」闡明為「凡颱風路徑經過北緯十九～二十八度、東經一一八～一二六度範圍內，且在此範圍內該颱風之強度到達颱風定義以上者稱之。」雖然隨著科技日新月異，颱風資料庫也開放使用等效距離（以五十公里為單位）來查詢鄰近臺灣的颱風，但在官方的定義上，迄無改變。

至於災情，就更難定義了。怎麼樣算是災情？是看氣象觀測得到的數據，還是看房屋倒塌、農業損害？颱風進逼前述經緯度範圍，帶來些許雨量，卻無人傷亡，亦無農損，算不算侵臺？二〇一八年山竹颱風擦邊而過，在解除警報的前一報，中心位於北緯一八・九度、東經一一九・二度，解除警報時位於北緯一九度、東經一一八・四度，在臺東海岸掀起大浪，氣象局記錄「中央災情應變中心統計有一人死亡，其餘災情零星」，山竹颱風算不算侵臺？中央氣象局的答案是否定的。只算是發布了警報，不算是侵襲臺灣。

一個良好的定義，除了定量，還要考量預報和災害，且必須經得起時代考驗，讓歷史資料能夠運用在跨時代的分析。目前臺灣多位學者提出了不少見解與建議，但在氣候變遷的相關研究，以及國家級的開放資料中，仍未取得共識。

（本文作者：雷翔宇、莊瑞琳）

注釋

1 嘉貝麗・沃爾克（Gabrielle Walker）著，蔡承志譯，《大氣：萬物的起源》（*An Ocean of Air*）（臺北：商周出版，二〇一九年二版），頁一七六至一七七。

2 凱利・伊曼紐（Kerry Emanuel）著，吳俊傑、金棣譯，《颱風》（*Divine Wind: The History and Science of Hurricanes*）（臺北：天下文化，二〇〇七年），頁一二八。

3 信風可能因穩定旺盛，經年吹拂如潮汐有信，故名信風，但又稱為貿易風，這是因為英語稱信風為trade wind，透過日本人引進漢字文化圈，便成了貿易風。其實這個trade無關海上貿易，在中古英語是路徑恆常之意，與信風之信異曲同工，貿易風之名則成了美麗的錯誤。

4 有關佛雷爾與三胞環流參考《大氣：萬物的起源》，頁一六九至一七六。

5 同注2。

6 《颱風》，頁一〇二。

7 目前有研究指出，中尺度渦旋會往下與季風低壓環流交互作用產生熱帶氣旋中心；或者往上伴隨上衝流，使低層的空氣輻合增加，底層風場開始旋轉。黃紹欽，《發展與未發展熱帶氣旋之熱動力結構特徵》，中國文化大學地學研究所博士論文（二〇一四），頁四至五。

8 哥倫布部分出自《颱風》，頁二七五。颶風知識的來源則同樣出自本書，頁二九。

9 出自中央氣象局網站〈估算颱風強度〉。https://www.cwb.gov.tw/Data/service/hottopic/14174914310.pdf

10 颱風與信風的關係，也影響了航海學。由於東北信風、盛行西風恰好與颱風行進方向的右前象限風向較一致，該象限的風暴因而最為嚴峻。為確保海上船隻航行順利，颱風的右半圓稱為危險半圓，右前象限稱為最危險象限，而相對的左半圓則稱為可航半圓，左後象限稱為可航象限；海上船隻面臨颱風時，可據以研擬規避的路線。

11 《颱風》，頁一六八至一六九。

12 關於納莉颱風與鞍型場可看李名揚，〈颱風：旋轉的怪物〉，《科學人》，二〇〇七年八月。

13 《人と技術で語る天気予報史—数値予報を開いた〈金色の鍵〉》古川武彥著，東京大學出版會，二〇一二。

14 氣球炸彈曾於一九四五年在美國俄勒岡州造成六人死亡，是美國本土在二戰期間唯一的平民傷亡。此外，氣球炸彈還曾造成頻繁的森林火災。

15 資料來自〈莫拉克颱風綜觀環境與降雨特徵分析〉，收入《莫拉克颱風科學報告》（國科會，二〇一〇年），頁十六。〈莫拉克颱風的大尺度背景環流〉，頁三七。

16 《颱風》，頁二三五。

17 目前觀測史上最長壽的颱風，由二〇一七年的諾盧颱風（Noru）與一九七二年的莉泰颱風（Rita）並列第一，各自存在了十九日〇小時（最小單位為三小時）。若颱風曾一度減弱為熱帶性低氣壓，此段時間不列入計算。若列入計算，第一名就會變成是一九八六年韋恩颱風（十九日六小時）。

18 《颱風》，頁一四四、二九八。

19 王時鼎、謝信良、鄭明典、鄧仁星、簡國基〈臺灣地形對侵臺之中度以下颱風影響新例——對二〇〇一年潭美、桃芝、納莉、利奇馬四次颱風實例分析〉，二〇〇一年十一月。

20 〈莫拉克颱風雷達觀測中尺度雨帶特徵〉，《莫拉克颱風科學報告》（國科會，二〇一〇年），頁七七。

21 《颱風》頁一四四至一四八。

22 辛西亞・巴內特（Cynthia Barnett）著，吳莉君譯，《雨：文明、藝術、科學，人與自然交織的億萬年紀事》（*Rain: A Natural and Cultural History*）（臺北：臉譜出版，二〇一五年），頁七七至七九。

23 薩菲爾—辛普森颶風風力等級是美國屬地使用的系統。

24 一九六〇年，西北太平洋上同時出現了五個颱風：貝絲、卡門、黛拉、艾琳、費依等，同時出現形成「五旋共舞」，顯見颱風編號或命名管理有其必要，以免國際間溝通產生誤解。當年是舉辦奧運的年分，故這五個颱風又暱稱為五環颱風。

25 布里森少校（Maj. Reid Bryson，一九二〇～二〇〇八），曾對B-29轟炸機東京大空襲進行預報。戰爭末期負責亞太氣象研究。

26 巴士頓少校（Maj. Edward B. Buxton，一九二四～二〇一八），曾負責廣島原子彈爆炸前期的氣象預報，以及長崎原子彈爆炸前的最終氣象預報。戰爭末期負責亞太戰區低空氣象預報。

27 普蘭李上尉（Capt. William J. Plumley），曾對B-29轟炸機東京大空襲進行預報。戰爭末期負責亞太戰區高空氣象預報。

28 Thor's Legions: Weather Support to the U.S. Air Force and Army, 1937-1987

29 香港、澳門、中國當局互相協調，採取一致的譯名。臺灣因國情不同，自有一套翻譯標準，在名稱上與對岸並不統一。

30 中華民國中央氣象局播遷來臺後，於一九五八年將業務交付臺灣省氣象所辦理，同年奉令裁併，直到一九七一年始恢復建制。

31 中央氣象局將穿心颱等媒體創意詞彙整理成專文，呼籲民眾對於媒體神喻可莞爾一笑，仍要多利用氣象局的用詞才妥當。至於「西北颱」已約定俗成，

32 一九六〇年玻莉颱風曾二度靠近臺灣，因此警報期間分成兩段，但不曾侵襲臺灣，與歸類於第十類路徑的侵臺颱風不同。

CHAPTER

03

水與土地交纏捲起的巨變

災害為何接踵而來

楠梓仙溪那瑪夏區（攝影：柯金源，於2010年1月）

「這一切是誰造成的？這世界到底怎麼了？」

——笛福《暴風雨》（*Daniel Defoe, The Storm*），一七〇三年

3-1 當莫拉克來到臺灣

「今天晚上將是一個颱風的夜晚，而這情況可能會持續到明天的晚上……北部與東北角已陸續出現間歇性風雨，風雨程度會持續地增強……」

二〇〇九年八月六日，各新聞臺不斷報導莫拉克颱風準備侵臺的消息，當時誰都沒料到，僅為中度颱風的莫拉克，將帶來臺灣近半世紀最嚴重的颱風災害。從幾個時間點看這次颱風，八月七日晚上十一點五十分在花蓮市登陸，八月八日下午兩點已於桃園出海，卻在八月九日早上七點左右發生甲仙小林村幾近滅村悲劇，以及八月九日下午那瑪夏南沙魯村八十幾戶民宅遭沖毀。連續三天在中南部山區、各流域與沿海降下的超高雨量，接連引發了各種災害，可以推想這場災害絕對不是只有單純的颱風降雨，一定還有其他的因素加乘，才會有這樣的結果。對於這樣廣泛複雜的災害，可稱之為「複合型災害」。[1]

從降雨紀錄可知，莫拉克颱風八月七日在花蓮登陸，一開始的降雨是在東部與北部，之後降雨中心開始從北部移到中南部，從降雨二十四、四十八、七十二小時的紀錄來看，臺灣當時雨量在這三項都逼近世界極端降雨紀錄，多數山區測站在風災期間測到破千毫米數字，全面改寫臺灣的降雨史。會造成這樣驚人的降雨，除了颱風本身，另一大關鍵因素是隨之而來的含豐富水氣的西南氣流。但雨量如何導致連環性的災難——從山區發生大規模的山崩土石流、暴漲河水沿路破壞橋梁淹沒河岸建物、下游平原河

水溢過堤防淹沒臺灣西南地區眾多村落，到隨著水流從山區帶出來的大量土石淤積河道、漂流木布滿沿岸、海邊漁港環境受到劇烈衝擊——可能要先理解臺灣的自然環境特質。

臺灣位於菲律賓海板塊與歐亞板塊的邊界上，是一座不斷進行造山運動的年輕島嶼。菲律賓海板塊每年以七公分左右之速率持續向西北方擠壓歐亞板塊，使臺灣的山脈以每年兩公分的速率持續抬升，山脈與丘陵地區林立，約略沿島嶼南北方向延伸，占整個臺灣島面積的三分之二。山地抬升快速，土地不斷動盪、錯動形成複雜地質構造與斷層，再加上造山運動仍持續進行，臺灣的地質變得極度脆弱與不穩定。

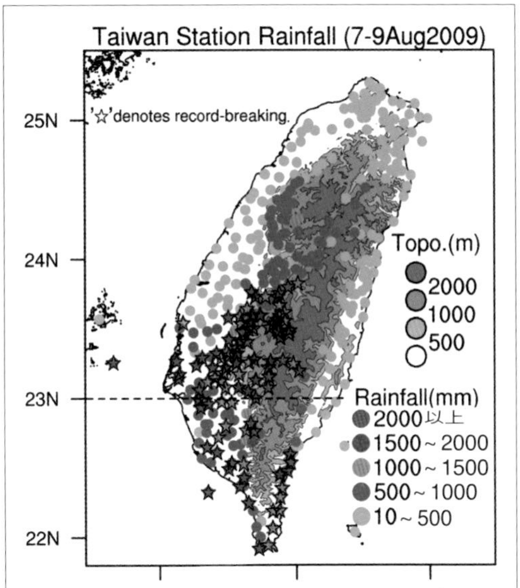

2009年8月7日至9日莫拉克颱風累積雨量分布狀況，星號代表3日累積雨量達紀錄新高，灰色代表地形高度。（圖片來源：李明營）

相對於山的南北走向，臺灣的河川大多呈現東西流向，且因山區坡陡而水流湍急，源於高聳山區的河水擁有較大的位能，具有很強的侵蝕能力，帶走上游土石的同時，又讓更深層的岩層出露、風化，這使得臺灣的山區坡地更加脆弱。

而臺灣同時也是一個受到雨神施恩的島嶼。春夏之際，來自大陸較為乾冷的氣團於太平洋西側遇上海洋相對潮溼溫暖的氣團，兩者的交集形成鋒面，且因強度相當成為滯留鋒，剛好落在臺灣附近，臺灣因此有所謂的「梅雨季」；夏秋時節，臺灣東南方溫暖海面不斷孕育出颱風，通常被北太平洋高壓順時針旋轉的環流影響而往西太平洋方向推送前進，持續為臺灣帶來一波又一波充沛雨量。

值得注意的是，臺灣每年降雨的時段與地區不均勻，只要缺少梅雨與颱風等天然降水，臺灣隔年就容易產生旱象；但如果當年水量太過豐沛、尤其颱風期間的短延時、強降雨作用在本就脆弱的臺灣土地，鬆落易動的土石就容易混著雨水，隨重力作用傾瀉、滾動，沿路破壞人類居所而造成災害；低窪地區也可能因為來不及排解多餘的雨水而造成水患。

地質與氣候條件的綜合影響下，臺灣的山與季節性的雨水共同交織出生態的多樣性，但山與水過度激烈的作用，也使臺灣變得異常敏感脆弱，並伴隨災害發生。它們的組合就像雙面刃，讓臺灣時時處在創造與毀滅的微妙平衡上。以莫拉克風災而言，地質與氣候的交互作用就啟動了一些巧合的堆疊，造成環環相扣的災害，尤其是小林村的大規模崩塌，已超越過去對土石流、崩塌災害的理解。當然莫拉克風災的致災主因，參雜臺灣地質的本質以及極端降雨的影響，在風災十年過後，關於小林村滅村的原因，複合性災害如何呈現人與環境的關係，對生活在這個島嶼的人們而言，並不是過去的歷史，而是關乎未來的生活。

3-2 高雄山區：大規模崩塌與複合式災害的極致

八月八日下午三點多，高雄甲仙鄉小林村旁的小竹溪因集中又強勢的雨量而暴漲，土石隨小竹溪的溪水漫流到路上，居民緊急動用怪手搶救，但是水來得又快又急，怪手的挖掘力仍無法負荷。到了八月九日凌晨三點半左右，小林村西側的旗山溪（又稱楠梓仙溪）暴漲嚴重，許多住家水深及腰，村民驚覺不妙，立刻攜家帶眷往高處逃難。過了約三小時，小林村居民聽到幾聲巨響，原來是小林村東北方的獻肚山因不敵暴雨侵襲嚴重崩塌，混著水的大塊土石發出怒吼似的低沈聲音，順著坡道向下滑動、大口吞噬小林村九至十八鄰約一百多戶房屋，土石最後堆積到旗山溪，出現臨時的堰塞湖，堰塞湖以下河道因水流阻斷，水位突然下降。

這狀況維持不了太久。到上午七時左右，崩塌土石所形成的堰塞湖終究支撐不了上游累積的水量，旗山溪水位超過了堰塞湖天然土堤的高度而溢流、滲流，土堤也同時被溪水向外推擠、潰裂。像是汽球膨脹至極限似的，挾帶土石的混濁溪水接著從土堤張裂出的裂隙爆出，土堤也轟隆一聲瞬間潰堤，累積的水量傾瀉而下，場景與水庫潰壩並無二致，小林村被這突如其來的滾滾黃水完全淹沒，有四百多人成為災後統計數字中的罹難人口。

災害過程不可能被還原，致災的地質構造無法被重組，災前的地下水位無法探究，更不可能重新下一場大雨，因此，要從災後現場回推災害發生的過程，猶如名偵探柯南辦案，需要對現場各項蛛絲馬跡仔細推敲，研究影響小林村大崩塌各項因子的重要性，並建立因果關係。我們該如何知道大崩塌、堰塞湖、潰堤、洪水之間

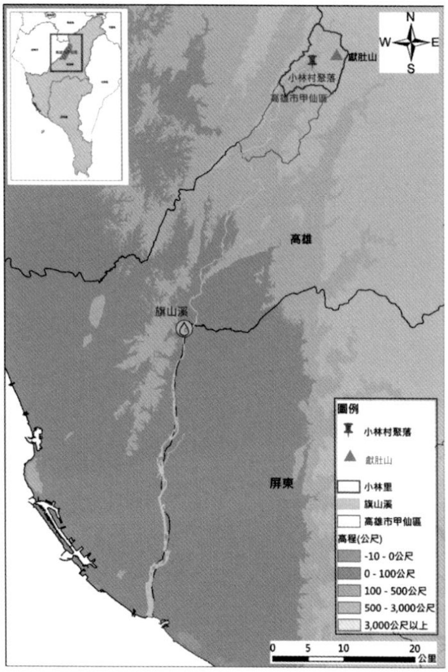

小林村、獻肚山與旗山溪位置圖
（圖片來源：災防科技中心）

的先後時間次序？其實是有跡可循的。科學家從鄰近雨量站每十分鐘記錄一次的雨量，可以得知破紀錄的降雨變化；從河川水位站的紀錄則可得知水位變化與溢堤時間，也可以得知堰塞湖形成時堵住水流使水位瞬間下降的情形，以及堰塞湖潰壩後再次使得水位迅速上升的過程；甚至大規模崩塌的土石，也被原本測量地震震動的儀器記錄到了，因此我們可以進一步清楚釐清先後次序。

小林滅村過程是幾個坡地災害連續串接所造成的悲劇：首先是持續性降雨使得溪水暴漲、多處地區發生崩塌與土石流災害，獻肚山的大規模山崩掩埋了部分的小林村；再來，崩落的土石阻塞河道形成堰塞湖；第三階段是堰塞湖的潰堤讓大量土石隨氾濫的河水往下游沖刷，重創整個村落。過程中，通訊早已中斷，無法傳遞接收資訊，部分道路、橋梁亦中斷，山區的聚落與外界失去了聯繫。災防科技中心坡地與洪旱組組長張志新回憶，八月八日當天晚上在災害應變中心值班時，看著累積雨量持續地上升，沒有最高、只有更高，雨量不斷地破紀錄，災害應變中心卻無法與山區聚落取得聯繫，只能想像、焦心著災情可能很嚴重，直到隔天早上，才傳出驚人的消息：小林村不見了。

有關「坡地災害」：山崩、地滑、土石流等

所謂的「坡地災害」是發生在山坡地的災害總稱，泛指土壤、岩石等地質材料受重力作用向下運動所造成的破壞行為。我們可能常於新聞中聽過山崩、地滑、落石、土石流卻不清楚差異。從學者的觀點來看，這些都屬於崩塌的其中一種形式，因運動方式、以及崩塌材料

差異而有不同。

以運動方式來區分，大致可分為一個或數個岩石從高處自由「**墜落**」(falls)、岩塊因破裂面生成而大規模向前「**傾覆**」(topples)、地質材料受重力作用而隨坡面「**滑動**」(slides)、土壤液化沿坡面「**側滑**」(lateral spreads)、土石與水混合產生「**流動**」(flows)、以及「**複合型運動**」(complex and compound) 等六類。

至於崩塌材料則分為基岩(bedrock，土壤層下堅硬岩層)及工程土壤(engineering soils，一般常見岩石碎屑與土壤的混合物[2])兩類。不同的崩塌材料以不同的形式運動，就會產生不同類型的災害，但簡單來說，以「墜落」「傾覆」與「快速滑動」形式運動的歸類為俗稱的「山崩」；以緩慢「滑動」或「側滑」運動者都算是「地滑」；地質材料以「流動」進行移動者就稱為「土石流」。

運動種類 Type of movement		物質種類 Type of material		
		基岩 bedrocks	工程土壤 engineering soils	
			粗粒為主	細粒為主
墜落 falls		岩石墜落 rock fall	岩屑傾覆 debris topple	土墜落 earth fall
傾覆 topples		岩石傾覆 rock topple	岩屑傾覆 debris topple	土傾覆 earth topple
滑動 slides	轉動 rotational	岩石崩移 Rock slump	岩屑崩移 debris slump	土崩移 earth slump
	移動 translational	岩體滑動 Rock block slide 岩石滑動 Rock slide	岩屑塊滑動 debris block slide	土塊滑動 Earth block slide
側滑 lateral spreads		岩石側滑 rock spread	岩屑側滑 debris spread	土側滑 earth spread
流動 flows		岩石流動 rock flow	岩屑流動 debris flow 土流動 earth flow	
複合運動 complex		複合兩種或以上運動		

崩塌分類表(圖片來源：Varnes，1978；重製：災防科技中心)

縱使小林村滅村機制複雜，在災害發生後許久，人們仍然大多以「土石流遭致滅村」來看待此次事件，這或許是因為土石流是一般民眾最有感受、新聞畫面也最常播映的坡地災害之一。「土石流」一詞要為臺灣人熟知，應該是一九九六年賀伯颱風在神木村造成的土石流災情，然而更早可以往前推到一九九〇年的銅門村遭土石掩滅村莊事件。

花蓮縣秀林鄉銅門村靠近花蓮市南端，從花蓮市行經吉安鄉，切入木瓜溪後溯源而上，車程約一個小時可抵達。銅門村地形陡峭、環境秀麗，整個村莊座落在木瓜溪中上游，海拔從三百公尺一路拔高到一千兩百公尺，除了主溪流外，流域範圍涵蓋清水溪及許多野溪。周遭環境開發程度低，溪水清澈，溪流沿岸富有多樣動植物生態，加上特殊地質與多層次紋理的大理石，為花東區知名的旅遊勝地，這一帶又以「慕谷慕魚」最為人所熟知。

一九九〇年歐菲莉颱風（Ofelia）侵襲臺灣東部，導致銅門村上游山洪爆發，大量土石從無名野溪滾滾沖刷而至，淹沒了村落十二鄰與十三鄰，共三十六人遭活埋、三十二棟房屋全毀、十一棟半毀，幾近滅村，事後村民放棄重建而另行遷村。當時媒體報導仍多以山洪爆發、山崩、水崩山來稱呼，但農委會邀集而來的日本專家及國內學者將此事件定調為「土石流災害」，才讓「土石流」一詞正式登場。

1990 年歐菲莉颱風造成花蓮銅門村嚴重土石流，幾近滅村。
（圖片來源：胡毓銭）

土石流的類型

不像水患，土石流總是在一瞬間發生。其組成物質主要是水、泥、砂、礫石甚至包含巨石，按照這些物質以不同比例組合，可將土石流分為**泥流型**、**礫石型及一般型**等三類，其泥砂含量分別為五十％以上、十％以下、以及介於十至五十％之間，而這三類土石流均曾在臺灣發生過。在監測技術還未發達前，土石流發生前大多沒有任何顯著徵兆，一瞬間發生，居民往往躲避不及導致傷亡慘重。土石流挾帶大量土、石、泥砂等堆積物，以集體搬運、直線前進，通常遇到彎道或障礙物時會停止前進，接著快速地堆疊起，直到溢過河岸沖出新河道才作罷。土石流發生，原本界線分明的河岸被滾滾黃砂淹沒，蜿蜒曲折的小溪受到土石的衝撞力而截彎取直，河川的流向受到改變，地景樣貌完全改變，人在當中完全可以感受山河驟變的震撼與威力。

土石流發生的條件

土石流的發生通常需要滿足三個因素才能形成。首先，土石流發生區要有**夠多的泥砂**、**土石**，這些物質通常來自不穩定的山坡地，因河川侵蝕、風化作用而產生；除了山坡地外，在溪川的上游或源頭堆積的一些土石、河床上的鬆散土層也是土石流的來源之一。再來，**坡度——也就是地表的傾斜程度要夠大**，當坡度增大至一個臨界值時，斜坡上堆積物所承受的摩擦力較小，坡度會成為天然的滑梯，提供土石流往下流動的動力。最後一個條件是**降雨量要夠大**，水是天然的潤滑劑，因此當地表水驟增、降低土石之間的摩擦力，使堆積物超過其土壤液性限度（Liquid limit）[3]時，土石水的混合物便會呈現類似液體的性質，開始往低處「流動」。

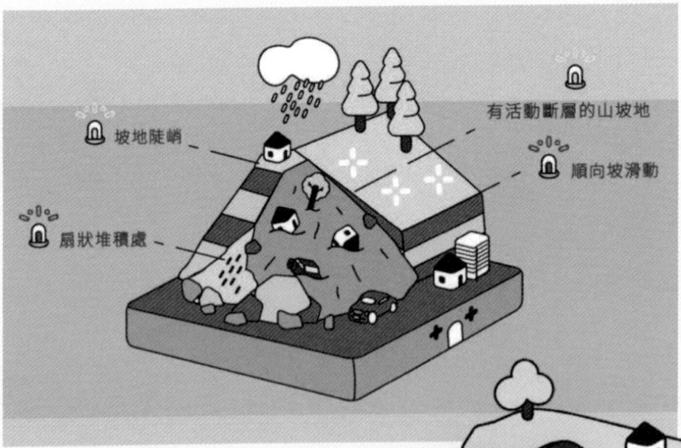

土石流要素
（圖片來源：災防科技中心）

土石流特徵
（圖片來源：災防科技中心）

臺灣很不幸擁有土石流生成所需的所有條件，在莫拉克之前，就有數起因颱風造成土石流的新聞傳出，如二〇〇一年納莉颱風所引發的土石流，吞沒雲林縣古坑鄉華山村十多戶民宅；二〇〇四年敏督利颱風引發的七二水災，導致臺中縣和平鄉松鶴部落受創嚴重，中橫公路柔腸寸斷、面目全非，至今都未通車；南投縣水里鄉郡坑村土石流、信義鄉神木村土石流、信義鄉豐丘明隧道土石流等等，都是大家對土石流的記憶。

當然，也不是所有土石流事件都具備上述三要素。以二〇一四年日本廣島土石流事件為例，該土石流是因鋒面帶來的短延時、強降雨而產生，但從災後衛星影像及現場勘查結果都發現土石流源頭並沒有大面積的崩塌現象，源頭並沒有明顯的土石堆積，經研究證實，僅僅靠著土砂在流出的過程、不斷下刷河床帶出大量土石，就足以掩埋房舍。也就是說，對於土石流災害發生條件的認識，還有很多值得去深究的部分。

◐ 獻肚山大規模深層崩塌，掩埋村落

回顧小林村的複合型坡地災害，除了山崩、土石流外，專家學者從此次災害理解更多的是來自獻肚山的「大規模崩塌」，屬於致災性的崩塌事件。

大規模崩塌在崩塌分類中屬於「岩體滑動」一類，在小林滅村後，日本ＮＨＫ電視臺首先使用「深層崩壞」一詞描述崩塌事件，臺灣則引用修改為「深層崩塌」，但是在評估崩塌致災的規模時，發現深度其實很難確認，而且有關深度的定義，每個國家之間都有不同，像是歐美通常定義崩塌深度大於兩公

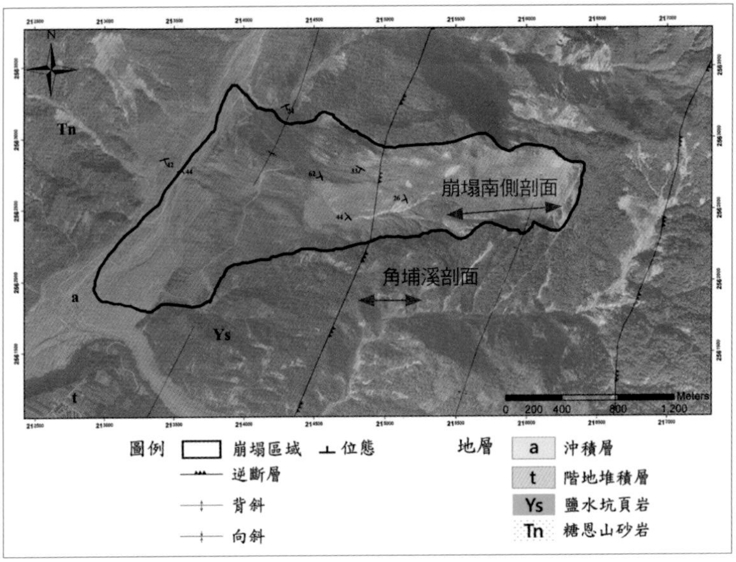

小林村一帶崩塌區域圖（圖片來源：中央地質調查所謝有忠改繪；引用自李延彥等人，2012）

尺就稱為深層崩塌，日本則認為崩塌深度要大於三公尺以上；反觀臺灣的造山運動比歐美或日本來得旺盛，地質通常破碎、風化速度快、土壤層深厚，使得臺灣的崩塌深度很容易超過上述限度。再來考量後續判釋潛在崩塌時，多採用空照等技術，深度反而更難評估，因此經由多方討論下，國家災害防救科技中心以「大規模崩塌」一詞取代「深層崩塌」，並定義崩塌面積大於十公頃、深度大於十公尺、或崩塌體積超過十萬立方公尺才稱為大規模崩塌。

獻肚山的崩塌地位於小林村以東標高八百公尺以上位置，分為東南方大的、與偏北方略小的兩個崩塌地；標高五百七十公尺以下，包含整個小林村位址都是崩塌物的堆積區，標高五百七十至八百公尺處則為土石流通區。整個崩塌深度平均約四十公尺，最大深度達八十公尺，崩塌面積則達六十公頃，崩塌量體依據陳樹群教授推估高達二千七百萬立方公尺。以一層樓三公尺、一個足球場面積約〇．七公頃為單位來看，此次崩塌量相當於一百個足球場大、堆滿高十三層樓的土石從高處一次摔落那麼誇張，這個崩塌量遠遠超過大規模崩塌的標準！這使得獻肚山的崩塌也成為國際非常關注的大規模崩塌事件之一。

崩塌事件發生後，站在旗山溪的河床上，一眼望去盡是灰黃雜亂的土石覆蓋原本綠意盎然的山間溪谷，河床上遍布散亂的漂流木，兩旁的山壁也因持續性暴雨沖刷而顯得光禿禿。曾有山崩事件的初期報導提到獻肚山因崩塌，從原有標高一千六百公尺降至六百公尺，此論述甚至在沒被驗證的狀況下被其他單位直接引用，然而獻肚山的山頭高度實際上沒有受風災變低，因崩塌區的位置位於獻肚山西側坡地、標高約八百至一千兩百公尺之處，而非從山頭開始崩塌。除此之外，有許多學者於災後到現地進行地質勘查，雖然無法還原地層，但是從現場崩落的土石特性，崩落後露出的岩層、露頭，盡可能地拼湊出原來的模樣。研究一致認同除了高強度、長延時降雨為觸發事件的「扳機」，「地質條件」是構成事件發生的重要原因。

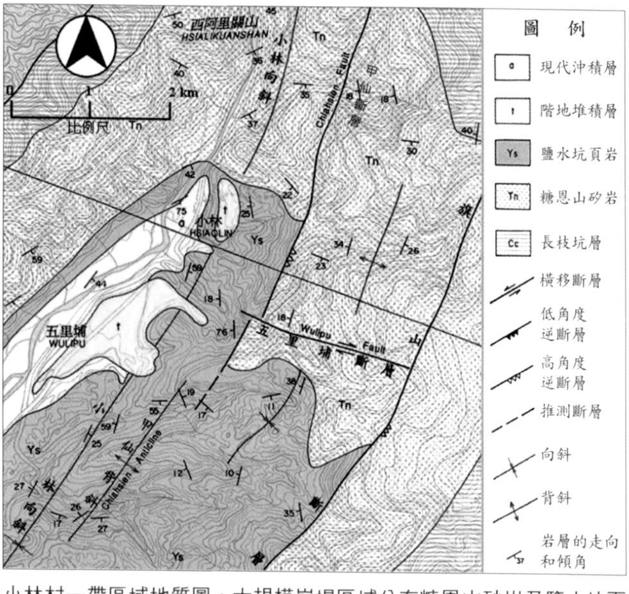

小林村一帶區域地質圖。大規模崩塌區域分布糖恩山砂岩及鹽水坑頁岩。（圖片來源：陳樹群、吳俊鋐改繪，2009；引用自中央地質調查所甲仙五萬分之一地質圖幅，2000）

崩塌地形的特徵

大規模崩塌地形的認識有助於中央地質調查所進行大規模崩塌潛勢地區的判讀。這類型的崩塌在瞬間發生快速滑動前，具有深部潛移的特徵，也就是作用深度深而移動緩慢的地質現象，這使得變形作用不只發生在土層，連更深處的岩體都會受影響。我們可將大規模崩塌地形分成三個區段，從坡頂而下至坡趾分別稱為「**冠部**」、「**陷落區**」以及「**隆起區**」。

冠部是開始崩塌的位置，或說是崩塌的地層與固定不動的地層分開之處，當土石受重力作用往下方滑移的過程會在此處製造出大大小小與崩塌方向垂直的裂縫，當裂縫擴大且部分土石往下滑移就形成**崩崖**。

陷落區是提供崩塌材料的主要來源，地形呈現凹槽狀，好似以湯匙挖了一匙布丁似的。

陷落區的岩層同樣受重力作用沿著主崩崖凹面滑移、轉動，過程中可以分裂成好幾塊崩體，當崩體順著凹面滑移時，原來的坡地傾斜方向會改變，轉而往崩塌源頭的方位傾斜，因而成

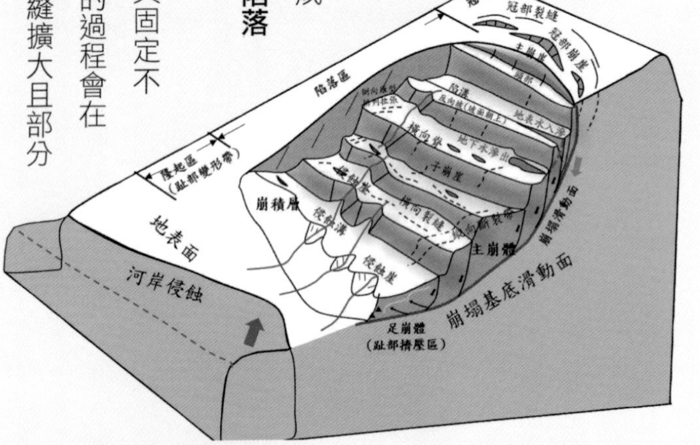

潛在大規模崩塌的地形特徵

完整的崩塌地形分為冠部、陷落區與隆起區等三部分，各有其特殊的地形表現。（圖片來源：引用中央地質調查所計畫成果，林慶偉改繪，2015）

為**反向坡**；這每一塊崩體除了坡面外，還有另一個面提供彼此滑移，這些面皆朝下方傾斜，與主崩崖方向一致，就像滑坡上再放上好幾塊滑動性高的木板，這些稱為**次崩崖**。

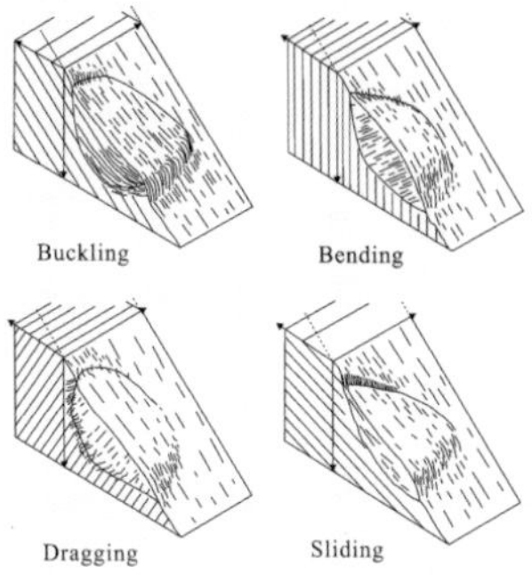

坡面上會因地質不連續面傾斜方向的差異，有不同的變形行為。（圖片來源：引用自Chigira, M. (2000). "Geological structures of large landslides in Japan." Journal of Nepal Geological Society 22: 497–504.）

崩崖與反向坡這兩個面在陷落區相交成兩種線性構造，一是**橫向脊**，為陷落區中的高點，另一個構造稱為**陷溝**，是陷落區的低點，橫向脊與陷溝的高低連續變化構成**多重山脊地形**，這是潛在大規模崩塌地形判釋的主要依據。

◐ 順向坡：大規模崩塌的原因之一

構成小林村災害的地質構造特性是旗山溪東側的「順向坡」。

所謂的順向坡是指岩層的層面與山坡的坡面傾斜方向與角度接近一致。在沒有受到地殼運動抬升或擠壓作用的影響前，泥砂等沉積物原本會因為重力的作用，在水中緩慢沉澱呈水平狀態，然後再受壓密、膠結的作用形成一層層的沉積岩層。受到地殼運動的推擠後，原本水平的岩層就會彎曲成「褶皺」或「褶曲」，或是斷裂、或是錯動產生斷層。在這狀況下，地層通常因扭曲、錯動而傾斜，當岩層層面傾向與山坡坡面具相同的傾斜方向時，地層容易像溜滑梯似地沿著較弱的層面之間滑動，形成順向坡滑動。當

1997年溫妮颱風侵襲下，位於順向坡的林肯大郡受災慘重。（圖片來源：柯金源）

然，並不是有順向坡的地方，此現象就一定會發生，通常仍需要外力的作用誘發，像是地震使地層之間鬆動、或是颱風降雨使地層之間的阻力減小而隨重力滑動，順向坡更會因為開挖或河流侵蝕而切斷坡腳，也會使得地層的支撐力不足而滑動。在莫拉克之前，颱風所導致的順向坡滑動災害，以「林肯大郡倒塌」事件最為著名。

位於汐止山區、被視為「大眾貴族化社區」的林肯大郡，當時主打為臺灣第一座複合式整體開發案，也是「老丙建」區域下的產物。所謂老丙建，是一九八三年《山坡地開發建築管理辦法》公布實施前，即已編定為丙種建築用地的區塊。與一般「丙建」最大的不同在於老丙建不受嚴格的山開辦法管理，開發面積與坡度亦不受限制，這樣的建築基本上容易進行大規模的山坡地開發，當欠缺地質調查、不瞭解地質條件、不知道如何因應不良地質問題的盲點，且存在土地使用強度過高、公共設施不足等問題，而藏伏許多災害危機。

一九九七年八月初，溫妮颱風於西北太平洋誕生，持續朝西北西方向前進。溫妮颱風被列為強烈颱風，且侵臺路徑屬於為第一類、也就是從臺灣北方海面通過而不登陸的西北颱，此類颱風歷年對臺灣的災情影響甚鉅，不能輕忽。在溫妮颱風的強風豪雨橫掃臺北地區時，天母、內湖、汐止地區都出現嚴重的積水、甚至山崩，而其中的林肯大郡後方的岩層因擋土牆不堪負荷而滑落，土石壓毀金龍特區第三區第三排房屋，造成一百六十戶房屋倒塌、三百多戶住宅受損、甚至有二十八人於此事件中罹難；第三區第二排房屋就算沒有被完全壓毀，但房屋皆呈現半倒狀態，已完全不適合居住。造成林肯大郡後方山坡下滑的原因，正是順向坡坡腳岩層被移除，改以擋土牆取代，經過大雨影響，擋土牆不敵順向坡的下滑力量，最後導致岩層順著層面整個滑落。

林肯大郡旁的順向坡構造由砂岩與頁岩交互成層，這兩種岩石所含顆粒物的粒徑不同，砂岩的顆粒物質較大也使得孔隙較多；頁岩的顆粒物質小、孔隙也就小。當雨水降至砂頁岩構成的順向坡地區時，雨水能滲透砂岩，卻不易滲透頁岩，而讓水積聚在兩種岩層的介面之間。積聚的水有潤滑的效用，容易使水積聚面上方的岩層滑動。滑動的最後一個關鍵點在於坡腳是否穩固，林肯大郡因建商為擴充基地、不當開挖順向坡坡腳，使岩層缺少足夠的支撐力，最後在溫妮颱風肆虐期間釀出悲劇。

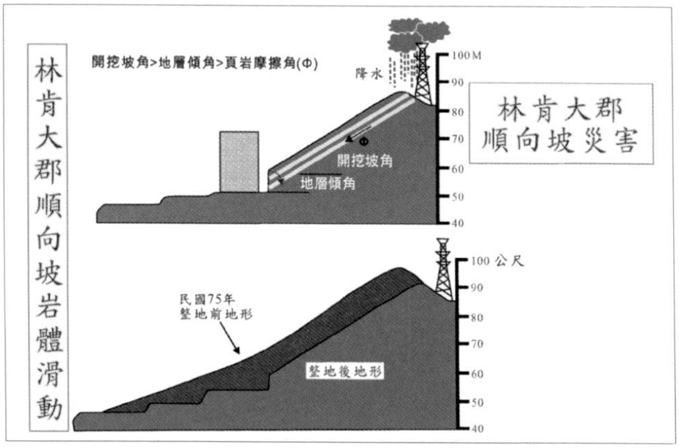

林肯大郡順向坡滑動示意圖（圖片來源：中央地質調查所費立沅繪製）

小林村聚落旁的獻肚山，由崩塌後露出的岩石層面可以判斷為順向坡。小林村位於旗山溪左岸的高灘地與低位河階地之上，屬於現代堆積物，材料結構並不穩固。堆積物之下則依序為鹽水坑頁岩與糖恩山砂岩，前者主要由厚層塊狀頁岩組成，中間偶夾薄層砂岩或薄砂頁岩互層；後者則由細砂岩與頁岩及

小林村東側獻肚山大規模崩塌所見之砂頁岩互層挫曲（Buckling），以砂岩為主之沉積岩層長期受到重力作用，發生似屈膝跪坐狀。
（圖片來源：引用自Catastrophic landslide induced by Typhoon Morakot, Shiaolin, Taiwan(Tsou, Feng, and Chigira, 2011, Geomorphology, 127, 166-178）

粉砂岩互層組成，這些岩層與獻肚山坡地一樣大致都向西傾斜，為該地區提供一個天然的滑坡條件，讓土石容易滑落至旗山溪。但就如前面所述，並不是有順向坡的地方就一定會發生崩塌，只是順向坡條件在獻肚山表面下的地質構造作用，加劇當地脆弱的地質基因。

楔型破壞：小林村大規模崩塌的特徵之一

學者在崩塌區進行研究時，小林村崩塌地位於內英山脈的西斜面，旗山溪的左岸，附近有旗山斷層、甲仙斷層、甲仙背斜、小林向斜等地質構造，崩塌地標高八百公尺以上主要出露糖恩山砂岩層，主要岩石組成為泥質砂岩與細砂岩，也是此次大規模崩塌最主要的土石來源，而在標高八百公尺左右的位置，岩層中的裂隙密度比崩塌地其他地方要來得高，對照地質圖，此處剛好接近甲仙斷層的所在地。

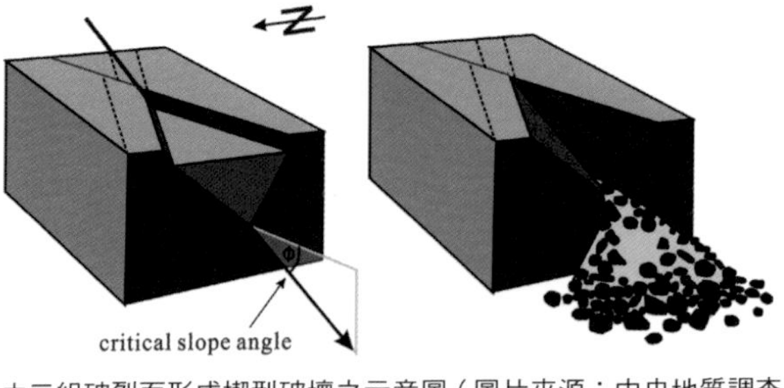

由三組破裂面形成楔型破壞之示意圖（圖片來源：中央地質調查所謝有忠改繪；引用自張文和等人，2012）

小林向斜延伸相當完整，是本區主要地質構造，甲仙斷層、旗山斷層皆屬高角度逆斷層，是此區主要的斷層帶。甲仙斷層線約略從北北東往南南西方向延伸，中間剛好穿過小林崩塌地。在很早以前斷層錯動的過程，將原來具連續性的沉積岩層切割成大大小小的岩塊，這些岩塊由兩組地層層面交錯、以及另一組破裂面構成，破碎易崩落，常稱之為「楔型破壞」，岩塊之間的裂縫讓雨水能更容易的滲入岩層底部。也就是說構造作用造成地質破碎不穩定、加上適量的水滲入裂縫並作用在滑動面上，就構成了待受啟動的災難機關。

那一層神祕的泥：啟動大規模崩塌滑動的另一種因素

針對相同的崩塌地，有學者提出不同解釋，認為崩塌材料最主要的岩石是來自鹽水坑頁岩與舊有的崩積物，而非糖恩山砂岩；不強調甲仙斷層在這個區塊的影響力，而強調鹽水坑頁岩與糖恩山砂岩之間的夾層。以滲水的能力來說，頁岩比砂岩差得多，在一個具有砂頁岩交錯的順向坡岩層中，通常會以頁岩做為主要的滑動面。鹽水坑頁岩於糖恩山砂岩上方，到底要如何讓砂岩成為滑移面呢？

提出這觀點的一些學者認為「頁岩層底部的細粒底泥」可能會是這個問題的解答。這些底泥被認為是岩層滑移時進一步磨碎形成，顆粒比原來頁岩層中的泥更小，這些細粒物質附在糖恩山砂岩頂層上，就像是幫原來粗糙的紙面護貝一層光滑、不透水的膜，提供了岩層良好的滑動面。

有關小林崩塌地的成因，由不同學者提出的說法凸顯了地質研究複雜、災後調查困難等實際狀況。而小林村崩塌的真相或許後續還有更多探索。

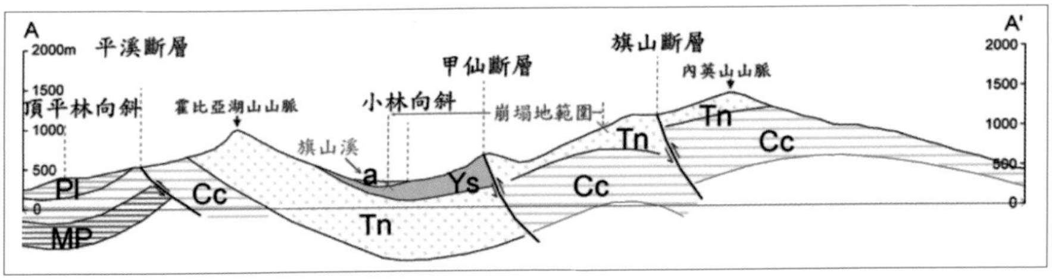

小林村獻肚山崩塌地質剖面圖（圖片來源：陳樹群、吳俊鋐改繪，2009；引用自中央地質調查所甲仙五萬分之一地質圖幅，2000）

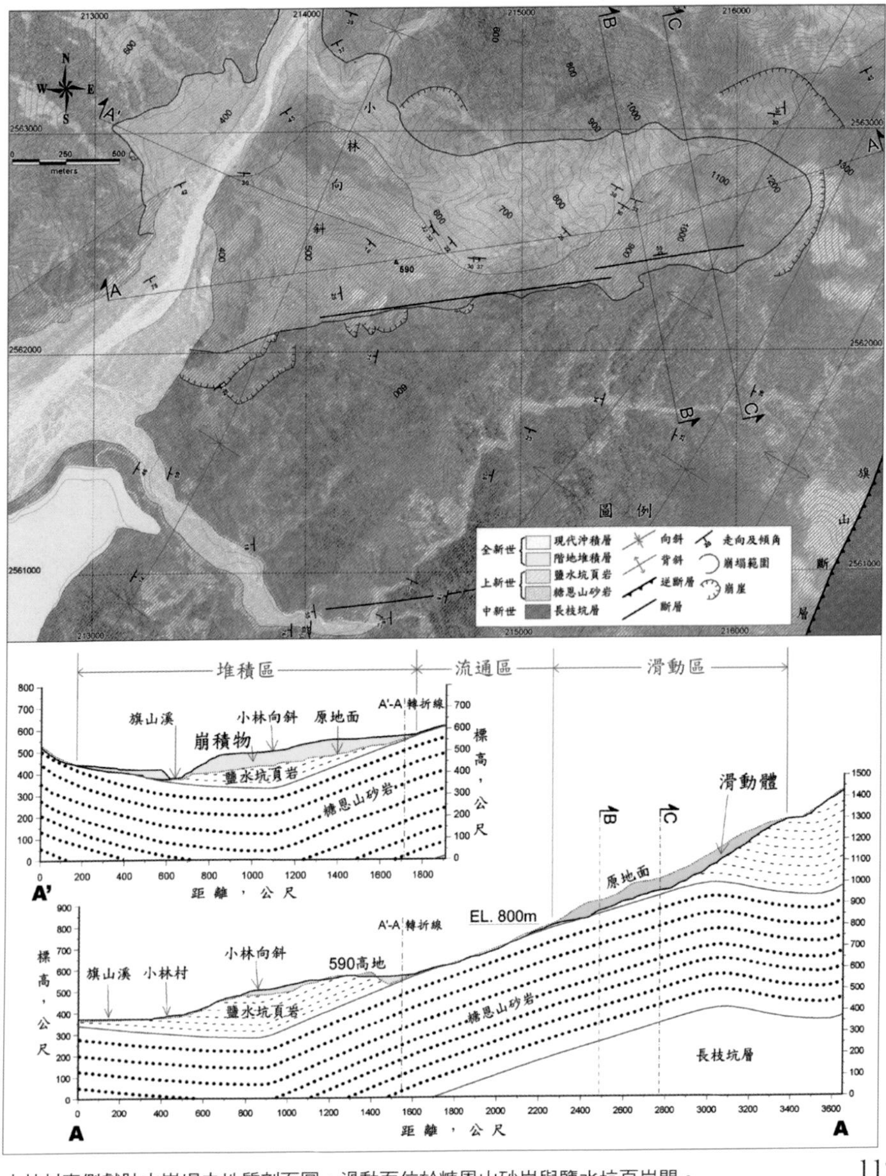

小林村東側獻肚山崩塌之地質剖面圖。滑動面位於糖恩山砂岩與鹽水坑頁岩間。

（圖片來源：引用自李錫堤等，2009）

嘗試建構獻肚山大規模崩塌事件發生，故事大致可被如此呈現：在由鹽水坑頁岩與糖恩山砂岩組成的順向坡地，因為臺灣旺盛的造山作用讓坡地受力產生多個破裂面與斷層帶，使岩體變得破碎易動，甚至在過去就曾發生過山崩事件、堆積不少鬆散的崩積土層；最後當莫拉克颱風伴隨西南氣流造成高強度與長延時的降雨，雨水除增加坡地重量外，也提供岩層碎塊之間的潤滑作用，整個山坡終於承受不住，鬆散破碎的土石因重力隨著順向坡坡面傾洩而下、掩蓋部分的小林村。

臨時形成的短暫堰塞湖，潰堤後重創全村

小林村複合型災害的第二部曲，為大規模崩塌土方堆積旗山溪形成的堰塞湖最後潰堤。堰塞湖是指發生山崩、土石流後崩落土石堵塞原有河道，當河道儲水至一定程度後形成的湖泊。這種湖泊通常於地震或颱風後形成，是一種不穩定的堤壩地形，容易因滲流、溢流侵蝕、沖刷、崩塌等作用而潰壩，並對下游產生瞬間衝擊性的破壞。

高雄旗山溪源自具脆弱地質的山區，歷年來推測同樣會於不同河段出現或大或小的堰塞湖，但此次獻肚山崩塌阻擋了整條旗山溪，像是在此臨時興建水庫一般，匯集上游所有的水量，又加上當時山區總累積兩千毫米的雨量灌注，致使潰壩現象極具破壞性。

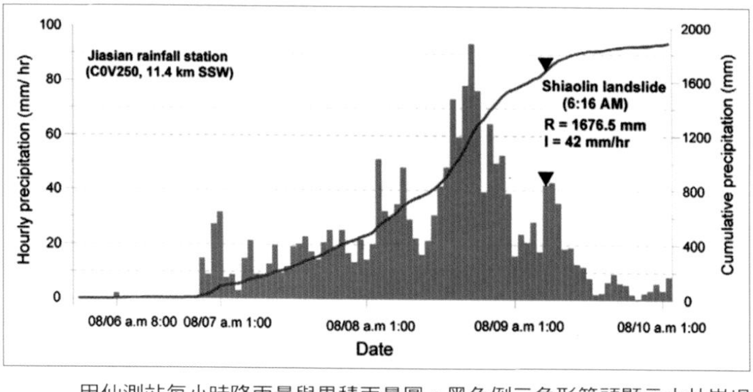

甲仙測站每小時降雨量與累積雨量圖。黑色倒三角形箭頭顯示小林崩塌發生時間。（圖片來源：引用自C.Y. Tsao et al. 2011）

堰塞湖潰堤後，旗山溪累積的水量混合大量的土石衝擊小林村剩餘住宅，是整個滅村事件的最終章。儘管土石流毀壞村落、破壞道路建物的新聞在臺灣頻傳，但沒有一次死亡人數比小林村滅村事件更加嚴重。大規模深層崩塌、加上堰塞湖潰堤後洪水似的土石流動發生，造成四百多位村民罹難，也占該次莫拉克風災總死亡人數的七成。

◑那瑪夏南沙魯村：降雨暫緩後的延遲性重災

莫拉克颱風導致的坡地災難還發生在比小林村更上游的那瑪夏鄉南沙魯村。在八月八日下午，那瑪夏鄉就已經發生一些野溪暴漲造成的小型土石流事件，但真正的危機發生在八月九日下午四點左右，當時山區的降雨暫歇，南沙魯國小卻在此時遭遇土石流侵襲，土石甚至隨聚落旁的納托爾薩溪水漫過堤防淘過村內街道，沖毀台二十一線部分路段，以及八十幾戶民宅。當時因為小林村災情慘重，所有媒體都集中報導當地災情，一直到南沙魯村有村民將災情傳給外界，大家才終於轉移部分焦點關注那瑪夏鄉的狀況。

高雄那瑪夏民生村上游，因山崩所造成的堰塞湖。（圖片來源：齊柏林先生執行中央地質調查所計畫於2009年11月8日拍攝）

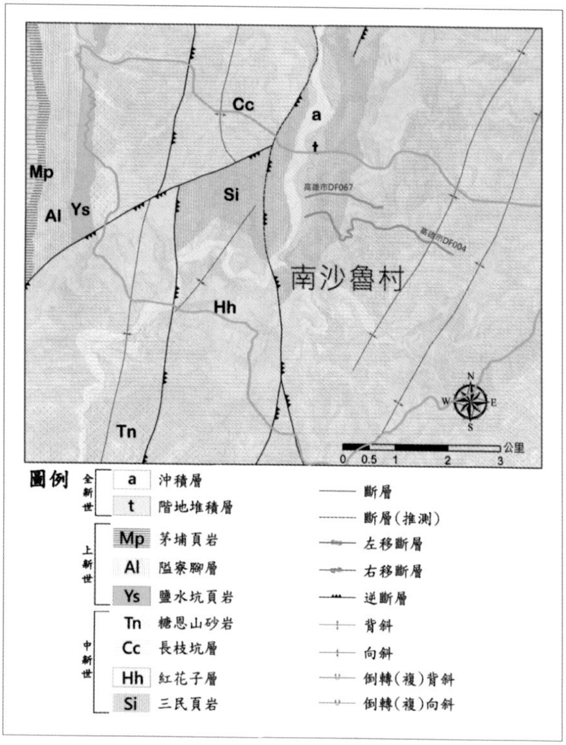

南沙魯村地質圖（圖片來源：中央地質調查所謝有忠繪製，引用自許志豪等人，2010）

南沙魯村位於旗山溪（楠梓仙溪）河岸，東側有兩條小的溪流匯入主河道，納托爾薩溪（編號高縣DF004土石流潛勢溪流）是其中最大條，也是造成南沙魯村嚴重土石流災害的主要因素。納托爾薩溪穿切以粉砂岩與細砂岩組成的紅花子層，以及更下方的三民頁岩兩地層構成的逆向坡。雖然是逆向坡，但在災害發生之前，這塊坡地表層早已覆蓋大量疏鬆的岩屑、以及過去淺層崩塌遺留的崩塌堆積物。在莫拉克風災期間，納托爾薩溪因長時間承接過多的雨量造成溪水暴漲，連帶沖刷、帶入兩側破碎的砂岩與頁岩塊，整條溪流兩側共三十二處崩塌，溪水挾帶大量土石先在納托爾薩溪河道堆積形成臨時性的堰塞湖，儘管雨停了，來自溪流上游的水繼續匯積在臨時的堰塞湖並壓迫土堤，最終土堤承受不住水壓而造成下游土石流災害發生。

莫拉克宛若戰爭過境（圖片來源：柯金源）

莫拉克重創林邊（圖片來源：成功大學防災中心）

3-3 西南沿海地區：水患與暴潮雙面夾擊

高雄山區坡地災害不斷，位於臺灣西南平原地區的鄉鎮也並不平靜。

二〇〇九年八月八日凌晨，持續不斷的暴雨讓屏東林邊溪溪水暴漲，夾雜自上游沖刷而來的土石，滾滾黃水衝擊著兩岸的防坡堤，堤防終究敵不過洪水猛獸侵襲而在多處潰堤，首先遭遇洪水突襲的，是位於林邊溪以南的佳冬鄉大同村、以及林邊溪以北的竹林村。大同村旁的堤防當時雖整修完沒多久，水位超過防洪標準，暴漲的洪水直接越過堤防淘蝕後方地基，又將大量的砂土帶到社區，洪水傾灌與泥砂堆積的雙重作用，讓大同村在溢堤後不到短短半小時就嚴重積水至半層樓高，居民只能倉促往自家上樓的樓梯間、平房屋頂等處逃難，重要傢俱也來不及搶救，就這樣泡在混濁的爛泥水中。林邊鄉竹林村的潰堤更加嚴重，該村位於林邊鄉主流與支流交匯處，過去並不是淹水重災區，但因莫拉克帶來的集中且龐大雨勢，讓老舊土堤承受不住洪水衝擊，河岸邊有長達三百五十多公尺出現潰堤狀況，大水就這樣直接灌入村中長達三天之久。隨著時間過去，這些地區的水位不減反增，到了當日下午兩三點時，大水已有兩層樓高。

再往下游位於林邊溪與臺鐵鐵道交匯處，洶湧的溪水沿著當初留給火車通過的開口傾洩而出，大量黃水快速灌入林邊鄉與佳冬鄉。大水傾灌村落的同時，灰沉沉的天空仍下著大雨、狂風也吹得路樹搖搖欲傾，這裡的水淹程度為近五十年來最為嚴重的一次，林邊佳冬一帶變成名符其實的水鄉澤國。

莫拉克颱風與西南氣流的結合，挾帶大量水氣，使臺灣多個縣市深受水患所苦。淹水嚴重地區包含中部地區的臺中東勢、西南地區的嘉義民雄與東石、臺南學甲與麻豆、高雄旗山、屏東林邊與佳冬、東部地區臺東金峰與太麻里也是深受水患所苦。這些地區的淹水深度皆達二至三公尺，探究淹水原因，除了超過歷史紀錄的降雨外，大致分成二類：河堤破損引致淹

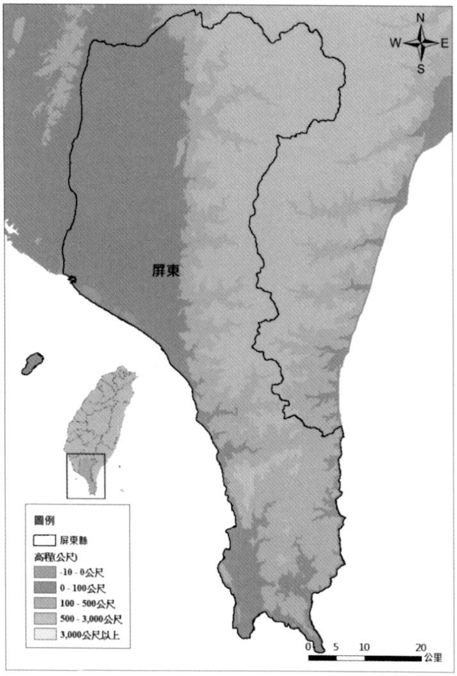

屏東地形圖（圖片來源：災防科技中心）

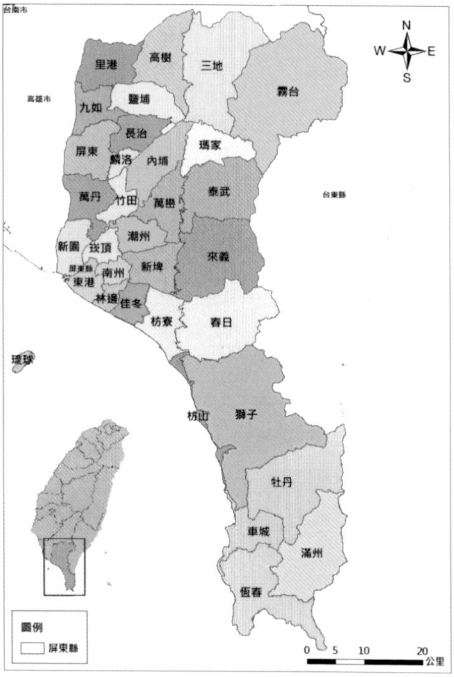

屏東地理位置圖（圖片來源：災防科技中心）

水，以及地層下陷區讓淹水災情更為嚴重。莫拉克風災期間，繼小林村崩塌外，最受關注的林邊佳冬水患災情，其主要成因就是河堤破損造成淹水，但這裡本身地勢低窪，也加劇了水患的災情。大水過後，上、中游帶出來的土砂造成下游河床、低窪地區淤積相當嚴重，也讓未來防洪工作更添困難。

◐不可逆的地層下陷

林邊與佳冬鄉位於屏東縣西部中段，為林邊溪向下游堆積而成的泛濫平原，此溪最終於林邊鄉出口到臺灣海峽，這一帶因地處熱帶季風氣候，適合栽種熱帶水果，主要發展農業及養殖漁業，但臺灣山脈高聳、河流湍急直流入海不易蓄水；當颱風襲臺，豐沛的水量又讓土地負荷不及。跟臺灣多數河川一樣，林邊溪也屬於這種「枯水期缺水、豐水期卻易有洪患」的荒溪型河川。只是果樹栽種與養殖漁業都需要足夠淡水，人們因此抽取純淨的地下水使用，長年抽取的結果就是使地層嚴重下陷。

地下水儲存在透水性良好的岩層中，主要來自高山天水（雨、雪等來自天上的水）滲入地下匯集而成，是構成疏鬆沖積地層的重要元素之一，它充填在土石、泥砂等沈積物之間的孔隙中，負責一部分支撐岩層荷重的功用。地下水也是臺灣重要的淡水資源，在許多西南平地聚落都常有打水井、取地下水使用之習慣；甚至在部分地區，當使用到深層的受壓含水層時，地下水會自然流出形成湧泉。

地下水的流通與補充在自然環境中通常呈現均衡的狀況，但當民生用水需求量增加時，地下水的抽取速率高於天水的補給速率，地下水位下降、地下水水量快速減少，除了水資源匱乏以外，地層也失去原有的支撐力而受到本身的重量下壓，使地層開始下陷。可怕的是，地層下陷會延續數十年的時間，且地層下陷就物理的機制來說，是一種不可逆的現象，也就是說一個地層下陷的地區是不可能再讓土地回到原有的高度。

地層下陷也可能為一種天然現象，例如新生地層因本身的重量產生的壓密作用、或是地下的構造作用所致，但臺灣近期的地層下陷現象幾乎都是人為所造成，加上地層下陷位置靠近沿海，海水容易倒灌造成水患，就算水退去，海水中的鹽分滲入沿海土壤中，會導致土壤鹽化[4]，地下水位下降海水入滲也同時會導致土壤鹽化，讓農作物難以存活。臺灣西南部多個沿海聚落皆為嚴重的地層下陷區，這裡的居住地甚至比海平面還低，政府每年都必須耗費龐大預算，修補與增高海岸堤防[5]，以防海水倒灌。修補堤防對於地層下陷是消極的，政府近年透過地下水的研究，推動地下水補注計畫，在沖積扇頂透水性好的地區，將雨水、逕流入滲到地下水層，補充地下水、減緩地層下陷。

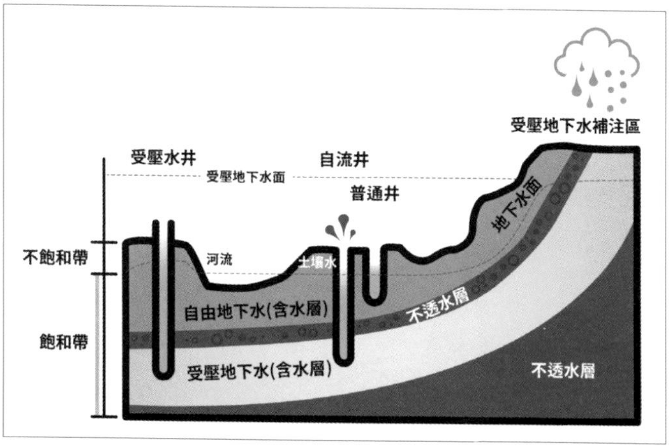

地層下的地下水結構（繪製：潘澄；參考來源：經濟部水利署地下水觀測網）

颱風帶來的暴潮

沿海地區平日就算處於地層下陷狀態，也不會那麼容易受海水倒灌侵擾，因沿岸的堤防本就針對當地的漲退潮位設計適宜高度，然而颱風侵臺時，海面可能高過平日漲潮的最高水位，形成「暴潮」，並越過堤防淹襲沿岸村落。暴潮與潮汐不同，並不是太陽—月球—地球相互之間的引力所致，而是因為颱風中心為低氣壓，而海水面受低壓影響，向上抬升，產生暴潮偏差。[6] 通常氣壓每下降一毫巴、水面可以上升一公分，所以當海水面受颱風影響，可能讓海面上升達一公尺高，就像是天然的大型氣壓計一般，且暴潮發生時如果剛好遇上農曆朔望月的天文大潮，也就是當暴潮水位疊加潮汐造成的最大水位，那造成的潮位高度會更加異常。

因暴潮受颱風的低壓影響，暴潮現象會隨著颱風移動而改變。當颱風中心經過沿海地帶，受暴潮的影響最大，高潮位的海水面，再堆積巨浪而淹溢海岸時，就造成了重大危害。我們常聽到臺灣西南地區於颱風天受「海水倒灌」情形嚴重，其實就是因為此區有嚴重地層下陷情形，當雨落在地層下陷區，加上暴潮的高水位，陸地上的水無法靠著水由高處往低處流的重力排水排至海洋，再加上暴潮溢淹影響，雨水與海水就會聚積在此不易排出。

除了災情慘重的林邊與佳冬鄉，莫拉克期間因地層下陷因素遭暴潮海水倒灌影響的地區還包含嘉義東石布袋、彰化縣大城鄉與雲林口湖四湖地區。地層下陷所帶來的接連問題早已出現好多年，如果選擇與環境做賭注，持續過量抽取地下水使用，這片土地勢必還得面臨未來無數個颱風所帶來的可能危害。

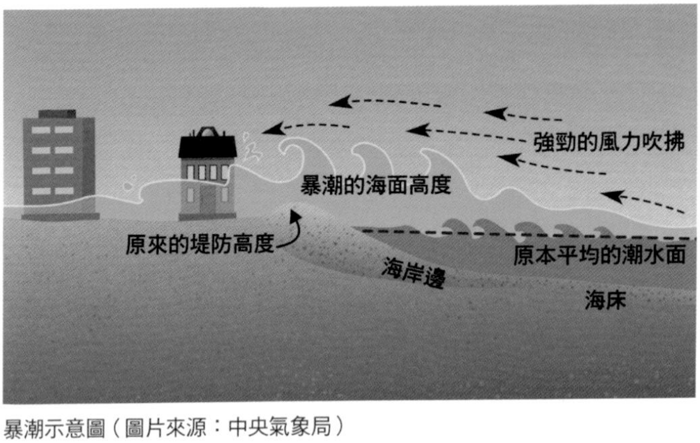

暴潮示意圖（圖片來源：中央氣象局）

3-4 建物損害：知本溫泉區店家重創、高屏溪沿線橋梁全毀

臺灣眾多高山聳立、坡度陡峭、溪谷又窄又深且水流湍急，當暴雨匯入狹窄的河谷、順著陡峭地勢往下游流動，很容易造成橋梁以及河岸兩側的破壞。莫拉克颱風所帶來高強度又長時間的降雨，除了造成像小林村、南沙魯村等坡地災害外，中南部以及東部許多河系因短期內承接過多水量，在河道沿岸多處都有洪患災情，暴漲的溪水擁有比往常更強大的侵蝕力。

地形特徵也可能加劇河川的侵蝕能力。具有蜿蜒特徵的「曲流」，將河川的侵蝕與堆積能力於河道轉彎處做分化：河道向河岸內凹處稱為「凹岸」，也稱為「攻擊坡」，是河道中最容易受河水侵蝕的位置；河岸突出的部分則為「凸岸」，或稱「堆積坡」，此處河水流速較慢，容易讓沉積物堆積在此。攻擊坡一側建物被破壞的風險比堆積坡高很多，尤其颱風或其他氣象因素帶來的雨勢使溪水水量增強時，攻擊坡很有機會在短時間內被大規模破壞。位於臺東知本溪的金帥飯店倒塌事件，就是這樣的典型案例。

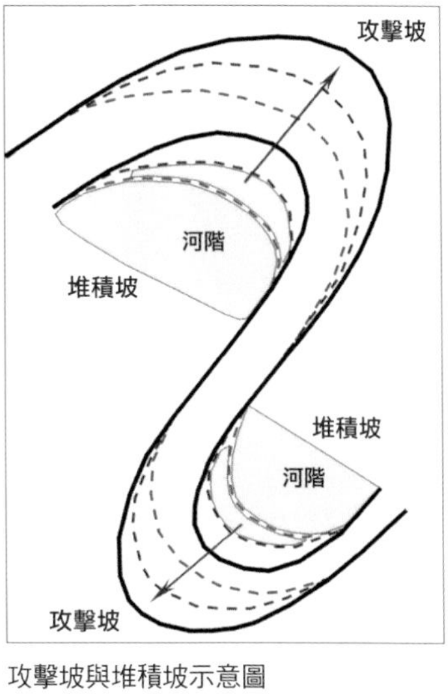

攻擊坡與堆積坡示意圖
（圖片來源：阿山的地科研究室）

◐ 暴漲的河水吞噬了周圍的土地

金帥飯店於民國七十八年完工，首代經營者謝見成先生因愛上知本這塊土地而在此定居，打造了當

時第一間現代高樓溫泉飯店，成為知本溫泉的重要地標，之後其他的溫泉旅館如雨後春筍般誕生，商家興起，帶動了地方繁榮。金帥飯店並非建立在知本溪河岸的建築，建築與河岸之間仍有一段距離，中間包含商店街與多家小吃店，但是飯店與這些溫泉商家其實座落於知本溪攻擊坡一側，在莫拉克颱風帶來的強大豪雨澆灌下，知本溪變得比往常更加湍急兇猛，最靠近河岸的商家先陸續被暴漲的溪流吞噬，最終侵襲到更內陸的金帥飯店。

在莫拉克風災期間，八月九日上午十一點三十八分，金帥飯店先因為地基不斷被溪流淘空而像比薩斜塔般傾斜硬撐著，最終建物重心位置超過地基所能支撐的範圍，金帥飯店就在眾目睽睽之下應聲倒塌，轟然聲響嚇壞了周遭觀望的民眾，沒過多久，倒塌的金帥飯店又再被兇猛的知本溪洪水沖斷成兩截，散落的殘壁碎塊隨洶湧溪水帶往下游，一去不復返。這倒塌的瞬間畫面被眾多媒體記錄下來，新聞畫面不斷重複放送。今日就算沒親自經歷過，僅回顧影片，仍感受怵目驚心。

水在曲流河道中行進時，會不斷侵蝕攻擊坡使之向河岸內凹陷，且同時於堆積坡沈積岩塊土石使之向河道突出，這會讓曲流愈來愈彎，這也是為何現代工程會傾向將建物設於堆積坡，或是在攻擊坡設置堤防、護岸減緩侵蝕現象。金帥飯店的倒塌，是自然法則下血淋淋的悲劇案例。

金帥飯店座落於知本溪攻擊坡一側，於莫拉克風災時倒塌沖毀。
（圖片來源：柯金源）

然而，這不代表堆積坡的建物一定安全，當曲流河道水量超過一定程度時，過於彎曲的曲流反而成為水前進的障礙，此時溪水可能選擇直接漫過原有河道、淹沒堆積坡一側的河岸，朝地勢更低、地質更脆弱的方向截彎取直，以更快速地往下游前進。這也正是莫拉克風災期間，同樣位於臺東的太麻里金崙溫泉區遭遇災情的主要原因。當時金崙溪溪水暴漲，但河道過於彎曲，致使金崙溪溪水直接衝過金崙溫泉旅社與民宅區，造成水患災情。

更值得探究的是，金崙溫泉區的災害位置，其實為金崙溪的舊河道，只是因當時日本人開墾此地溫泉，另闢河道讓金崙溪轉彎，舊河道位址才逐漸規劃成溫泉街。此次金崙溫泉區的災情，就像是大自然強制要求人類還地於河似的。[7]

為什麼橋都斷了

暴漲的溪水對河岸有顯著破壞力，河床上的橋梁建築當然更易受洪水猛獸的侵擾而損毀，莫拉克中南部災情中，屬高屏溪橋梁損壞規模與程度最為嚴重。

高屏溪包含旗山溪、荖濃溪、美濃溪、隘寮溪、武洛溪、濁口溪等支流，跨河橋梁無數。莫拉克風災期間，高屏溪水系的橋梁有五十四座損害，其中有二十七座位於荖濃溪、二十一座位於旗山溪，高屏溪支流的橋梁幾乎無一倖免。破壞橋梁的主要因素來自大量湍急濁水、土石流潛勢溪流、崩塌、堰塞湖、河道沖刷等作用，甚至大量漂流木都是破壞橋梁的原因。但若再細緻探究，原有橋梁所在的海拔會受到不同類型的作用而破壞，像是海拔大於一百公尺的橋梁常常同時受到坡地崩塌、土石流侵襲等複合型環

莫拉克風災中雙園大橋崩毀（圖片來源：柯金源）

境因素影響而受損，在較低平地勢的橋梁則大多是因河水沖刷造成損傷。高屏溪流域橋梁損害最為著名的該屬雙園大橋。雙園大橋靠近高屏溪出海口，連接高雄市林園區與屏東縣新園鄉兩地，為高雄—屏東往返重要的幹道之一。但八月九日的凌晨，雙園大橋北上與南下橋段各有四百多公尺的橋面塌落，造成八車十二人落橋失蹤。

一般橋梁受洪水衝擊損壞，源自於橋墩束縮河道斷面造成流場的改變，當相同的水量突然從較窄的河道流過時，水的流速加劇且造成渦流，會使橋墩受到比往常更大、方向更多變的河水衝擊力作用，因此更容易造成損傷。河水除了可直接衝擊、或以渦流侵蝕橋墩，也可能淘蝕河床使橋墩地基不穩，或是沖刷堤岸使橋臺受損。有時河水暴漲可能使水位超過橋梁高度，因而溢出造成橋梁面板破壞。除此之外，河川挾帶的土石、泥砂、漂流木、甚至各種漂流物，都可能加劇橋墩受衝擊後的損害程度；這些雜物也可能堵塞在橋墩處，進而改變主流方向，使橋墩承受非預期方向的

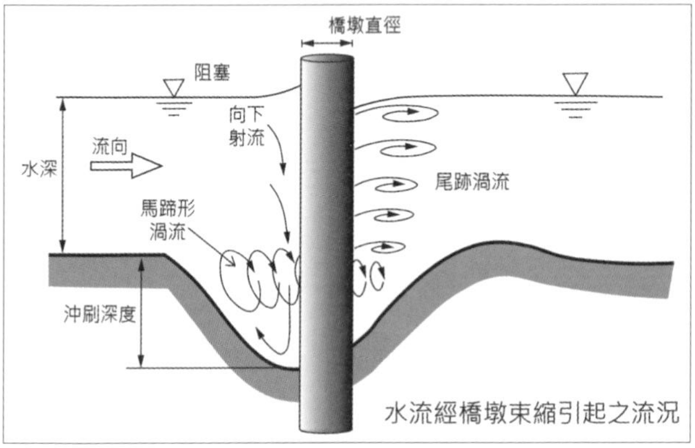

水流經過河川橋墩因通水斷面束縮引起的沖刷機制
（繪製：廖倩儀；參考來源：陳賜賢，2011）

力量而被破壞。

雙園大橋這次會有如此大規模的損害，也不離上述幾個因素。雙園大橋全長二．八公里，有高達六十八個跨距，縱使如此長的橋梁，其所含的橋墩數量仍然算是密集；再加上雙園大橋由新舊兩橋相併而成，造成高屏溪流經至此處會有大幅度的束縮。八八風災期間，高屏溪上游因多處崩塌、河岸侵蝕而為下游帶來大量土石，暴漲的河水還同時運載了大量的漂流木。當這些大型漂流木流經狹窄的雙園大橋橋下，很容易就被橋墩卡住阻擋溪水的流動。橋墩與漂流木出乎意料地組成臨時的水壩、承受著暴漲溪水的沖刷力；高屏溪主流也因橋墩堵塞改變主流方向，溪水以斜角方向沖刷橋墩，使得橋墩的受力範圍大增，這些狀況促使雙園大橋抵擋不住洪水攻擊而塌落。

◐ 次生災害：無聲侵襲的漂流木

因莫拉克風災隨溪水帶至下游的大量漂流木造成農地的破壞，也使沿岸漁船出海不便，這算是莫拉克所帶來的次生災害。儘管林務局、當地縣政府與軍方於八月九日下午立即聯合協助清理，仍有大量的漂流木集中在高雄、屏東、臺東的河岸、低地農田、漁港以及海灘地區。從高空放眼望去，八八風災後的臺灣沿海地帶盡是殘破枯木構成的褐黃海灘，在陸地與海洋之間形成天然的屏障。二〇〇九年底之統計，風災過後的漂流木總清理量約為一〇三萬公噸，清理完成度約為七成。

漂流木堆積嚴重的漁港包含富岡、新蘭、金樽、新港及朗島等五個地點，其中富岡漁港因為是綠島、蘭嶼等離島地區居民必經港口，當時中央與地方全力花費九天時間，才至少讓漁船能自由進出；再來考量農民的耕期，政府陸續協助讓占據農地的漂流木搬移至他處。但最難清理的還是那些占據海面的漂流木，這些海上漂流木必須派漁船出海進行拖運，但龐大的數量讓清理作業更加困難、清理成本持續攀升；加上海上漂流木容易受海水波動影響，時常被潮流帶至漁港與周遭灘地，清理作業像是夢魘永無止盡似地進行著。儘管至該年底已清理大量的漂流木，有學者利用衛星影像判釋，認為除了南部沿海受漂流木影響甚鉅，全臺海岸其實仍有因莫拉克颱風所造成的漂流木堆放現象，可以想見漂流木堆積對環境的影響是非常長遠的。[8]

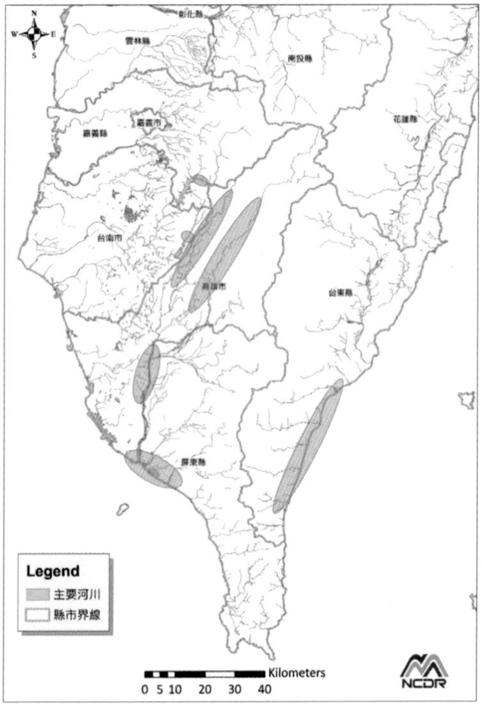

莫拉克颱風漂流木主要淤積分布
（圖片來源：災防科技中心）

漂流木事件引起眾人猜想：「這是否是老天對人類濫墾濫伐所做的懲罰？」又有人擔憂：「是否這揭發了臺灣仍有山老鼠在林區違法砍木？」慶幸的是，經由林務局人員的調查，這次被沖刷至出海口的漂流木沒有被砍伐造成的銳利斷口，而多是呈現自然折斷產生的纖維構造；很多漂流木仍保有樹根，而表皮嚴重受損，樹皮與樹葉幾乎脫落，說明大量漂流木的成因是上游山區的樹木隨土石崩塌、連根一同落入溪水中、再一路被搬運到下游所致，搬運過程中樹木受洪水反覆翻滾、並與水中土石撞擊、互磨使表皮破損。颱風過後常見漂流木堆積，只因莫拉克風災造成山區出現比往常更大規模的崩塌現象，這次的漂流木災害才會如此嚴重。雖然林務局的調查解決了人民心中的擔憂，但不可否認漂流木事件重新喚起民眾的環保意識，也讓民眾瞭解天災具有破壞性的威力，當我們對土地的使用不夠謹慎，人類很容易受到大自然的反噬。

3-5 颱風引起的次要「風」災：焚風、鹽風

颱風與地形的交互作用，也會帶來一種與降雨無關的「災害」——焚風。

焚風又稱為「火燒風」，是一種出現在山脈背風面的乾熱風，根據氣流中水氣的量，也就是「溼度」，可將焚風程度分成三個等級，其中溼度介於五五%至六五%為輕度焚風、溼度介於四五%至五五%為中度焚風、溼度小於四五%則為強度焚風。在臺

莫拉克後臺東海岸的漂流木（圖片來源：柯金源）

灣，焚風災害經常由颱風侵襲時伴隨而生，而且多發生在東部的花蓮與臺東地區，這或許與一般民眾所想像的情形並不相同，畢竟颱風如果由東向西而來，東部地區似乎應該要受到水與風的肆虐，而非風與熱的騷擾。要瞭解其中的原因，必須從颱風環流與臺灣地形作用的每個階段一步步檢視。

大多數的颱風都是由臺灣東部偏北一段侵襲臺灣，此時颱風逆時針旋轉的特性使得山脈以西的地區會直接受到颱風外圍環流西北向的風侵襲，這些強風伴隨豐沛的水氣，順著地勢向東回擊、並沿著山坡向上抬升。氣流隨高度增加而溫度遞減，通常每上升一百公尺，空氣溫度可下降攝氏〇・六度，當溫度降至露點[9]時，水氣開始凝結成水滴，在山脈西側的高處降起大雨。

但當這些氣流繼續順著地勢繞過山頭、來到山脈的東側，氣流中的水氣已經明顯減少而變得乾燥，乾燥氣流順著坡地向臺灣東側移動時，氣流的溫度隨著地勢下降而升高，且溫度變化量更大，每下降一百公尺，約可上升攝氏一度，當氣流降至地面時，可能造就三十五度以上、甚至達四十度的乾熱風。

這樣高溫的風襲來，任誰都難以忍受，甚至可能出現熱昏厥的情形發生；植物、甚至是農作物通常也不敵如此高溫的風，在焚風肆虐期間，植物可能脫水、甚至枯死，這對農民來說是很嚴重的損失，像是二〇〇七年柯羅莎颱風（Krosa）過境後，在花蓮地區產生高達攝氏三十七度的焚風，讓二期稻作無法授粉形成「空穗」；而二〇〇八年辛樂克強烈颱風曾讓臺東承受連續十八小時的焚風，使當地出現釋迦黑化、茶園嫩芽被烤乾等狀況，整體農作物損失不輕。

颱風所帶來另一種較不為人注意的風災則是「鹽風」，這是強勁的颱風在海面引起滔天巨浪時，富含鹽分的浪花被打散在空中、並被颱風帶至陸地上的現象。當這些富含鹽分的水氣附著在植物上，鹽水與植物體內鹽分差異產生滲透作用，容易使植物脫水而死；而若鹽水依附在電線上，可能產生漏電、進而引起災害。沿海地區通常更有可能受到颱風引致的鹽風吹襲，像是彰化地區在過去曾有幾次鹽風災害的報導，因高鹽度的水氣在颱風期間肆虐，當地許多農作變得枯黃攤軟如醃菜，電力設施也因為鹽風作祟而受損，造成大停電。所以儘管焚風與鹽風通常不會對人類生存有嚴重損傷，它們對農業的影響所帶來的後續效應仍是不容小覷。

每一次巨災過後，總是會出現一個新名詞為人所知，如小林村的大規模崩塌，但災難也是瞭解與反省人與自然關係的契機，另一方面，災難過後，也往往進入漫長修補與重生的困境。在《雨：文明、自然、科學，人與自然交織的億萬年紀事》一書中，曾提到天氣模型對預測氣溫、風速與風向是有效的，但預測降雨是出了名的困難，而瞭解過去的雨量與災害情況也是重要判斷的依據，因此莫拉克十年過去，我們仍需要瞭解災害，在不確定的災害中匍匐前進。

（本文作者：黃家俊）

注釋

1 莫拉克風災引發的連環災難稱為「災害鍊」，屬於複合型災害的一種。

2 學術上也將岩石碎屑與土壤混合物統稱為「岩屑層」（regolith）。

3 土壤液性限度（Liquid limit）指的是使土壤從具有易變形特徵之「塑性狀態」，到達可自由流動的「液態」所需的土壤含水量。

4 就算沒有海水倒灌的現象，海水主動滲入土壤中，也會使沿海地區土壤鹽化。

5 事實上，堤防是無法無限制加高的。

6 暴潮偏差是僅由氣象因素使海面升降的水位值，可由測得的海水位值扣除日月等星體引力造成的天文潮位得來。

7 八八風災後針對太麻里溪，政府就使用「還地於河」的思維進行整治。此處提及「還地於河」則純為比喻。

8 海岸漂流木不一定會成為環境問題，因漂流木就自然角度來看，本來就是稀鬆平常，對生態有意義的現象。其中對人類最明顯有用的功能，莫過於協助海岸定砂。

9 露點（dew point temperature）為固定氣壓下，空氣中所含的氣態水達到飽和而凝結成液態水所需要降至的溫度。

參考文獻

1. 〈颱風百問〉，中央氣象局網站：https://www.cwb.gov.tw/V7/knowledge/encyclopedia/ty000.htm。

2. 〈地層下陷災害與防災〉，氣候天氣災害研究中心網站：http://www.wcdr.ntu.edu.tw/223202365219979385192879723475332873845028797.html。

3. 張存薇，〈柯羅莎加焚風 農損逾八千萬〉（二〇〇七年十月九日），《自由時報》：https://news.ltn.com.tw/news/local/paper/159631。

4. 章明哲，〈臺東縣焚風持續十八小時 氣象局：罕見現象〉（二〇〇八年九月十四日），《公視新聞》：https://news.pts.org.tw/article/96224?NEENO=96224。

5. 呂權恩，〈關於颱風你不能不知的災害——「鹽風」〉（二〇一五年十月九日），《泛科學》：https://pansci.asia/archives/86459。

6. 湯世名，〈鹽風害樹黃、停電 專家看法互異〉（二〇一六年十月一日），《自由時報》：https://news.ltn.com.tw/news/local/paper/1037353。

7. 魏倫瑋等人，〈深層崩塌支地貌特徵——以臺灣南部地區為例〉，《中興工程》第一一五期（二〇一二年），頁三五至四三。

8. 李延彥，《高雄市小林崩塌地之地質及引發山崩之機制研究》，國立成功大學地球科學所碩士論文（二〇一一年）。

9. 李延彥等人，〈高雄小林村地層滑動之地質環境及其引發崩塌機制之研究〉，《西太平洋地質科學》第一二卷第一期（二〇一二年）。

10. 李錫堤等人，〈小林村災變之地質背景探討〉，《地工技術》第一二二期（二〇〇九年），頁八七至九四。

11. 張文和等人，〈地質構造為促進颱風誘發山崩之重要因子：以二〇〇九年莫拉克風災小林村為例〉，《西太平洋地質科學》第一二卷第一期（二〇一二年）。

12. 游永福，〈「一六〇〇公尺獻肚山，崩塌為六〇〇公尺小山」報導之追蹤〉，《高雄文獻》第四卷第一期（二〇一四年）。

13. 許志豪等人，〈莫拉克風災引致南沙魯村重大土石流災害探討〉，*Taiwan Rock Engineering Symposium*, 2010。

14. 陳宏宇等人，〈日本廣島土石流災害現勘——出國報告書〉，國家災害防救科技中心，二〇一四年。

15. 鄭錦桐等人，〈莫拉克颱風臺東地區流域複合型地工災害探討〉，《地工技術》第一二二期（二〇〇九年）。

16. 邱永芳等人，〈莫拉克颱風造成橋樑損害之探討〉，交通部運輸研究所，二〇一二年。

17. 陳賜賢，〈河川橋樑破壞原因探討——以莫拉克颱風雙園大橋為例〉，《水利技師公會水利會訊》第十四期（二〇一一年）。

18. 莊卉婕等人，〈颱風引起山區暴雨造成海岸漂流木對海洋環境衝擊之研究〉，收入《第三十三屆海洋工程研討會論文集》（高雄：國立高雄海洋科技大學，二〇一一年）。

19. 胡志宜，〈談八八水災漂流木座談會紀實〉，《臺灣林業雙月刊》第三五卷第五期（二〇〇九年）。

20. 張獻仁等人，〈莫拉克風災漂流木形成原因之探討〉，《行政院農委會——農政與農情》第二〇八期（二〇〇九年）。

CHAPTER

04

回得去嗎？

重建的故事與人

小林大愛村永久屋（攝影：許震唐）

重憶災難現場，滿目瘡痍不是形容詞，卡車超現實地掛在電線杆上，美麗平靜的山城小鎮彷若戰場，讓人流淚糾結。災難對於一個親身經歷的人而言，非三言兩語可以道盡，更何況是在災難中失去家庭的人。災難不僅直接衝擊生命，也衝擊脆弱的人性，心靈的創傷，是一輩子也無法癒合的傷口，甚至成為倖存者一生的自我質疑。

許多人失去熟悉的生活、失去賴以為生的土地及產業，第一時間的救災與緊急安置，得以讓人心暫時安定，不必擔心生活流離失所。災後第七日，行政院成立莫拉克颱風災後重建推動委員會統籌指揮，並研擬災後重建計畫。

災後制定的《莫拉克颱風災後重建特別條例》，原定三年、後追加兩年，五年的重建期，政府與民間合作，統計數據可見：一、就業輔導：五十九班災區職業訓練，辦理就業輔導計畫，求職就業率九三．二九％；二、生活重建：八十萬七千五百四十五人次；三、心理重建：六千三百四十五人次；四、文化重建：四千三百七十八人次；五、永久屋興建：三千四百四十一戶。

這些冷冰冰的數字背後，我們無法看到的是無數人的努力與奉獻，特別是受災區域大多屬於正在衰退中的偏鄉地區，經歷災難更加速地方的衰退與人口外流。社區如何恢復原本的生活？地方經歷重建後，如何振興文化與地方認同？如何把握重建的契機，打造一個安居樂業的環境？如何走過災難，讓人們重建希望與互助關懷的社會？

經歷一九九九年九二一大地震洗禮後，二〇〇九年莫拉克風災的重建有許多九二一的經驗援引。重建計畫當中，政府被賦予擔任重建民眾生活的角色[1]，第一時間啟動緊急安置；第二階段轉入中長期的生活復原，扮演制定決策者、監督者與資源協調者。到了第三階段，重建區的整體工作必須回到民間，讓民間取回主導權，政府轉換為協調者的角色。後期的重建工作，回到了社區及生活，由民眾自行扮演社區及生活發動機。

這裡的五則故事，讓我們看到這三個階段的過程如何逐一在各個部落與村落展開，而重建行動者的心路歷程又是如何與之牽繫拉動。災難不只摧毀了硬體，受災嚴重區域的城鄉發展不均、長年累月積累的結構性問題，也一併在受災、重建過程中被揭露，這使得重建不只局限於地域，更是臺灣社會整體的一個縮影。

高雄甲仙小林村，在崩山事件中傷亡最為慘重，然而，小林人並不喜歡外界對他們投以「災民」的同情眼光。日光小林社區用「大滿舞團」向社會宣告，小林人還在，而且可以活得更好。

另一個山區原住民部落阿里山來吉，則因永久屋政策不斷凸顯衝突，不僅造成部落的危機意識，更引發抗爭。災後重建應著重觀光發展？或是重拾部落文化傳承？傳統力量有可能引領部落重新凝聚被撕裂的情感嗎？

曾是著名的山區溫泉鄉寶來，災後從榮景跌到谷底，蕭條凋敝。在即將放棄的緊要關頭，卻有一股力量讓這群偏鄉社區夥伴重振勇氣，走上共生共好的社會企業理想道路。

來到海線。臺東南迴四鄉的金峰鄉壢坵以小米復耕計畫，試圖在災後找回迷失的自己，在文化的基礎上幫助地方重新自我認同。臺灣西南海岸的屏東林邊環境脆弱、地層下陷嚴重，是莫拉克另一個重災區。當地社區組織利用災後重建契機，從再生能源議題出發，讓外界重新看到偏鄉小鎮的光芒。

莫拉克災區大多位於正在衰退中的南部與山區偏鄉，不僅自然環境脆危，社會經濟能力也薄弱，這使我們看到臺灣的弱勢地區承受發展不均的困境時，卻也首當其衝面對環境衝擊。

不知是幸或不幸，藉由莫拉克這般規模的國家級災難，提供了行動者歷史機遇，得以一併去面對受災區整體社會經濟文化的問題，而非僅僅只是恢復到災前的樣貌。這使得重建被賦予更重要的創造性意涵——如何藉由重建契機去創造一個更進步的社會。

4-1 高雄甲仙．小林．大滿舞團：傳統儀式把族人重新串起來

◐災難，天人永隔

二〇〇九年八月七日傍晚，徐大林準備出門換班，他的工地在那瑪夏民族附近，是越域引水工程。[2]按照習慣，他出門前總是要先跟母親打聲招呼，但因大雨連下數日，八十多歲老母親午睡還未起身，徐大林只好悻悻然走出家門。

豪雨導致交通中斷，路不通，工地開始浸水，鄰近村落有幾位部落居民加入避難的行列，十幾位工程人員帶著食物飲水隨同往山上避難求生，其中包括擔架上八十幾歲的部落老人，一行人抬著擔架穿越泥濘的樹林，爬上鄰近的山頂避難。

當時從山坡往下望，洪水已經蓋過工程現場，沖走了一切。

在山上等待救援，與外界中斷聯繫，直到第三天八月十一日，才聯絡上直升機前來救援，徐大林搭乘的是第三架直升機。

頂過強大風阻登上直升機，緩緩升空，很快就越過一大片土石崩塌地。直升機駕駛說這裡就是小林

小林村崩塌於楠梓仙溪的土石（攝影：柯金源，於2010年1月）

村。徐大林大喊，「不是、這裡不是小林村，小林是這樣一條路長長的穿過兩排房子……」

直升機的正駕駛與副駕駛對望，回頭說：「阿北，你不知道小林村山崩，已經被土石流掩埋了嗎？」

徐大林心都碎了。眼淚奪眶而出，用全身的力氣哀嚎出來……

事後徐大林回想：「當時心肝強欲碎去，攏總去了了，八十老母、弟弟全家人都沒了，一股衝動要往下跳。」

旁邊的人看徐大林作勢往外衝，連忙拉住徐大林，幸好他當時情緒崩潰腳軟無力，否則恐怕旁人也拉不住壯碩的大林叔叔。

徐大林最難過的是，八月七日那天晚上前往工地輪班，大雨中母親睡著，所以無法對她說聲「我出門了」，而這一夜，竟是能夠告別的最後一次機會。

災後的徐大林，有好長一段時間幾乎遺失記憶，如行屍走肉。他說沒有辦法，如果不遺忘這些悲傷的事：「心肝真痛，睏未落眠。」

◑ 一度失落的平埔認同

關於小林村地名由來有二說，一是日治時期一位警察的姓氏叫小林，實際上學者翻閱日治期間警察文獻，並無姓氏小林的駐警。二乃根據小林村人自身的口傳歷史，先人來到小林時，認為這片靠近河流的平坦臺地適宜定居，因其上有一片小樹林而命名。[3]

噍吧哖事件[4]後，小林人被集體安置；而國府遷臺後，持續的國語政策、復興民族的歷史敘事，加上漢人社會的歧視，為了保護後代，小林人幾乎不提平埔身分，族語失傳大半，「番太祖[5]」的傳統信仰只能懵懵懂懂地理解。

戰後四〇、五〇年代，由於嘉南地區人口稠密、土地缺少，嘉義的農業移民陸續遷居小林，開墾山林。隨著小林村人口逐漸增多，下轄分為兩個聚落，其中一鄰到八鄰名為五里埔，九鄰到十八鄰則為小林。

災前的小林，正如同大多數臺灣農村的命運，面對人口老化、青壯外移而嚴重衰敗，大部分小林村的年輕人一旦外出就學或就業，便少有再回小林了，留守的村民以中高齡為主，農村該有的社經脆弱困境一樣不少。

親人皆逝，不知該為誰打拚？

一九八〇年次的王民亮，國中離開小林前往高雄市區升學，畢業以後長年在都市就業。莫拉克風災，王民亮忍住悲痛回到小林處理三位至親後事，之後再度北返，希望透過工作，彷彿無事發生般地日復一日生活。

小林許多年輕人由於長期出外求學工作，對村里的日常生活、人際網絡並不熟悉，就像王民亮，災後第一年帶著逃避的心情離開，實際上是充滿徬徨，希望藉由慣常的生活軌道遺忘悲痛。

王民亮回憶小時候，母親早出晚歸去阿里山採茶。採茶女工是以茶菁重量計算工錢，有時一天不到一千塊錢。這段幼年回憶對王民亮產生影響，希望自己長大後趕快出外工作，賺錢改善家中經濟。然而，災後家人離世，賺錢打拚的目標已經消失，雖然回到小林的念頭在腦海中翻來覆去，面對人事已非的故鄉，失去至親家園的悲痛，回去，究竟還能做什麼呢？

莫拉克後重回故鄉的青年王民亮
（攝影：許震唐）

想家的念頭仍逐漸膨脹，王民亮終於在災後一年決定南返高雄。小林村已遭土石掩埋，能夠重新安身立命的家又在哪裡？

災後，小林村一分為三

莫拉克災後的倖存者與小林村人共有兩百七十戶，雖然小林村村民祈盼能夠繼續團聚不再分離，但在重建過程中，居民與政府單位、援建的慈善團體經過無數次協商討論，都因為不同的訴求與意願未能有共識，最終只能走向分居三處的無奈。

最初提供的選項在杉林月眉，由慈濟基金會興建的大愛園區做為永久屋基地，提供了災區數千居民安置。因小林村民不希望再被分散，大愛另為小林村民規劃一處「小愛小林社區」，有六十戶小林人選擇這個方案。大家無不盼望能早點安頓，及早進駐永久屋。

第二處是在原本的小林村內，未受災害影響的五里埔地區，由紅十字會興建。因基地可建範圍受限，僅有九十戶在此安置居住，此處離親人最近，可撫慰對故鄉的情感。

最後一處則由一百二十戶小林居民爭取，在原杉林鄉上平里的台糖基地，興建「日光小林社區」。這一群人以年輕人居多，他們不願進駐大愛園區、而五里埔土地又受限，因此堅持到最後，成為一個獨立社區。

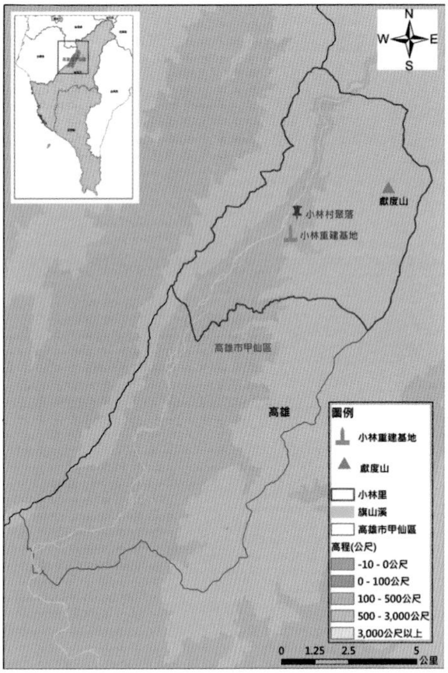

小林重建位置圖（圖片來源：災防科技中心）

①②大愛園區永久屋（攝影：許震唐）

③④五里埔永久屋，是小林原居地，因此公廨在此。公廨為平埔族人重要集會所，且具祭祀祖靈功能。（攝影：許震唐）

⑤最後完成的永久屋：日光小林社區（攝影：許震唐）

就居民情感而言，災後的小林人原先最希望爭取團聚於五里埔重建，卻由於土地徵收以及水源缺乏而無法圓滿；另一方面，多數人不願進駐大愛園區，最後導致小林村一分為三。

◐ 大滿舞團成立

二〇一一年年底最後一處永久屋「日光小林」即將落成，居民決議以傳統祭典的「牽戲」來迎接。然而，大部分熟悉牽戲的耆老已在風災中罹難，該怎麼辦？

當時王民亮回到故鄉，參與日光小林永久屋的社區重建事務，對王民亮而言，這次「牽戲」有重生的重大意義。他當時擔任重建方案的補助人力，負責規劃活動，從零開始籌備重組祭典舞團，做為一個長年旅居在外的小林人，從這個時刻才開始慢慢認識村民。

王民亮形容，「永久屋的生活像是一個大家庭，很多離開小林的人，災後回到小林，大家才開始學習如何共同生活。」

日光小林永久屋比起其他災後安置區的永久屋幸運，沒有不同族群與地區混居，日光小林擁有同為小林村人的血緣、地緣及情感關係支持。

二〇一一年十一月二十四日，重建會舉辦日光小林永久屋落成典禮，官方請居民準備慶祝的平埔傳統圍舞儀式，社區內同時也計劃舉辦內部的慶祝晚會，為了籌備這個表演，成了大滿舞團的起點。

落成表演以過去參與夜祭經驗的老人為基礎，但由於夜祭圍舞的老人大多在風災中罹難，此次舞者都是第一次參與，在缺乏基礎的情況下，王民亮請求原住民舞蹈老師協助，但後來發現其他族群的舞步似乎與村民不大協調，最後還是由村內女生自己來編舞。

慶祝永久屋落成的圍舞演出獲得好評，即便技巧尚未純熟，但是給了王民亮與村民很大的鼓勵。特別是災後人心渙散，動員村民排練的過程，讓大家覺得能夠一起跳舞的感覺實在很振奮，這股力量促使

大滿舞團復原傳統大武壠婚禮儀式，為族人的婚禮祝福。（圖片來源：〈上〉許震唐，〈左〉大滿舞團）

王民亮決心繼續把舞跳下去。

落成演出後，緊接著是二〇一二年由於法王達賴喇嘛造訪臺灣，舞團再次受邀演出。再一次受到鼓舞，老人家愈跳愈起勁。不論老年人或久經農事的中年大叔軀體如何生硬，一群人牽手的感覺很有力量，大夥一點也沒有解散的意願。

王民亮跟夥伴沒有就此滿足，開始講究平埔「牽戲」展演的服裝跟舞蹈如何更貼近大武壠文化，而大武壠這個身分背後的文化內涵究竟是什麼？

長期蹲點小林記錄平埔文化的

舞團反覆敘述過去大武壠的傳統生活，藉此形塑平埔族的族群意識。（圖片來源：大滿舞團）

簡文敏教授，為小林村提供線索，既然想知道自己的母文化是什麼，就取名大滿（音同「大武壠」＝TAUVOAN），以小林過去所屬發源於玉井盆地的「大武壠社」[6]做為團名。

「大滿」、「大武壠」的族名，成為王民亮與夥伴們，窮極氣力深挖自己族群文化與身世的開始。

日光小林社區動起來

災後那段日子，村民曾因環境陌生與心情低落，對生活感到疏離乏味，失去重心與軌道。舞團成立後，突然之間，生活再次有了重心。

大滿舞團的成員羅潘春美阿嬤是親歷災難的倖存者，災變那一天因為家屋在土石掩埋的邊緣一角，抱著九個月大的孫女奇蹟似地逃過災難，卻在災後持續一段時間，始終無法忘記逃跑的畫面。一邊奔跑、一邊因無力感哭喊，看著一輩子生活的村莊被巨大的山崩掩埋，春美阿嬤日裡倦怠、夜裡醒來。

小林村的災難倖存者，災後或多或少都有創傷後壓力症候群[7]的徵狀，無法走出憂鬱負面的情緒。羅潘春美阿嬤的兩個兒子想將阿嬤接到臺中、臺南奉養，但過沒兩三天阿嬤會焦慮急切地想回到日光小林永久屋。只有村人的相互陪伴，才能讓阿嬤有安全感。

大滿舞團一開始召募成員，僅有婦女參加，由於練舞的場地在日光小林活動中心，婦女的先生就聚在旁邊喝酒談天看排練。先生們在一旁看久了，也略知劇碼，偶缺人手或搬重物，喝酒的男生也跟著踏上表演舞臺。

由於永久屋的住戶很多都是災後返鄉居住的人，上一代的常住人口多於風災中罹難，因此新的鄰里關係不容易重新建

②|①
③

① 春美阿嬤（左一）藉由參與社區舞團演出，療癒受創的心靈，使她更不捨離開部落。
② 正在為排練暖身的徐大林。排練的時間也是村民們噓寒問暖、聯絡感情的時間。
③ 大滿舞團的排練時間，沒有參加舞團的家人就變成觀眾身分參與，男人們此時提著啤酒閒話家常，成為社區抒發情感相互關懷的時間。
（攝影：林吉洋）

立。為了照顧到每個成員的心理，排練休息時段，大家總會彼此鼓勵關心近況，特別節日也會一起過節。

因為大滿舞團每週兩次的排練，人群漸漸圍攏過來，災後沉鬱的氣氛一轉而為團體生活的熱鬧。老人家跟小孩有所依靠，大人們也不再獨自飲酒或藉故爭吵抒發情緒。

小林村還在！而且比過去更有自信、更有活力！

經過一段時間，王民亮跟夥伴們卻愈來愈感到只有跳舞實在不足以填補大武壠歷史文化的空缺，究竟自己的文化母體是什麼？必須回過頭來從基礎開始，透過文獻跟各種資料蒐集，重新拼湊大武壠族群的文化樣貌。

另一位小林青年徐銘駿，災後也回到日光小林投入大武壠的文化復振工作，希望從民俗植物調查與大武壠的手工藝這塊去累積與彌補缺憾，讓小林的孩子得以感知自己的文化母體。徐銘駿將編織工藝與民俗植物的研究出版，除了讓大武壠文化與族群自我認同，將文化復振落實在工藝與生活之中，更藉此與公眾交流，獲得當代意義。

讓失去家園的小林人重新找到自己文化的根，重新跟土地連結，找到歸屬感，找到可以依循的故事，有過去、現在、未

小林文化復振工作青年徐銘駿（圖片來源：徐銘駿）

來，徐銘駿認為唯有如此，日光小林永久屋才可能成為小林人真正的家。

對災後的小林人而言，貼上「災民」的標籤實在是一股難以言表的沉重，那象徵著「徬徨無力、等待幫助」的刻板印象，「小林滅村」這四個字每隔一陣子就會於媒體一再重覆，每聽到一次都是重新撕開一次好不容易結痂的傷口。

小林人感謝過去外界給予的幫助，但是更期待外界看到小林村用自己的力量站起來，徐銘駿語氣堅定地說：「小林村還在！而且會一直持續下去！只要人還在，Kuba[8]還在，信仰跟文化在，小林村就還在。小林村在我們的身上！你們可以繼續看到小林。」

王民亮跟徐銘駿這樣的小林村年輕人，從徘徊在城鄉邊緣，變成自身大武壠族裔的承擔者、傳播者，他們在災後的重建道路上找到身分認同、信仰與文化，將好不容易找回來的文化，盡可能地落實在生活中，重新以一個大武壠平埔族人的身分生活下去。

◐ 重生與希望：真正的生命共同體

自二〇一一年底成立後，大滿舞團來自公部門與民間的邀約不斷，團長王民亮為了舞團的成長，不斷訂下新的目標。從一開始團員不支薪的演出，存下經費慢慢累積，到了二〇一四年，大滿舞團自費前往日本三一一震災災區舉行義演，慰勞日本災民。「我們想藉由這次行動告訴大家，我們曾經受過幫助，現在也有能力去幫助別人。」王民亮道。

雖然表演邀約與計劃演出愈來愈多，大滿舞團的團員仍是不支薪演出，將每一次表演費用的結餘，

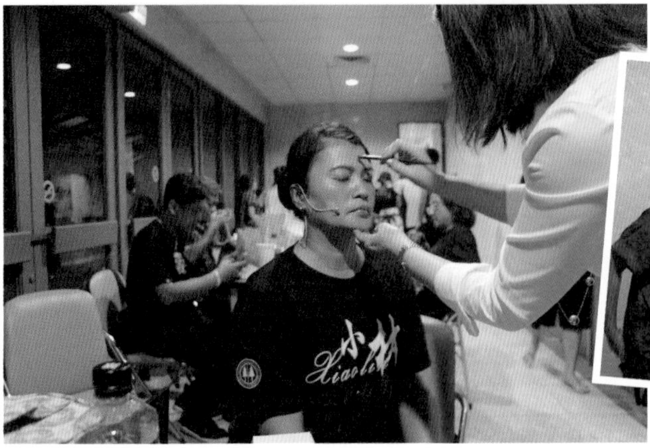

①
③②

① 春美阿嬤在舞台上扮演傳承大武壠傳統技藝的長者，現實上春美阿嬤也是小林傳統手藝的傳承者，演出自己的角色對春美阿嬤而言，有一種治癒創傷的效果。（攝影：林吉洋）
② 王民亮在後臺鼓勵小演員為上台前做準備（攝影：林吉洋）
③ 上妝準備演出的小林村婦女（攝影：林吉洋）

累積為舞團基金，維持舞團自主運作。

「每一次舞團出門演出，都會鼓勵團員邀請家人一起出門看表演，這很重要。為了節省經費，出門吃住簡單一些，舞團三十幾個人一起去，攜家帶眷一同前往。大家都很高興。」王民亮強調，大滿舞團真正重要的價值，在於那種大家一起完成一件事情的滿足感跟成就感。雖然團員並非專業舞者演員，但是每一次表演，團員們都會盡力展現最好的自己。團員們知道，站出去就是要代表小林村，告訴大家「我們過得很好，請大家不要擔心！」

長期投入小林大武壠文化研究的高苑科技大學教授簡文敏，災後持續陪伴倖存的小林村人，包括大滿舞團，都有他的參與。簡文敏認為，是跳舞讓居民走過災後的低潮，重拾生活的信心與希望，是跳舞讓小林村人得以相互陪伴，成為真正的生命共同體。

「大滿舞團真正能夠持續走下去的關鍵是全部人的集體行動，如果光是只有補助經費，那是遠遠不夠的。」簡文敏直切說出災後社區重建的重點。原本牽戲只是小林夜祭祭典儀式的一部分，透過重拾太祖信仰與大武壠文化，大滿舞團讓「牽戲」成為實質的「牽繫」。

從宗教社會學的角度闡釋，「儀式」的作用在於通過集體行為展演，讓團體的成員重新確認彼此的社會關係。大滿舞團以身體力行，讓日光小林的族人從一個一個失去信心與希望的人，透過牽手圍舞，重新聚在一起，成為一個真正的部落。

看著大滿舞團從無到有，追溯信仰根源、實踐文化於生活，凝聚個體成為一個大家庭，讓成員彼此交心、彼此分享、相互支持，簡文敏認為這是社區重建過程中最珍貴的資產。

小林舊址現在已建立一座紀念公園，小林村人還是都會在八月八日這一天回到舊小林祭拜，小林文物館也在五里埔園區落成。回首小林的悲劇已經過去十年，新的一代逐漸誕生成長，舊的一代在永久屋的生活也有新的軌道，災難的創傷逐漸被生活撫平。

災難帶來巨大的傷痛，卻也帶來重生的希望。災後的小林村人，有過低潮，也有人曾經想永遠離開小林。「經歷巨大的災難創傷之後，小林村的倖存者以復興大武壠的創新形象，逐漸遺忘那個悲情傷痛的過去。」如簡文敏所言，大滿舞團讓小林的生命共同體得以繼續走下去。

小林舊址紀念公園與公祠（攝影：許震唐）

（攝影：許震唐）

4-2 嘉義阿里山・鄒族來吉：縫合裂痕的母體召喚

嘉義縣番路鄉名取自於「通往番社的要道」，清領時期，這裡也是諸羅縣人通往阿里山與鄒族交易山產貨物的必經之路。過去交易的番路，現在發展為阿里山公路，由平原進入山區的地界，山勢對峙險峻，稱為觸口。

◑ 阿里山下的國際級觀光鄒族新村

沿台十八線阿里山公路行經三十一公里處，即是舊地名轆仔腳的地方，這裡有一大片莫拉克災後興建的永久屋，其中第三區的鄒族圖騰格外醒目，命名為「逐鹿社區」，取其義為狩獵之地。逐鹿社區是進入阿里山的旅行團休息站，一車一車的遊客在此停駁消費，觀賞阿里山鄒族青年男女歌舞演出，並在「逐鹿市集」採購農特產與文化商品。

莫拉克災後，為安置居民同時振興阿里山的觀光業，當時嘉義縣政府規劃將此處打造為「國際級觀光鄒族新村」。園區有鄒族歌舞表演場地，也會興建鄒族文化藝術

逐鹿部落是嘉義縣府眼中具有示範性的國際鄒族觀光部落，位於阿里山入口，由鄒族青年男女定時提供鄒族歌舞表演，配合市集販售商品。
（攝影：林吉洋）

館以及具備鄒族傳統意象的男子聚會所（Kuba），以做為觀光客入阿里山前的觀光部落據點，並設置市集販售部落農產、文化商品與特色餐飲服務。

按照嘉義縣府原先預想，逐鹿社區將會是一個成功的示範園區，結合避災安置與產業重建，將阿里山鄒族人由危險山區搬遷集中於平地的永久屋。憑藉阿里山公路絡繹不絕的觀光人潮，若能在入山前於逐鹿部落停留，欣賞鄒族舞蹈音樂演出，並於觀光市集消費，一定可以藉此創造並提供原住民就業機會。

嘉義縣政府完美的構想，卻不盡然被鄒族人領情。原先轆仔腳第三期永久屋（即現在的逐鹿部落）預計安置從阿里山遷下的二百七十餘戶鄒族人，實際上只有一百五十戶入住，接受安置下山定居的族人比預計少很多，因為仍有相當多數鄒族人不願遷出阿里山鄉原居地。

要瞭解問題癥結，必須回到災後初期一場破天荒的封路抗爭。

◐反對下山的封路抗爭

二〇一〇年四月二十四日，莫拉克災後第二百五十九天，來自阿里山各村落近一百五十名鄒族人陸續在阿里山公路（台十八線）集結，隨即拉起「鄒族宣示土地主權」、「文化屠殺」等布條，這一場破天荒的抗爭，意圖封閉阿里山公路。

抗爭的起因在於莫拉克災後的安置政策。當行政院宣示「離災不離村、離村不離鄉」，由受災部落自行提出的重建方案：山美部落選定的九號地、來吉部落選定的一五二林班地、樂野選定的湖底永久屋基地，一一遭到縣府否決。

嘉義縣府提出距離一個多小時車程的番路鄉轆仔腳基地，預計將阿里山受災部落之千餘位鄒族人搬遷下山安置，但這幾乎是阿里山三分之一的鄒族人口。阿里山是鄒族人的生存空間與文化母體，基於擔憂族人勢力大量撤出阿里山，縣府方案引發鄒族重建戶與文化工作者展開抗爭行動，抗爭的鄒族人燃放狼煙，抵制嘉義縣府構想的「國際級觀光鄒族新村」，怒吼「拒當櫥窗民族」。文化工作者認為鄒族人一旦失去阿里山的文化母體，會隨之失去自身文化與身分認同。

參與重建家園自主權行動的部落中，來吉部落是災後持續抗爭最久、最後一個重建完成的部落。來吉部落的重建歷程，適可反映災後「遷村安置」議題在敏感的部落社會中，所產生的衝擊與社會影響。

守護塔山的來吉部落

來吉村是一鄒族部落，位於阿里山的塔山山麓，地名由日治名稱「拉拉吉」（lalachi）」而來，部落四面環山、風景秀麗，自然資源豐富。

來吉鄒族人來自特富野大社，依照鄒族社會體系，來吉是從屬於特富野的小社，也被稱「塔山下永遠的部落」。鄒族相信，來吉部落座落於塔山下，肩負

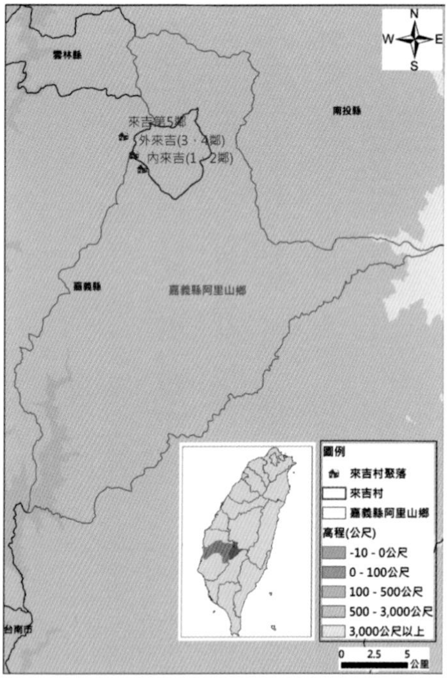

來吉地理位置圖（圖片來源：災防科技中心）

① 塔山一角　② 畫面中間最高峰為大塔山，山腰上的隧道是眠月鐵路。（攝影：游旨价）　②|①

守護鄒族人信仰神山的重要任務，傳說中塔山是鄒族人此生結束的魂歸之處。

來吉地勢上的特色是阿里山溪切割造成陡降河床，而河床帶來大量石塊，部落傳統建築即大量使用、鑿刻這些石材、石板以做為建材，舉凡步道、庭院、圍牆等，都可以看到來吉鑿石雕刻的工藝。

阿里山溪帶來石材提供鄒族人建造家園，然而當自然環境反撲時，河床與石頭卻也造成重大威脅，讓居民承受被迫遷移的命運。

莫拉克風災時，阿里山溪暴漲，夾帶巨量土石堆沖刷而下，抬高河床，河床與來吉部落臺地等高，假若當時再來一場暴雨，隨時可能造成部落進一步重創，族人因此人心惶惶。

有鑑於情勢緊急，嘉義縣府將來吉劃為受災「特定區域」，並預定按計畫實施遷村安置，未料到此舉造成爾後部落的分裂。

◐ 部落分裂，來吉重建路迢迢

來吉部落主要分內來吉（一、二鄰）與外來吉（三、四鄰），風災時，內來吉受災較為嚴重，尤其第一鄰緊鄰阿里山溪，相當危險。災後阿里山溪河床墊高，一旦豪雨成災，水位高過於部落，住家將成為土石流的衝擊面，因此提出迫切避難需求。

至於三、四鄰因為認為舊聚落是安全的，因此要求重建單位撤銷劃設「特定區域」，他們主張來吉很安全，沒有政策安置的迫切性。而且文化上，來吉部落有鄒族的傳統責任，須堅守傳統，守護大小塔山。

就此，來吉分裂為兩派，要求政府安置的一派組成「自救會」，另一邊拒絕離鄉、堅持在舊部落重建的組成「重建會」。兩方在部落內形成意見分裂、對抗，並在災後重建議題提出不同意見，各自立場有所堅持，遂難以整合。

要求安置計畫的「自救會」，在二〇一〇年四月發起阿里山公路封路抗爭行動，拒絕下山安置。在村長陳有福率領下，來吉自救會發起多次集體行動，爭取在阿里山鄉內的鄒族傳統領域——一五二林班地進行重建。

來吉部落三地重建位置圖（圖片來源：災防科技中心）

而反對遷村的重建會在同年六月向縣府遞出「撤銷劃定來吉一至四鄰特定區域意願書」，透過民代斡旋與抗爭行動，政府於八月撤銷來吉「劃設特定區域」之公告。

撤銷公告後，來吉部落得以免去遷村命運；然而爭取一五二林班地興建永久屋的「自救會」四十二戶族人，未來家園仍遲遲沒有著落。另外，一部分來吉族人在等不到部落有共識的情況下，因住屋急迫需求，便按照縣府重建單位原本的規畫，入住番路鄉轆仔腳「逐鹿社區」。

來吉部落就此一分為三。一是留在舊來吉部落生活的人，占部落原本人口過半；二是接受政府安排入住轆仔腳；三則是持續爭取一五二林班地的自救會族人。來吉部落因重建過程導致的分裂對立，在十年後，仍未完全復原。

最後一個完工的永久屋：得恩亞納

自救會欲爭取的永久屋基地屬林務局一五二林班地，過程幾經波折，除了專家以地質不佳提出否決意見外，尤其一五二林班地位處偏遠，道路與橋梁設施是一大困難，因此嘉義縣政府在一五二林班地重建計畫上多次否決。但自救會會長陳有福的抗爭行動，在教會與社會力量支持下也堅不退讓，經歷多次協商仍未有結果。

一五二林班地位處十字村，屬漢人村落，陳有福指出，許多漢人農戶在林班地發展農業，是阿里山鄉半公開的祕密。因此自救會此舉挑動阿里山原漢既有勢力範圍的緊繃神經，傳出有平地政治人物施壓。

來吉自救會經過三年多的抗爭，向時任行政院長吳敦義陳情，由行政院拍板允諾，同意一五二林

得恩亞納遠離人煙，孤立在一處森林環繞的山谷中，因環境優美、群山環拱、綠意盎然，有小瑞士之稱，吸引訪客前來住宿體驗。（攝影：林吉洋）

班地做為來吉的永久屋基地。趕在二〇一三年十二月，《莫拉克颱風災後重建特別條例》即將退場前，來吉部落自救會的一五二林班地永久屋動土。這是最後一個動工興建永久屋的受災部落，鄒族人依照傳統鄒語命名為「得恩亞納」(Toe'uana)，意思是「一塊遠離河床，平坦安全的土地」。

永久屋由世界展望會援建，一路陪伴自救會的謝英俊建築師負責設計監造。謝英俊採取低度擾動土地的高腳屋形式斜頂建築，展現適應環境與尊重土地的方式，歐式建築風格與得天獨厚的環境，為日後發展觀光產業埋下伏筆。

今時在網路上，得恩亞納以「小瑞士」、「合掌村」漸有名氣。雖然永久屋基地的聯外道路仍維持農路規模，交通並不算便利，不過因禍得福，得恩亞納人煙罕至的隱密性，反倒吸引不少遊客指名前往，當地也迅速發展民宿事業，接待外來旅客，產生可觀的經濟收益。然而，過度的觀光發展，對只想單純生活的族人也造成生活干擾，形成兩難。況且由於公共設施缺乏，基地周邊屬保育林環繞，在缺乏可耕地的情況下，有些族人選擇回到來吉部落務農生活。

回顧災後十年，陳有福仍堅信爭取一五二林班地重建永久屋是正確選擇，一則留在原鄉保有文化認同，爭取建設特色永久屋，增加觀光資源；另一方面，得恩亞納距離舊來吉部落稍遠，也意味著來吉鄒族生存空間得到擴大。

來吉舊部落的工藝振興與山林文化密不可分

今日來吉舊部落大致復原完成，阿里山溪的河床也在官方持續清疏下恢復原貌。跟「得恩亞納」、「逐鹿部落」各自發展觀光經濟的道路不同，來吉舊部落則是以工藝文化做為部落的產業振興之路。

目前來吉部落的社區發展協會，主力發展山豬跟貓頭鷹工藝創作，在協會負責統籌部落文化創作工坊的梁淑芬經理認為，鄒族人本身有深厚的工藝天賦，而災後是個發展契機，在重建資源支持下，部落工坊提供族人就近就業的機會。

長期觀察來吉工藝文化的雲林科技大學黃世輝教授認為，部落留在原居地對文化發展是比較有利的。工藝文化直接反映部落對植物的知識運用與狩獵文化，鄒族人對木材、石頭都有一種天賦，動物皮革的揉皮技藝更是特別突

來吉社區發展協會專案經理梁淑芬解釋，結合居民周邊環境的山林資源與生活經驗，開發出山豬跟貓頭鷹兩大主力產品。（攝影：林吉洋）

出，顯見鄒族人適應環境的能力。

鄒族獵人系統性的山林知識，對植被環境有閱讀能力，背後是整個部落的歷史文化與生活習慣堆砌起來的無形傳統文化資產，對部落的人而言，也是一種自我肯定的來源。

在部落原居地裡，人樹關係仍然是清楚的。各個小山、傳統領域都有人際關係，山林以及傳統領域也有各自的文化生態體系。但一旦下山或離開部落，失去了這種環境，進入工商業社會，鄒族文化傳統如何維繫，將是一個考驗。

◑瞭解部落文化才是重建核心

黃世輝指出，工藝創作是一種心靈過程，祭典舞蹈也是，部落的成員透過儀式、共同舞蹈凝聚為共同體。如果在部落

①②來吉部落山豬木雕　③來吉部落貓頭鷹木雕　④來吉部落木雕師傅（攝影：林吉洋）

③①
④②

已處於社會文化體系衰弱的情況下，失去傳統工藝技術、狩獵與部落社會制度的價值觀念，轉變成去配合觀光客的表演跳舞，專注於經營觀光收入，反而可能成為部落的困境。

鄒族文化工作者高德生也認為：「災後的經濟重建政策將鄒族人導向愈來愈仰賴觀光經濟、休閒經濟，這並非良性的發展。族人把自己文化當作一種生財工具，做為表演而非加強自我認同，對鄒族生存跟文化發展是一種傷害。」

在災後的討論中，不少人憂心進入永久屋生活後，會逐漸改變族人生活習慣與觀念。永久屋的界線分明，使族人愈來愈習慣於私人財產觀念。而便利的電器設備，也使族人仰賴現金收入，因而投入平地就業市場，改變原本就地取材的生活工藝文化，與山林環境相互依存的共生關係斷裂。

對原住民部落的瞭解是重建核心，有一個實例可見。走進逐鹿部落永久屋深處，發現逐鹿部落的「男子集會所」——族語稱為「庫巴」(kuba)——長年未經使用，外觀斑駁雜草叢生。庫巴是鄒族聚落內最重要的建築物，是進行各項祭儀與文化傳承的場所，在逐鹿社區的居民卻從未使用這個空間。

災後政府單位基於善意在逐鹿社區裡面設置「庫巴」，希望逐鹿社區永久屋也能舉辦如戰祭的文化祭典活動，藉此撫慰災後鄒族人受創的心靈，但沒想到日後卻被鄒族人視為一種「不尊重」的展示。

對鄒族人而言，逐鹿部落只是避難安置的永久屋基地，並不是真正的部落。逐鹿部落的庫巴曾經遭到部落文化工作者質疑，鄒族部落社會裡，小社對大社有嚴謹的從屬關係，庫巴只能設置在大社如特富野或達邦，逐鹿社區設置庫巴，對大社權威無疑是一種冒犯。

逐鹿社區的庫巴，被引申為對鄒族文化與社會不夠瞭解的結果。事實上，大社的功能不僅僅止於舉行祭典儀式，更重要在於扮演整個部落社群文化母體的角色，在族人口中稱大社為母社，象徵自己的歸屬。

◐縫合裂痕：特富野母社的召喚與凝聚

根據黃世輝的觀察，災後的來吉雖然一度瀕臨部落分化、互信崩潰的情況，但是部落社會有自我修復的能力，每年一度母社特富野的戰祭，做為小社的來吉部落等都須動員回母社參與。黃世輝生動比喻：「來吉如果是一個小圓，而母社特富野就是一個大圓，小圓即使分裂，仍舊在大圓裡面，也就是說，不管部落裡面有什麼紛爭，在母社裡面，族人圍圈吟唱跳舞，得以凝聚眾人修補裂痕。」

高德生指出，鄒族的儀式並非每個人直接參與，而是透過層層社會體系。大社以各別氏族為核心，周邊圍繞的亞氏族、家族依序排列，再擴散到其他分支出去的小社，如來吉、樂野部落。

祭典時，小社部落族人必須先回到大社其所從屬的氏族的小米祭屋（類似各家族祠堂），進行獻祭，然後再到庫巴進行部落整體的祭儀。透過文化儀式綿密而往來的過程，組織起人際互動。

高德生從鄒族社會文化的高度，進一步解釋災後特富野母社的角色被持續強化的現象，因為災後受創與一連串安置政策的紛擾，使小社部落更仰賴母社的文化母體，凸顯出文化復振與部落認同做為依歸的重要性：「災後是一個契機，特富野母社面對小社的分裂有機會扮演協調者的角色，進而強化母社的重要作用，也讓傳統發揮力量，凝聚向心力，從祭典文化重建族人心靈，重新確認彼此的親屬關係。」

高德生對莫拉克災難的觀察相當深刻，部落受災交通中斷與外界阻隔，反而讓部落意識到自給自足的能力，發揮互助共享的部落傳統。這方面，災難反倒促使部落發揮生命力，再次適應環境。高德生相信，「部落的傳統文化自有其修補傷痕的功能，透過儀式與參與，每個部落成員期待回到家族與信仰的規範，又再次確認鄒族的信仰與文化認同。」

災難使得原住民部落被迫失去與離開家園，面臨失去文化母體、共同生活狀態被打散破碎化的危機，但也因此，有機會重建一條回歸傳統的回家之路。原住民部落的重建不只是基本生活的回復，更是文化的重生。

重建，如何避免二度創傷

莫拉克十年後，不可迴避的，必須重新檢視永久屋方案與安置政策對原鄉部落造成的衝擊。政府的重建資源如何更細緻的操作，不擾亂部落在災難當中的自我組織能力，不使原部落的凝聚力被打散，來吉部落的難題與困境，幾乎是所有重建故事的縮影。

曾經歷九二一重建工作的謝志誠等[9]對災後重建安置政策的評論指出，「異地重建政策本身就是一項風險」，受災者與受災社區經歷重大災難處於身心失衡狀態，若無充分思考未來的時間、空間，貿然要求其對未來做出重大決定，或是在專業與公權力主導下擠

鄒族的戰祭每年二月回到大社（特富野）的庫巴（Kuba男子集會所）舉行，從個人到家族，從小社到大社，圍舞儀式讓鄒族部落從下而上凝聚部落的共同體。
（圖片來源：黃世輝）

莫拉克風災後的阿里山區，期待文化重建讓部落重生。（攝影：柯金源，於2009年莫拉克災後）

壓受災者對未來家園與生活重建的自主性，「無疑是以重建之名對受災者追加傷害」。

莫拉克災後之始，擬定以永久屋為主的安遷計畫，劃設「特定區域」後缺乏彈性，形成整村遷村的強迫性，在部落內造成嚴重反彈。受災部落對外，面對專家與政府部門基於居住安全把關的協商過程，族人期待爭取更多尊重原民文化、情感與生存空間的需求，以及平衡對話的機會；對內，部落內部意見難以整合，族人被迫採取不同的抗爭行動，分裂與對抗，使受災部落身心承受第二次創傷。

莫拉克受災區域有八成位於原鄉，且多在山區，重建政策擬定之初，以復育國土為指導思想，將受災部落由山區搬遷至平地，力圖以安全為重，族人期待應顧慮到鄒族人視阿里山為孕育鄒族文化母體的特殊情感，災後安置下山政策盡可能減少原住民族的文化失落感與傷害。安全與情感是重建當中最難兼顧的課題。

異地遷居的永久屋政策，在莫拉克災後持續改寫部落的生活型態。遷居平地永久屋的鄒族人，一方面適應平地的環境，也憑藉便利的交通往返城市工作生活；但另一方面，遠離原居地的環境，也使族人失去原本的部落認同與共享互助的生活習慣。學者以及部落文化工作者對此也提出深刻觀察，部落若能留在原鄉，在山林環境與文化母體的情境下，重新培養環境適應力與文化認同，才能夠形成更強韌的部落共同體。

4-3 高雄六龜．檨仔腳寶來人文協會：從土火水中找回力量的溫泉鄉

寶來是六龜通往桃源鄉的最後一個驛站，進入寶來前，橋頭的山坡舊地名叫作檨仔腳。路旁有一道風景，以稻穀、稻梗、黏土跟沙子砌造的土牆，如果車速太快很容易錯過。在這個別有韻致的空間，你不由得會被其傳遞的溫度與人情味所吸引，有起煙的大灶，以及香味四溢的窯烤麵包。

一隊十數個社區媽媽訓練有素的來回穿梭，一邊運用古法以大灶炒菜，是農人剛剛從山上採收的高麗菜，另一頭默契十足的媽媽們正將質樸溫潤的陶盤擺設在鋪上植物染桌布的長桌。再一轉身，各式各樣以在地龍鬚菜佐破布子烹調的風味餐就香噴噴地送上餐桌了。

災後寶來社區的重建團隊在這裡自立打造一處名為「檨仔腳共享空間」的地方，平常是推動社區工藝的工作坊，節慶時成為社區的共食餐廳，週末則是接待團體訪客用餐的活動場所。

「檨仔腳共享空間」是工作坊也是社區教室，烘焙、學做植物染跟陶藝，樣樣都來，提供來訪的團體遊客體驗在地風味餐、陶藝、植物染ＤＩＹ，也提供寶來社區旅遊諮詢服務。「檨仔腳」的故事，必須從莫拉克風災前開始說起。

◐ 南橫上的產業心臟

寶來是南橫公路由六龜進入桃源鄉、通往臺東的一個驛站，地名由來有二，一個是平埔族原居此地的地名「還賴」諧音；二是早年有一位知府來到寶來遊歷，看到寶來山水相倚、雲霧環繞如同仙境，便

①
③ | ②

① 社區媽媽正在準備在地菜餚迎接來訪團體（攝影：許震唐）
② 週末的團體遊客在此享受風味餐與陶藝體驗（攝影：許震唐）
③ 以稻穀、稻梗、黏土跟沙子砌造的土牆。樣仔腳共享空間是集眾人之力在災後打造出來的多功能文化場域。（攝影：許震唐）

取名寶來。

六龜早期因開樟取腦而興盛，而後樟腦業沒落，卻因寶來溫泉馳名繼續成為休憩勝地。觀光業者形容，寶來就像是南橫公路上面的幫浦，將外來遊客吸引進來，成為人潮集散與流動的產業心臟。

誰也沒想到，二〇〇九年莫拉克風災來襲，寶來這個美麗的觀光山城頓時成為浸在洪水中的孤島，危在旦夕。災後寶來人文協會整理居民口述史，敘說當時災難的恐怖：

> 莫拉克颱風襲擊南臺灣，造成嚴重的傷害，
> 那天晚上聚集在檨仔腳的居民，在昏天暗地中，
> 聽到彷彿是直升機螺旋槳的聲音，
> 原來是堰塞湖潰堤衝擊河床的聲音，
> 寶來街道整個淹水、漂流木衝撞，
> 居民跑的跑逃的逃，檨仔腳的居民接到通報，
> 大家齊喊「快上去羊仔寮」——

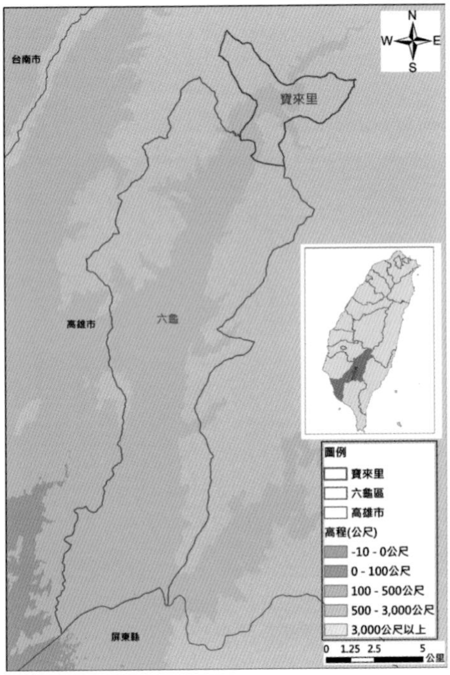

六龜寶來地理位置圖（圖片來源：災防科技中心）

於是四十幾位居民一起在羊仔寮避難，
有襁褓中的小孩、有坐輪椅的老人，
在雨中一起度過這個漫長的夜晚。
此時的心情盪到谷底，
那是一種驚慌失措有家歸不得的感覺，
對於長輩們來說，
畢生的心血都在這裡，
看著對面的探照燈，土石持續的崩塌，
轟隆隆的聲音似乎在警告著我們，
要尊重大地與大地和平共存。

——收錄於《老樹說故事》，寶來人文協會出版，頁九一

二〇〇九年八月七日深夜，寶來連通六龜與桃源鄉的一號橋、二號橋，皆被洪水夾帶土石沖斷，寶來街區的溫泉飯店臨溪一側地基大半淘空，頓成危樓，而另一側山區遍是土石流沖刷，農民賴以為生的果園及農路、灌溉水路柔腸寸

莫拉克災後，寶來一號橋前的大崩壁依然矗立，警醒著來訪者當年洪水的破壞力。（攝影：林吉洋）

斷，損毀不計其數，造成嚴重的經濟損失。

莫拉克風災前，寶來每年的遊客數平均都在七十萬以上，莫拉克風災後，驟降到五萬以下，災後的寶來，溫泉業蕭條、人潮退去，頓失觀光資源，導致高雄南橫線逐漸失去活力。

社區居民與觀光業者、地方人士籌組「寶來重建協會」，開始十年漫漫重建路，期待藉由社區力量留住人心，引頸企盼觀光業有重振的一天，其中的關鍵人物是身兼寶來社區發展協會總幹事的陶藝家李懷錦，以及當時的社區志工隊長李婉玲。寶來的重建故事便從他們開展。

凝聚在地力量的陶藝家

李懷錦原本是在臺北創作的陶藝家，厭倦了浮華城市，在一九九四年舉家南遷到寶來，專注於陶藝，不幸工作室連續遭逢數次土石流，曾經一度興起離開寶來的念頭。然而，居民認為李懷錦選擇落腳寶來創作是地方的珍寶，屢屢慰留並協助李懷錦重建工作室，李懷錦受到感動，心懷感恩並發願回饋社區，自告奮勇擔任社區總幹事，從此熱心於寶來的社區參與，成為寶來社區營造的發動機。

莫拉克災後，李懷錦的住家與工作室再度受土石流沖毀，

以真誠跟想像力凝聚寶來社區走上重建之路的陶藝家李懷錦（攝影：林吉洋）

一家人被安置到由慈濟基金會建造的杉林大愛村永久屋，熱心公益的李懷錦也試圖參與大愛村的社區重建工作。

大愛村永久屋基地是一個超過一千戶，將近五千人口的大型社區，容納來自各地受災居民。臺灣從未有這樣大規模的災後重建永久屋計畫，住戶成員複雜，族群、信仰、地域性格殊異，由於缺乏社區網絡，居民間難有情感與互信基礎。

李懷錦回想，大愛村初期一片混亂，漢人與原住民之間有衝突、各部落原本的運作系統也都被打散；另一方面，政府立即投入龐大資源，分配系統不甚明朗的狀況下，有力者強力爭取，也導致了社區內部衝突事件頻傳。

成立管委會第一次選舉時，村內發生衝突事件，動用警察進場才順利選完。李懷錦每每回想，總掩不住憤慨與悲嘆的眼神。

滿腔熱血的他在大愛村被折騰得一身是傷，就在心灰意冷、不知自己該何去何從的時候，寶來的夥伴、原先社區志工隊隊長李婉玲感到不忍，再度把李懷錦找回寶來開始重建工作。

◐ 寶來的災後難題：如何把人留下來？

李婉玲原本經營超商，災前屬於社區志工隊的總幹事，災後繼續在寶來苦撐。她回顧寶來的災後狀況：「受災不只是房屋、道路跟土地，還有人心。每逢下大雨，悲觀情緒就會湧上來，真的會讓人想不開，抑鬱的老人家也有輕生的念頭，他們躲在家裡面不能出來，隔著屋子你不知道他們在想什麼？」

由於寶來過去倚靠觀光業引入遊客，帶動農產銷售，災後觀光蕭條，產業文化通路全部停滯。務農人面對高度的生產風險，擔心道路隨時可能中斷、成熟的水果出不去只能任其腐敗，到最後許多人不得已放棄土地離開，選擇到城市謀生。

寶來重建的夥伴重新思考：「重建是什麼？」「什麼是重建工作的第一步？」大家共同的答案是：「重建信心——找到未來的希望。」那麼「要如何把人留下來？」「留下來的人，未來是什麼？」「那些不願意離開的人，我們要怎麼幫助他們活下去？」

意識到一個婦女代表一個家庭，當先生的收入沒有了，如果婦女還有工作機會，留下來就是一個家庭的希望。於是寶來重建協會想到可以申請勞動部計畫，創造就業機會，背後更具企圖心的目標是，為寶來重建打造一個共同的希望。

過去的社區工作是在生活無虞的情況下運作，但是災後狀況明顯不同，社區必須在複合式災難下更困難地進行生產、生活、生計、照護、教育等等工作，全面兼顧。這時，若有一個共同而長久的空間，會讓團隊更加凝聚，也可以創造更多機會。

李婉玲說服家人無償提供寶來一號橋前，名為「樣仔腳」的這塊廢棄廠房土地，將這塊簡陋的空間改造為工作坊，並由協會申請計畫，召集有意願參與工作坊的婦女們前來工作。

寶來人文協會總幹事李婉玲活力十足，向訪客介紹樣仔腳。（攝影：林吉洋）

另一方面，充滿夢想的李懷錦除了希望創造就業機會，也想讓大家共同在此打造出屬於自己特色、與環境共存的空間。要如何去實現這樣的目標呢？沒有可以參照的對象，只能自己動手做。

「這個空間該叫什麼呢？」……當李懷錦還在思考，要怎麼取一個符合陶藝思想又兼具人文哲理的名字，急性子又大嗓門的李婉玲就主張，既然工作坊的門牌在「樣仔腳」這個地名，就命名為「樣仔腳文化共享空間」好了！

決定開辦樣仔腳共享空間的第一年，老天爺就來考驗眾人的意志。

二〇一〇年凡那比颱風（Fanapi）把工作室屋頂掀走了，共同工作空間也毀去大半，好不容易重新振作的士氣，不到一年又被打落谷底，大家的心情都很沮喪。

創造一個充滿文化底蘊，與大地和諧相處的空間

李懷錦嚴肅地看待這次事件，他認為要讓大家度過這個過程，必須要培力[10]，也要陪伴。他把這個重建工作坊當作是一次機會教育，抬頭看看天地：「老天爺的意思就是我們人類發展過度，太過貪心，什麼都要全部拿走。所以我們在構思『樣仔腳』的時候，希望都用自然的方式去構築，就地取材，用傳統方式一點一滴來做。」

過去人類對自然的利用講求效率極大化，「想怎麼樣就怎麼樣」缺乏自我節制，用一種競爭的姿態去面對事情。李懷錦厭惡貪婪毫無節制的人性，他在重建中悟出的道理是，必須要順應自然，如果缺乏敬畏天地的心靈，競爭的心態又會把人心拉回去過去的發展模式。為了讓大家能夠放下我執，必須把每

一次挑戰當作一門修練的功課：「莫拉克教會我們要與大地共生，過去人類為了經濟發展衝過頭，自然才回給人類災難。這塊土地已經受傷，不要再去過度使用它。」

李懷錦極力堅持，檨仔腳共享空間的修建，要盡可能使用自然素材，以手作方式完成。為了重新整建，協會把許多村莊裡的老人家找出來，請他們用傳統的土磚方式一點一滴來做。使用當地傳統工法勾起了很多老人家對早年生活的回憶，不過，老人家記憶有限，傳統工法修建過程遭遇很多困難，一道土牆就耗費一年多的時間。

當時工作團隊質疑，這樣的工作效率實在太慢了！莫拉克之後大家都很辛苦，重建是在跟時間賽跑，怎麼還有時間慢慢磨？但是李懷錦堅持，絕對不能求快，還特別召募外地志工舉辦活動，合力進行改造工程。

李懷錦的堅持不僅僅是對美學的追求，更希望透過這個過程改變思維、習慣，在社區裡面鍛造出新的人、譜寫社區自己的故事：

> 在製作「黏土牆」時，老人家紛紛回想起自己小時候與年輕時製作「土角厝」的回憶，也提供了「編仔壁」的做法，於是在製作工坊第二牆面時，邀請在地老人家和年輕人、自然建築的建築師，一同打造完成這面具有意義的「編仔壁」，也在牆面上刻意留下一部分不塗上土漿與熟石灰，可以讓來客清楚看見內部竹編的構造，老人家總是會佇立在這面牆前，告訴一旁的子孫，訴說他們自己曾經有關「編仔壁」的故事。
>
> ——收錄於《野趣過生活》，賓來人文協會出版，頁八〇

李懷錦認為合力造牆是要造一個故事，這個過程才是最動人的。參與的居民對「檨仔腳」有認同，才是真正的「共享空間」。李懷錦想辦法鼓勵夥伴，帶老人家開始編籐，讓老人的生命成就刻劃在牆上。

檨仔腳共享空間，它的內涵就像它的構築方式，選擇了一條比較緩慢的道路。工作人員吳月如說，「這是一種有機的過程，隨著我們的想法，有需要才蓋什麼。」過程中，碰到各種困難，讓大家停下來思考，卻也因為尋求支援，而結交許多提供專業支持的朋友，這些緣分至今仍陪伴著檨仔腳繼續前行。

莫拉克災後，政府重建資源下放，伴隨產官學輔導機制進入重建區，政府提供各種專家、各式補助方案，協助社區發展在地產業加值。李婉玲說，「無法再如同過往倚賴溫泉觀光產業，『檨仔腳』要扮演寶來的新亮點，把社區一路走來努力的故事告訴訪客，做為吸引遊客進入寶來的入口。」

在社區重新認識這塊土地的過程，社區團隊花了很大的力氣去調查老樹、花果與寶來周邊的山林古道。透過田野紀錄與生態文化調查，搭配縝密的耆老口述訪談，不斷去爬梳自身社區生活經驗。協會的出版品裡面，有耆老的生活記憶《野趣過生活》，調查寶來老樹的《老樹說故事》，

製作工坊牆面時，邀請在地老人家和年輕人、建築師，一同打造的「編仔壁」。（攝影：林吉洋）

也有野生植物調查《四季野花果》。成果之細緻，讓人驚豔，特別是由在地社區婦女寫下的紀錄，更充滿豐富的回憶與情感：

（先人）六十幾年前到椺仔腳居住，就有這幾棵樟樹了，八八水災當時，椺仔腳居民到羊仔寮避災，一整個晚上在雨中度過，老弱婦孺相偕相依，雖然經歷風災，我們的土地受傷了，但這裡是我們的家，我們依然回到這裡生活，居民們對這裡的感情非常深厚，希望不要再有災害，讓大自然與我們共存。

——收錄於《老樹說故事》，寶來人文協會出版，頁九〇

透過書寫重新認識自己生活的土地，也就是重新梳理居民與土地的關係，修補災難造成的創傷。災難記憶的重新敘述，是要把苦難的傷痛轉化為土地重生的意義。

◐ 重建十年，才知道這條路叫做「社會企業」

二〇一一年，李懷錦以高標準為椺仔腳制定管理維護規則，對於社區婦女們，也有一套嚴謹的要求與魔鬼訓練方式：「椺仔腳的空間每天都要準備好接待客人，所以訪客每一次進來，工作室務必整理到可以參觀的狀態。由於椺仔腳沒有倉庫，每一組要想辦法自己收納，如果有亂擺的物件，我會趁大家不注意拍照，之後在開會時投影出來檢討。」

李懷錦認為重建政策裡面的文化復振，是找回地方的文化底蘊，而這部分要能夠呈現在訪客面前，必須倚靠工藝師這般精準到位的態度：「災區不必一定訴諸悲情，重建路上要活得更有尊嚴，必須發自內心去追求美感的生活態度，認同在地的生活樣貌，認識自己的特色，才不會盲目去複製他人。」

經過多年的努力實踐，團隊夥伴在檨仔腳留下一個揉合人的堅持、工藝家的精準與寶來文化底蘊的社區空間。

現在檨仔腳成為很多ＮＧＯ、社福單位前來參訪的典範，但是李婉玲回首十年路不諱言地說，「過程中遭遇很多打擊」。一開始重建資源開放社區提案時，尚未更名的「寶來重建協會」提出「檨仔腳共享空間」的構想，「幾乎每一項都被補助單位糾正，那時候沒有『社會企業』這樣的概念，我們想的是弄一個空間，很多人進來做事情，是可以為社區服務的工坊。」

「檨仔腳文化共享空間」堅持複合式的在地重建與經營方式，與當時社福與產業必須有嚴格分際的補助計畫不相符，往往在審查會議上被挑戰。一直到重建工作推動幾年後，社會企業這個概念被提出來，李懷錦才喟嘆：「原來我們一直做的社區重建、自力營運，就是社會企業！」

「社會企業」指用企業的手段去完成非營利組織的社會理想，是「兼顧社會價值與獲利能力的組織」。但是社會企業在臺灣有著模糊、廣泛的定義[11]，大體上是希望非營利組織「實現社會價值」、「照顧弱勢」，以企業「獲利能力」的手段去達成。

檨仔腳共享空間雖然目前的營利能力仍不足以自給自足，需要仰賴公部門的計畫資源補助，但是，它確實在「重建信心」、「發展在地特色」、「創造在地就業」等目標上取得一定成果，成為寶來觀光產業加值、吸引訪客的營運空間。

李懷錦與李婉玲都體認到，檨仔腳空間如果要實現財務上的自主，擺脫對政府補助的依賴，必須更像是營利事業，更具成本效益考量，提出更有企圖心的營運策略。但是，一旦踏出這一步，他們有可能會離開社區的第一線，在社區組織的角色上面臨更多挑戰與質疑。

長期觀察寶來的地方人士認為，已經有不少觀光業者愈來愈質疑檨仔腳的角色，認為「檨仔腳跑得很前面，很多地方人士的思維跟不上」，甚至有一些業者抱怨「檨仔腳」更像是競爭對手，「而且檨仔腳很會寫計畫，所以可以拿到政府的資源」。他們認為，「檨仔腳」並沒有把商業機會帶給其他觀光業者。

這其實是很多災後投入重建、為了自力更生而自行發展不同項目的協會所遇到的共同困難。一方面必須實現財務自主，擺脫政府補助，但是另一方面，組織的定位與任務，又必須重新取得清楚的共識。

李婉玲不諱言，未來一部分發展朝向公司化，是正在評估的進程。雖然會面對質疑跟挑戰，但唯有資源自主，像企業永續經營，才能實現「為寶來打造一個真正的地方品牌[12]」的目標。

如今看來，檨仔腳共享空間——寶來人文協會在重建路途上，選擇了一條最困難的路，但也可能是一條能夠走得最遠的路。

檨仔腳希望從生活底蘊出發，真正走一條長遠之路。（攝影：林吉洋）

4-4 南迴四鄉・小米復耕：因風災而重拾的傳統農耕智慧

臺灣本島最南端的東側屬臺東縣，包括達仁、大武、金峰、太麻里四鄉，合稱南迴四鄉。沿著狹長的南迴公路一路往北，東側是一望無際的太平洋，另一側則是陡峭的大武山餘脈，這裡山海直切、面迎太平洋的海風，隨著新修建的拓寬高架新南迴工程，車輛從大橋與公路呼嘯而過，不經意就會錯過許多河谷裡的部落。

南迴四鄉是原鄉脆弱社經結構的一個縮影，人口外流嚴重，大部分青壯年離開部落前往都會區邊緣謀生，使得原本脆弱的社會結構更形險峻，加快傳統文化的流失。

莫拉克風災，南迴四鄉是東臺灣最嚴重受災區，大量的砂石順著河流沖毀聚落房屋，尤其金峰鄉嘉蘭村整排民居被太麻里溪沖入太平洋的畫面，在電視中反覆播送，成為莫拉克風災最震撼人心的畫面。[13]

莫拉克不只毀去房屋，也揭露當地產業經濟破敗的

金崙溪出海口，一望無際的太平洋。（圖片來源：lienyuan lee, wikimedia_commons）

莫拉克風災嘉蘭村受災慘重，數十戶房屋被洪水沖入金峰溪。（圖片來源：臺東影像行腳，林國勳）

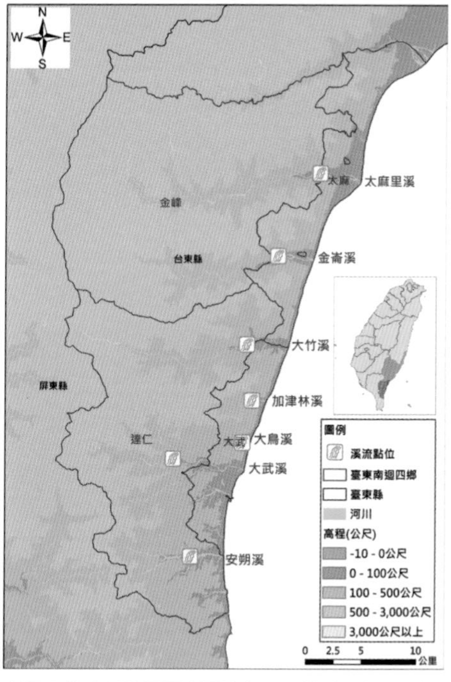

南迴四鄉地理位置圖（圖片來源：災防科技中心）

問題。災後第一時間，政府在原居地附近規劃興建永久屋安置居民，解決了居住問題，但產業經濟的考驗隨之而來。由於臺東長期缺乏就業機會，災後經濟振興對策因此著重在如何恢復受災部落的農業耕作。

產業重建的機遇，使得市場獲益高的作物被鼓勵種植，其中包括被學界研究發現具有高營養價值的紅藜，還有二〇〇〇年以後因養生風氣而漸受歡迎的洛神花、原住民傳統耐旱作物樹豆等，透過產業扶助政策，災後紛紛擴大種植。

市場作物的資金、技術需求大，相對帶來高度經營風險，容易隨市場價格波動導致虧損，絕非一般原住民家庭所能負擔。災後在政策性的鼓勵下，部落的生產意願才得以大幅提高。但民間倡議者則指出，經濟振興與文化振興對部落同樣重要，恢復生產不是只有看到市場。民間力量遂投入倡議「小米復耕」，考量部落整體發展，希望恢復與部落文化緊密連結的小米耕作。

祭典消失的小米

小米對原鄉部落而言，除了是糧食作物，更是文化核心。當小米耕作消失，部落購入漢人食用的稻米做為主要糧食，傳統文化也岌岌可危。根據農委會數據[14]顯示，一九六一年小米種植面積還有六千公頃，但是到了二〇〇九年莫拉克風災前的七月分，小米面積僅剩兩百公頃，在不到五十年的時間內，小米面積遽然萎縮剩下三十分之一。耕作面積銳減，品種混雜退化，無法適應環境變遷，雖然農政單位研發小米新品種，仍無法阻止部落荒廢小米種植的趨勢。

國立臺東大學生命科學系教授劉炯錫認為，小米種植的萎縮，應該放置到部落文化失落的脈絡下來看待，並可以追溯到日治時期的理番政策：「霧社事件之後，殖民政府實施原住民『集團移住政策』將原住民集中管理，臺灣原住民從高海拔山區遷移到便於控制或靠近交通要道的低海拔地區。小米原本是適應高山氣候的作物，搬遷下山後氣溫升高，反而不利於耕作，更無法抵抗平地商品經濟的入侵。小米適合山上種植，不像漢人稻作需要那麼多水，帶到哪裡種到哪裡，跟著部落遷徙，可以說小米塑造所有部落的生活文化。部落的歲時祭儀、曆法、生活節氣都圍繞著小米。

以南迴線上最大的族群排灣族而言，排灣族古謠絕大部分歌唱的內容是為了祝頌小米豐收，祭儀時節活動也跟著小米，包括播種、祈雨、疏苗除草祭、收穫祭等，狩獵行為也是在小米疏伐後的農閒時間，才能解禁開放。而布農族家家戶戶必備的年曆板[15]，更是依照小米耕種習慣，制定一年的時間。

在商品經濟沖刷下，原鄉傳統文化節節敗退，加上區域發展失衡導致人口外流，反映在生活上是部落共同文化的瓦解，反映在餐桌上，則是漢人的米食、泡麵與外省麵食取代部落傳統飲食。生活習慣的改變使得原住民族失去自己的文化。

沒有人意料到會有這麼一天，部落生活跟小米徹底脫節，直到某日部落祭典時需要用到小米，才發現已經沒有人種植小米。祭儀時，沒有小米可綁小米粽，部落以買來的糯米代替，小米酒也直接以工業米酒取代。

許多人都還記得，小米一度消失在部落中。臺東的部落祭典需要用小米，必須翻過大武山到屏東收購。

◐小米保種守護者：杜爸爸

臺東小米復興運動的推手戴明雄牧師（Sakinu.tepiq）指出[16]，部落沒有耕種小米，不僅失去釀酒的文化，更重要的是，失去小米意涵的收穫祭，等於是失去與土地文化的連結，因此愈來愈被外界及部落年輕人誤認為只有唱歌跳舞、飲酒狂歡的餘興節目。「收穫祭是為了小米收成，為了感恩和謝天。沒有小米的收穫祭，就會失了味。」戴明雄牧師說。

莫拉克災前太麻里南端的拉勞蘭部落，是最早復興小米文化的部落，在戴明雄牧師推動下，開始以部落營造的力量重新復耕小米。為了找回小米耕作的種植技藝，尋找更具有適應環境的小米種源，他們開始聯繫拜訪仍保有小米耕作技術的耆老，其中一位是臺東金峰鄉壢坵村、種植小米經驗超過六十年的杜爸爸，持續培育二十多種小米種源，成為部落裡的「小米達人」。

部落裡暱稱「杜爸爸」的杜義中，今年（二〇一九）七十八歲，老家在屏東大武山

杜爸爸一談起小米種植，語氣立刻自信堅定，對小米有一股執著的態度。小米田收成前格外需要防止鳥害，因此需要蓋上防鳥網，鳥網普遍採開放式並非封閉式。（攝影：林吉洋）

的魯凱族阿禮部落。杜爸爸還記得六歲那一年，為了尋找更適合的墾地種植小米，一家人從阿禮走了兩整天來到臺東尋找墾地，來的路上母親一手牽著年幼的杜爸爸，另一手就是帶著祖傳的小米品種。

十三歲那年母親過世，杜爸爸從此接手種植小米，小米彷彿維繫著杜爸爸與母親間的情感。由於小米儲存隔年若不種植就會衰弱，減少發芽率，為了維持母親珍藏的小米品種，杜爸爸持續不懈地種植，即便小米在原鄉部落愈來愈少，杜爸爸仍收藏著小米品種，多達二十種以上。

莫拉克前一年（二〇〇八）國際糧荒使得糧食危機議題受到矚目，為關注臺灣的糧食自給率，社會各界串連成立「臺灣農村陣線」。莫拉克災後，臺灣農村陣線偕浩然基金會合作推動「小米復耕」計畫。

計畫提出選定壢坵村做為「小米復耕」的首要基地，希望借重杜爸爸累積超過五十年豐富的小米品種與農業知識，以他的技術傳播與品種推廣為基礎，在部落內四戶家族開始復耕。

不同於農業改良場提供的「科學」知識，小米復耕計畫著重於小米特徵、種類、產量與數據化控制；杜爸爸憑藉多年的耕作經驗，完整記錄了傳統小米知識：從族語命名、田間管理的技巧到部落祭典用途。

對杜爸爸而言，小米有種說不出口的思慕情感，小米的田間知識是母親交給他的任務，年幼喪母後，小米是他思念慈母的情感連結。杜爸爸形容小米像孩子一樣，要瞭解每一品種小米的個性，才懂得怎麼去教孩子。「不論什麼地形，我看一眼就

杜爸爸對小米有種說不出口的思慕（攝影：林吉洋）

知道怎麼種出最好的小米！」平時靦腆的杜爸爸，只要講起小米，謙遜的性格就會變得自信外向，流露出一股篤定的神情。

杜爸爸相當嚴肅看待小米田間管理，從準備工作到累積記錄小米品種，他耐心地教導大家，而公田共同勞動的時候，他教大家唱歌，傳授小米的傳統知識。「有的小米是婦女妊娠所用、有的品種是肚子疼的時候吃。」小米逐步重新連結與部落的關係。

參與小米復耕的家戶並不知道什麼是友善環境的耕作方式。當壢坵小農們參與團隊舉辦的「有機農業」見習活動，走訪花蓮羅山有機村時，經過當地農友解說友善耕作的田間管理，杜爸爸才豁然釋懷地說：「原來所謂的友善耕作，就是我們祖先的耕作方式啊！」

小米復耕計畫不僅僅是恢復小米生產，更重要的是恢復傳統知識的信心，進一步修補部落在現代社會發展過程中崩解的裂縫，包括世代之間對於現代觀念與傳統知識的落差。

在小米田遇見「答而答」

壢坵村（舊稱魯拉克斯部落）青年謝聖華是風災時的村幹事，在小米復耕計畫進入壢坵村時，他受邀擔任專案經理。

學習設計的謝聖華，曾經像大多數年輕人一樣嚮往到大都市工作，為了滿足長輩期待而回部落擔任村幹事一職。曾任魯拉克斯青年會長的他，是部落裡年輕一輩的榜樣與楷模，年輕人回到部落，往往都會聚集在謝聖華的家中聯絡感情，因而具備帶動年輕人參與活動的號召力。

年輕人參與小米復耕，對杜爸爸這一輩耆老而言意義格外重大，那是一份傳承的責任感。有杜爸爸這樣掌握技術經驗的小米達人，還有謝聖華這樣具有熱情與創意的年輕人參與，「小米復耕」已擴大為部落文化振興的行動。

為了安排外地青年學生來到部落參訪，部落年輕人發揮創意，開始調查部落裡面可使用的文化資源，策劃部落小旅行，安排課程。有人負責接待家庭，有人負責帶人體驗小米田的農事，有的婦女負責教授做小米粽、唱小米田工作歌曲，更有人帶參訪者到山上獵場的獵人小屋去體驗。

排灣族為農事搭建的工寮（也可能是樹蔭休息處）族語稱之為「答而答」。過去，「答而答」的角色不僅只是工寮，也是排灣族人藉由共同勞動的休息時刻，學習農事技術，傳承歲時祭儀的重要處所。

現今，老中青三代族人難得有機會坐在工寮裡面閒談，相互關心，交流跨世代的生活經驗，對部落青年認同部落文化有很大的啟發。謝聖華說，小米復耕讓部落青年與耆老共同勞動的體驗，似乎也讓他經歷一段「自我改造」的旅程：「我們希望年輕人跟老人家學習傳統智慧，不只

所謂的答而答可能是簡易的工寮，也可能只是一片樹蔭下，農事勞動的休息之處，更是跨世代聯絡感情、傳承智慧的空間。（圖片來源：謝藍保）

小米復耕計畫經理人謝聖華，透過計劃開始記錄小米的相關文化，因而發想出小米學堂概念。（攝影：林吉洋）

是小米的種植技術，還有歲時祭儀、世代傳承，透過小米找到自己的認同，串連部落裡面不同的世代，走出自己的路。」

這段歷程對部落青年人而言，是文化重建也是心靈重建，可以帶動更多青年樂於回鄉參與活動，重塑部落價值、提振自信心。

◐ 從小米防線到小米學堂：部落的知識庫與文化重建

莫拉克風災後擔任「小米復耕」專案負責人的陳芬瑜，現在是農業研究機構的專業研究者，她回顧在莫拉克重建期內推動「小米復耕」計畫的定位：「二〇一〇到二〇一五年這段時間內，藉由小米復耕撐起了時間、空間還有人。讓所有部落看到小米復耕運動，進而激發對自身部落小米復耕的憧憬與文化復振意識。」

「當小米在糧食商品化、部落文化全面潰敗前，小米復耕計畫希望能夠構築一道小米防線[17]，代表著一道無可取代的文化與社會價值防線。透過小米復耕，重新彰顯小米耕作是部落文化的價值根本。」陳芬瑜認為，壢坵因為民間推動的小米復耕計畫，成為南迴四鄉一個重要的知識據點，透過傳播與影響力的擴大，小米復耕風潮亦形成跨區域、跨族群的擴散。

在大環境不景氣下回到鄉村的年輕人，同樣要面對生存、產業的困境，但不一樣的是，二〇一〇年這批青年返鄉者帶來許多創新與設計概念，這股農村新農活力被稱為是農藝復興運動。許多在莫拉克災後投入社區重建的社區工作者，藉由他們自身的專長與想像力，都參與了這一段農藝復興的過程。

以謝聖華來說，他在「小米復耕」計畫結束後，提出「小米學堂」願景。謝聖華的「小米學堂」倡議，第一步希望透過小米復耕推動文化振興，實現部落的永續生活；第二步是以產業經濟做為誘因，推動友善耕作，並在這過程中讓部落傳統智慧逐漸復興。

他同時提出部落內與部落外兩個目標，內部是部落復耕——部落文化學習場域；對外是部落產業——部落觀光的場域。透過種植小米恢復傳統耕作習慣，例如集體勞動、順應自然，重新適應土地與氣候的改變。共同勞動的過程，即是長者傳承歲時祭儀智慧的過程。對外，希望來到部落參訪的旅客，藉由小米文化的設計旅程，真正深度認識部落文化；對內，藉此過程得以建立屬於部落的品牌故事，讓傳統逐漸復興，更能進一步建立部落自主經濟，最終能夠在市場上站穩。

TALEM：勿忘土地，讓小米們重新連結人與自然

二〇一五年馬英九總統造訪壢坵，親自參訪杜爸爸的小米田，也向部落青年承諾推動一個「小米學堂」，由公部門繼續這一波小米帶來的文化振興浪潮，這次事件讓小米正式成為南迴四鄉推動特色產業的未來方針。原本廢棄的壢坵國小，經由原民會與臺東縣府合作打造為「小米學堂」，在二〇一七年揭牌落成，做為推動南迴整體小米產業發展的教育基地。

官方開辦的「小米學堂」仍是硬體建設思維，缺乏軟體「部落文化營造」的經營概念，官方認為小米學堂未來可以ＢＯＴ委外經營，但對部落人而言，則擔憂小米學堂會變成另外一個僵硬的小米產品展售中心或小賣部、休息站。

當壢坵官方的「小米學堂」進入冗長討論時，民間腳步卻不落後，小米復耕這幾年在南迴線的部落開始引起迴響，許多關於「小米文化」的創新試驗，搭上這一波風潮，正待開枝散葉。

大竹溪排灣族土坂部落的謝藍保，身兼獵人、農人、祭典牲禮師與文化保存者，當他看到部落族人在莫拉克災後，開始追求市場化的經濟作物，滿山遍野的種植紅藜，小米卻愈來愈少，他憂心忡忡並大聲疾呼：「我們的傳說神話都跟小米有關。但是紅藜沒有故事啊？」

追隨市場的種植習慣，使部落原本各式各樣的小米品種與其相對應的傳統知識隨之失傳。為了呼籲部落族人重新認識小米文化，謝藍保承租部落一處閒置的卡拉OK，自力改建為小米學堂，推動自己部落的文化事業：「部落有五六間投幣式卡拉OK，卻沒有儲存與交流排灣族狩獵、族語文化、小米知識的場域！」

謝藍保為自己的「小米學堂」取名「TALEM」，排灣族語意思是「重新種植」。他期待小米學堂在部落扮演的角色是一個把人、把傳統、把小米重新種回來的意

謝藍保（左）這幾年一直向族人長輩鼓吹種植小米的重要性，希望大家不要盲目跟從市場隨波逐流，種小米排灣族才有根。（攝影：林吉洋）

謝藍保在土坂部落的TALEM小米學堂（攝影：林吉洋）

②|①

① 謝藍保在他的TALEM小米學堂交流各種小米種植的技術與文化（攝影：林吉洋）

② TALEM小米學堂也請族語老師古明哲傳授族語裡面關於小米祭儀的各種儀式與意義（攝影：林吉洋）

謝藍保特別選在大武山祖先的小米園裡復育小米品種，希望可以培育出更耐乾旱與焚風的小米。謝藍保指出，復耕小米同時也會恢復儀式場，有神水祈雨、供養昆蟲動物，修補排灣族逐漸喪失的人與自然萬物的關係。（攝影：林吉洋）

思：「排灣族沒有『傳承』這個字，人的心靈要重新種植、思想的重新賦予也叫作『TALEM』。」

謝藍保以他獵人銳利的眼神望著上游大武山方向說：「臺東的焚風愈來愈提前，未來的環境可能更惡劣。」在不受外界干擾的祖傳土地裡進行保種計畫，他認為未來需要更強壯的種子才能夠適應新的氣候，撐過漫長的乾旱，而文化多樣性的保存亦然。

謝藍保並非杞人憂天。莫拉克之後的產業振興在政策性的扶助之下，至二〇一六年臺東小米種植面積已接近兩百公頃[18]，占全國面積七〇％；紅藜面積也擴大到將近兩百公頃，對照二〇〇九年臺東紅藜種植面積尚不到一公頃，十年內增加了近兩百倍。紅藜的價格波動使得部落族人不容易在種植紅藜上獲利，而轉作小米卻因迎合市場取向，追求外觀、產量，品種愈趨單一，導致難以抵抗病變跟蟲害。

莫拉克災後重建，小米復耕成為一個撬動改變的開始，也刺激著部落共同思考未來，相關倡議與推動影響延續至今。謝藍保祈求，希望族人不再複製過去的市場模式，而要能恢復人與土地的連結，看到小米與傳統文化的相互支持，以及種植品種多樣性的重要，才能面對未來環境的挑戰。

4-5 屏東林邊：適應變遷、惡地重生

二〇〇九年八月八日清晨四點三十分，林邊溪出海口附近南迴鐵道橋，負責看管水閘門的四名鐵路局工作人員打電話給林邊鄉公所，告知「閘門擋不住了」。清晨五點，洪水衝破堤防，漫流兩岸，林邊佳冬先後淪陷。

◑ 家園盡毀，小鎮失語

滔滔溪水湧入將堤防撕開更大缺口，最長一段達三百公尺，大水夾帶泥沙灌入，瞬間將大半林邊鄉浸沒。居民回憶，兇猛的洪水在街道交叉口形成急流漩渦，加上停電一片漆黑，居民只能往樓上跑，在驚嚇與無助的恐懼中等待救援。

家住林邊的社區工作者蔡蕙婷回憶，當災後的救援抵達林邊，獲救的民眾或步行或乘坐小艇，搭上接駁的卡車駛離，回望滿目瘡痍的故鄉，不知何時能夠再回來時，整車人都忍不住放聲痛哭。「每一次回想起受災後林邊的慘狀，還是會讓人整顆心糾結在一起，忍不住紅了眼眶。那一幕永遠忘不了。」

更嚴重的是大水退去後堆積樓高的泥沙，若從林邊車站向南邊光林村望去，魚塭跟蓮霧園遭到掩埋，街道布滿漂流木，當地人形容如同「海埔新生地」一樣，只剩少數較高蓮霧樹樹梢露出，提示這裡曾經是家園。

二〇〇五年林邊的養殖戶剛經歷六一二水災後的復養，眼看魚塭就要收成了，怎知才不過四年，莫

拉克再度潰堤，造成空前的災情，不只填平了林邊人賴以致富的魚塭與蓮霧園，讓投資付之東流，洪水也幾乎要把林邊人的信心沖垮。

當地人以「死氣沉沉」形容災後的林邊。蔡蕙婷回憶，淤泥留下的粉塵讓林邊籠罩在愁雲慘霧當中，為清除街道的淤泥，土方車進出引起揚塵，林邊在瀰漫塵土的灰暗中生活長達年餘。街上店家深鎖，成年人憂愁無處排解，就連老人小孩彷彿都陷入失語的狀態。

慈雲宮廟口災前是林邊的代表性夜市，人聲鼎沸營業到凌晨，災後稀稀落落，過了晚餐時間七早八早就關門。離奇的是，就連著名小吃攤，災後第一年，居然無法再做出原本的口味。

災難衝擊的是信心，水患風險讓人不敢再次花費重本投資重建魚塭與蓮霧園，因為不但銀行借貸不易，災後土質劇變，魚塭養殖難以控制、易生病變，更可能導致養殖戶血本無

莫拉克風災後的林邊（攝影：柯金源）

歸，不少青壯年選擇離鄉另謀出路。

從繁華到虛空，重新認識故鄉與土地

林邊在南迴鐵路尚未開通前，是臺灣西岸鐵道的終點，轉運往東部的物資在此集散，旅館、飲食百業興盛，成為屏東通往墾丁的一大市鎮。如同臺灣的大環境，發展也付出了環境代價。

由於沿海養殖長期超用地下水，導致海水入侵地下水層，土壤開始鹽化。根據水文紀錄，一九七〇年代末到一九八〇年代中期，林邊地層持續以每年三十到四十公分速率下陷，林邊鄉最低窪的地區在市中心深達三公尺，下陷量達一層樓高。

依照臺灣稻作的習性，鹽化的「鹹水埔地」是不利耕作的「惡土」，農人在鹹水埔地試植蓮霧，卻意外收穫顏色暗紅、風味極甜的「黑珍珠」蓮霧，吸引行口高價收購，帶動林邊鄉人轉種風潮，一舉顛覆鹹水埔地的惡地形象。

一九七〇到一九八〇年代這二十年間，蓮霧種植技術一傳、十傳百，種植面積年年增加數百公頃。一九八三年時任省主席的李登輝造訪林邊，為「黑珍珠」蓮霧站臺敲響名號，一九八七年蓮霧全國種植面積突破一萬公頃，林邊占掉八成以上。

由於討海養殖、蓮霧營生容易，自然出手闊綽。一九九〇年代林邊街上各種娛樂場所林立，繁華又奢靡。物質生活富裕，精神卻空虛，遂引發林邊一場社區運動。

一九八〇年代末，一群受到良好教育的子弟學成回鄉服務，隨著鄉土意識感召，開始關注地方文史與教育。受到九〇年代各地文史熱潮與民主運動啟發，有志之士組成了「林邊文史工作室」。

林邊文史工作室從一九九五年開始推動本土文史研究，包括鼓勵讀書風氣、淨灘掃街等。一九九八年正式立案「屏東縣林仔邊自然文史保育協會」，至今林邊人還是習慣稱呼為「工作室」。如同大部分九〇年代的本土社團，協會成員跟黨外民主運動有著深厚淵源。

林邊以「工作室」為主的社區總體營造史，結合在地結社風潮、蓮霧技術創新，共同構築出一則深具當代典範意義的社區民族誌，而這則故事，為當時長期深度參與並蹲點在林邊的學者楊弘任整理成「蓮霧變成黑珍珠」的文字與出版品，至今林邊的社造案例仍深深影響著社區營造工作者。

二〇〇〇年後，民進黨執政時代，許多優秀的工作者隨之進入政府體制工作，地方組織頓失重心，工作室也陷入低度運作。直到二〇〇九年莫拉克風災摧毀林邊，讓協會再度承擔林邊社區重建與重生力量的發動機。

社區重建，從人的培力開始

莫拉克災後，文建會（二〇一二年升格為文化部）延續九二一震災的重建經驗，在各災區縣府啟動社區重建計畫[19]，以社區營造的方式讓社區自身的力量投入重建工作，藉由計畫予以支持，社區組織得以聘請專職人力執行各項社區重建工作。

社區營造的概念是依照社區自身對在地問題的理解，提出自己的重建方案，並透過在地工作者串連網絡，培力社區團隊，希望將能力留在地方。這一套方案為災區縣府所延續。差別在於文建會的社區人力稱為「營造員」，地方政府支持的人力稱為「培力員」。

鄭婉阡，災後還是一個帶著孩子剛剛回到林邊的單親媽媽，她受託整理水災過後的林邊工作室，重建檔案。從無文書經驗的鄭婉阡，憑藉著好學鐵打個性，一字一字謄打會訊，將林邊的社造歷程從頭梳理一遍，也因為災後工作室承接社區重建工作，一頭栽進社造運動。

憑藉著好學鐵打個性一頭栽入林邊工作室災後社造運動的鄭婉阡（攝影：許震唐）

鄭婉阡自此成為社區重建的培力員。在災後社區緊急安置階段，除了屬於道路與房屋等硬體重建工程之外，社區生活網絡、自助互助與災後心靈陪伴工作，都需要培力員的協助。由文建會提供人力支持與資源培力，讓社區學習因地制宜，從困頓中擘劃社區理想生活的藍圖。

像鄭婉阡這樣的社區營造員，不只在林邊，在嘉義、高屏、臺東[20]等災區多達數十人[21]，散布在各個部落與社區第一線。

在相對高齡化的農漁村，社造員是一群年輕生力軍，而且大多是女性，要擾動地方、運轉社區事實上非常不易。災後的社區工作環境複雜，事務繁多、組織人力有限，面對地方政治生態，專職人力身上必須同時肩負著計畫執行與上級輔導考核的制度性壓力，一旦公共事務引發爭議或遇上選舉，社造員則成為承受壓力的第一線。社造員、培力員，承受著無法為外人所理解的工作壓力與流言蜚語、自我壓抑，枯燥的日常隨時都可能會擊退任何一個踏入社區重建工作的人。

鄭婉阡憑著高度意志與毅力，在林邊的社區重建過程中，一路成長鍛鍊，目前擔任林仔邊自然文史保育協會總幹事。過往她曾經參與的養殖漁業、農事、餐飲工作等經歷，成了她投入社區重建的養分與想像力根源。

透過災後的社區劇場，她把過去在海上從事近海漁撈延繩釣的生命經驗，推陳到舞臺上。透過提煉林邊人的真實生活經驗，她在貧瘠的鹹水埔地，開發出各式各樣的社區旅行與活動體驗、自然教育課程，把林邊人的生活現場搬上舞臺。

鄭婉阡的莫拉克故事，也是災後眾多社區工作者的縮影。災後重建與社造歷程中，她不斷經歷現實磨難，用扎實的生活歷練，鍛鍊出面對困境的生命質地與韌性，並將抽象的價值賦與具體實踐上。

三一七照亮林邊，光采溼地讓惡地重生

八八風災後，林仔邊自然文史保育協會希望重建工作可以修補人與文化、土地的斷裂，克服地層下陷、環境惡化困境，並藉由挖掘在地文化底蘊，重建林邊的日常生活。

面對林邊街面與市集小吃攤的景氣低迷，協會開始設計「三一七林邊故事鄉」，推薦在地店家，協力推廣地方農產加值。三是指國道三號，一七是指台十七線。透過網路平臺「三一七林邊故事鄉」整合眾多資源，建構林邊環境教育網絡，並將自然教育課程、在地農特產品與商家多功能休憩園區相結合。

一方面引導內部，重新探索林邊特色，一方面對外照亮故鄉，將文化推出去。

就在社造有機的探索與成長過程中，社區漸漸挖掘出故事，產業發展也慢慢走上適應環境變遷的思考，加上政策鼓勵發展綠能產業，「光采溼地」環境教育園區橫空出世。

《再生能源條例》於二〇一〇年一月實施，馬英九總統宣布二〇一〇年為再生能源啟動元年，屏東縣政府時任縣長曹啟鴻抓住再生能源這條線，為林邊開創重建與新生的契機。原本無解的地層下陷難題，利用屏東熾烈的太陽及較長時間日照，帶動災區產業轉型及國土復育，在林邊鄉利用廢棄魚塭推動「養水種電」。

由於光林村位臨林邊溪出海口，地勢低窪，光采溼地最初是為了做為光林村排水線放索溝的安全調節之用，由縣府與協會協調，協會於二〇一一年集資租下六公頃的廢棄魚塭做為滯洪池，並負責復育溼地生態、淨化水質，這是「光采溼地」的雛形。

二〇一二年，光林村周邊光電廠陸續建成，曹啟鴻認為光采溼地可以成為讓社會瞭解再生能源的基地。同年，縣政府向內政部提出防災抗澇的高腳屋建築，設計智慧防災電網。

「光采溼地」取其地名與意義，就是要點亮林邊，啟動城鎮再生的機會。二〇一四年，光采溼地加入環境理念的公共藝術；二〇一五年，建構為環境教育場址；二〇一七年，光采溼地通過環境教育設施場所認證。

已卸任的協會前理事長陳錦超醫師強調：「我們是要對土地負責。這一切都是莫拉克教會我們的，不然土地荒蕪，林邊人會絕望地離開這裡。太陽能光電加上溼地生態淨化土壤與水質，人們運用在地生活經驗的本能，不斷地去嘗試、去實作，才能讓災後惡地達成二次利用。」

① ② 光采溼地推動養水種電（攝影：許震唐）
③ 高腳屋建築（攝影：許震唐）

①
③ ②

光采溼地的公共藝術結合環境教育（攝影：許震唐）

災後的重建歷程，成為地方人觀照自我的一種過程，重新看到地方的樣貌，也看到土地的特性以及適應環境的生活觀。

光采溼地搭上光電產業，使林邊鄉躍升成為臺灣綠色能源的示範點，時常可以看到遊覽車載著一車又一車的訪客前來，週末更是擠滿許多預約ＤＩＹ體驗、手作烘烤披薩的遊客。此外，園區積極推動環境教育，也發展了多元教案與體驗活動。

二〇一九年四月，光采溼地的場址因租約到期，遭地主收回一大筆土地，導致基地規模大量縮減。在此困境之下，協會仍持續尋求未來可能的出路。

對陳錦超醫師而言，光采溼地未來更重要的是實現多角化經營，例如土地的多元化利用，除了協助販售在地農產外，也可以開發光電板下的蔬菜種植，以及園區本身的教育導覽體驗服務，成為名符其實的「六級產業」。[22] 如果一把菜二十塊嫌貴，給你一個一百塊的籃子讓你自己採，這就是六級產業。

二〇〇九年以前，「林仔邊」為林邊做了本土教育及社區營造，

光采溼地設計了多元的環境教育體驗活動（攝影：許震唐）

二〇〇九到二〇一九年，則藉由參與重建工作，營運光采溼地園區，成為照亮林邊的一盞亮光。林邊人認為振作的時機再度來到，主動討論未來太陽能光電區要怎麼發展，許多遊客也因為光采溼地而來到林邊，重新體驗南國小鎮的魅力。

轉譯與再生，重建逆境果樹的蓮霧精神

蓮霧是在三百年前由荷蘭人自爪哇引進的熱帶水果，早年常做為遮蔭樹，在庭院零星栽種，惟因其酸澀，常被當成是不起眼的「嘴呷物仔」。但是在林邊，蓮霧能夠透過改良、適應林邊的鹹水埔，變成今日碩大深紅的黑珍珠。

災後的地方工作者[23]把蓮霧視為「逆境果樹」，環境愈惡劣愈能生存，藉此來比喻林邊的災後重生，必須透過不斷學習與實作，才能重新找到適應土地與環境變化的生存方式。

光采溼地從未有可參照的樣本。在過程中，我們看到林仔邊自然文史保育協會一方面有來自地方社會網絡的信任、有在地的生活知識與語言；另一方面，有如陳錦超、鄭婉阡等磨練成熟且堅韌的社區工作者，這兩個面向的轉化角色，讓「重建」與「適應」不斷對話與實作，將抽象觀念實踐於日常生活，並在認知「原有的生活方式可能無法持續」之下，願意採納「另一種生活的可能方式」，終究走出林邊重建的道路。

莫拉克災後一個月，南部的社大、社區組織及NGO團體原定於臺南成功大學召開「地方學」，遂臨時改組為民間災後對策擴大會議。這場沉重的會議，由清華大學社會所李丁讚教授主講揭幕，主題是「生態民主與地方知識：談災後重建」。李丁讚的觀點，應該能言簡意賅地表達民間對於重建的期待：「真正的重建是，透過災難的機會，去全面地解決過去承平時期未能解決的問題，讓重建成為一個面向未來的思考，而不是恢復過去的簡單重複」。[24]

重建方案需要時間摸索、醞釀，讓受災者適應過程並形成想法跟決定。這過程往往需要提供充分寬裕的時間，讓受災者在安置過程穩定心理跟腳步，重新看待自己，並藉由培力賦予一定的能力及判斷力，然後交付決定權，再去擘劃未來。

重建讓我們有機會揭露過去累積的結構性問題，提出更進步的敘事；也讓我們有機會修補人與環境的斷裂，修正過去偏重於單一價值的發展迷思。

災後十年，很多人看到國家組織在面對大型災難的局限與學習，更讓我們看到社區自身復原的能力。「長期社區重建」模式被提出來，由在地人組織、行動，最後將能力留在地方，這是莫拉克風災累積的新模式。

災難創傷讓人們重新看見人與人之間互助的可貴，這是一條學習互助與陪伴的道路，是災難讓我們看到的光亮。

（本文作者：林吉洋）

注釋

1 國家發展委員會委託「中華國家競爭力研究學會」研究報告，《我國政府災後復原重建社會福利角色之研究》，二〇一三年。

2 透過開鑿隧道，將高屏溪流域上游水源引入曾文水庫儲存。曾有民間質疑，越域引水工程開鑿隧道，使用炸藥爆破山洞導致土石鬆動，惟此論點未獲得權威之印證。

3 資料依據：小林文物館。

4 又稱西來庵事件，發生於一九一五年，由余定芳等人率領信眾起事，突襲甲仙埔、南化等各地日本警察支廳並殺害日眷，引發日軍調重兵攻伐義軍，死傷甚重，餘眾後雖投降，但引發日軍大規模報復屠殺平民，是日治時期漢人最大反抗起義事件。噍吧哖事件首領之一江定藏匿處在甲仙，至今耆老仍有流傳記憶。

5 大武壠平埔族人的傳統信仰，平埔族公廨裡面供奉的祖靈神，稱之「太祖」、「番太祖」應是平埔族人受漢化影響以後，始稱之。

6 原居於今臺南玉井盆地的大武壠原住民部落群，包括四大社，十八世紀在清朝統治政策下遂往東橫越阿里山，遷移至楠梓仙溪一帶，部分大武壠人後來又再遷移至花東海岸。小林屬於山林小部落，可耕地有限，早期以游耕、採集與狩獵為主，目前小林部落景觀的形成則是一九一五年噍吧哖事件後才形成的集村形式，便於政府集中看管，兼具保護附近腦丁的效果。

7 Post-traumatic stress disorder，簡稱PTSD，又稱創傷後遺症。

8 Kuba是過去大武壠族群對公廨的稱呼，借用自鄒族語。公廨主要功能為平埔族祭祀儀式所在，

9 謝志誠、傅從喜、陳竹上、林萬億等，〈一條離原鄉愈來愈遠的路？：莫拉克颱風災後異地重建政策的思考〉，收錄於《臺大社會工作學刊》第二六期（二〇一二年十二月），頁四一至八六。

10 出處來自於激進的教育學理論家弗雷勒（Paul Freirr）《受壓迫者教育學》。培力意味著行動者意識的覺醒，認知到既有權力結構運作的限制，從而採取更賦與能動性，更符合主體意志的行動位置。

11 依照社會企業創新創業學會定義，社會企業必須具有五種特徵：一、擬定可以創造社會價值的使命與目標。二、尋求創業機會以實踐社會公益使命。三、不斷創新、學習與調適。四、創新與槓桿使用有限資源。五、展現對利害關係人（Stakeholders）及成果要求的責信度。簡單來說，社會企業的營運財務來自於自體販售的服務或產品，而這些服務或產品並非是營利導向，而是具有社會使命的價值。出處：http://www.seietw.org/1285623103820225qa.html#02

12 寶來人文協會以「檨仔腳共享空間」，獲得二〇一六年

國家永續獎，二〇一八年地方城鎮品牌獎。

13 二〇〇九年的莫拉克風災，由於電視轉播技術成熟，災區第一現場的畫面經由電視直播到非災區收視戶眼前，造成非常強烈的社會輿論關注。災難轉播畫面的倫理問題，以及因之影響救災資源的配置失衡問題，成為災後檢討媒體的議題之一。

14 行政院農委會，《農政與農情》二〇五期（二〇〇九年七月）。

15 布農族早期生活在高山上，依靠狩獵與農耕維生，會在木板上刻繪圖形記錄日期。一年當中的祭祀以小米豐收祭最為重要，這些活動都反映在曆板上。

16 引自〈人物專訪〉，《臺東農業專訊》第九五期（二〇一六年三月）。

17 借用自日本的「稻米防線」。二〇一二年日本眾議院選舉時，由自民黨提出的政見。當時美國籌組TPP（跨太平洋夥伴協定）舉行多邊談判時，日本方面提出稻米、牛豬肉等保護國內糧食生產的要求，最終美國對日本讓步。

18 臺東縣政府原住民族行政處，新聞稿〈全臺首座「小米學堂」揭牌開幕 臺東縣展現部落產業發展成果 黃縣長歡迎體驗部落小米文化〉（二〇一七年），行政院農業委員會網站。

19 關於文化部推動社區重建工作，可以參見中華民國社區營造學會出版之《雨後天藍：八八風災社區重建社造員的文化行動》一書，對莫拉克風災後社區重建工作有全面的敘述。劉蕙苓主編，《雨後天藍：八八風災社區重建社造員的文化行動》（臺北：中華民國社區營造學會，二〇一四年）。

20 當時由中華民國社區營造學會做為中心，將遍布六縣市的災區分為嘉義、高雄、屏東、臺東分區營造站，協助各社區組織與社區營造員推動災後工作。

21 社區重建方案在後期由縣市政府社會處繼續接棒，支持的社區專職人力改稱為培力員。

22 從日本的農業振興發展而得來的經驗，包括：一級產業種植，二級產業加工，三級產業服務。三者合而為一稱為六級產業。

23 見諸社區工作者李孟霖的災後紀錄，http://menglin1022.blogspot.com/2011/01/blog-post_17.html。

24 李丁讚的演講全文，可以參見會後旗美社區大學（記錄者為現任教於高雄師範大學的洪馨蘭教授）提供的紀錄：https://cmcu2001.pixnet.net/blog/post/24151567。

右上：2005 年「侵臺颱風之飛機偵察及投落送觀測實驗」(Dropwindsonde Observation for Typhoon Surveillance near the TAiwan Region, DOTSTAR) 小組於 Astra 飛機前合照。
背景：Astra 飛機機身的颱風觀測紀錄榜 (圖片來源：吳俊傑)

CHAPTER

05

先驅性的颱風研究與防災科研運用

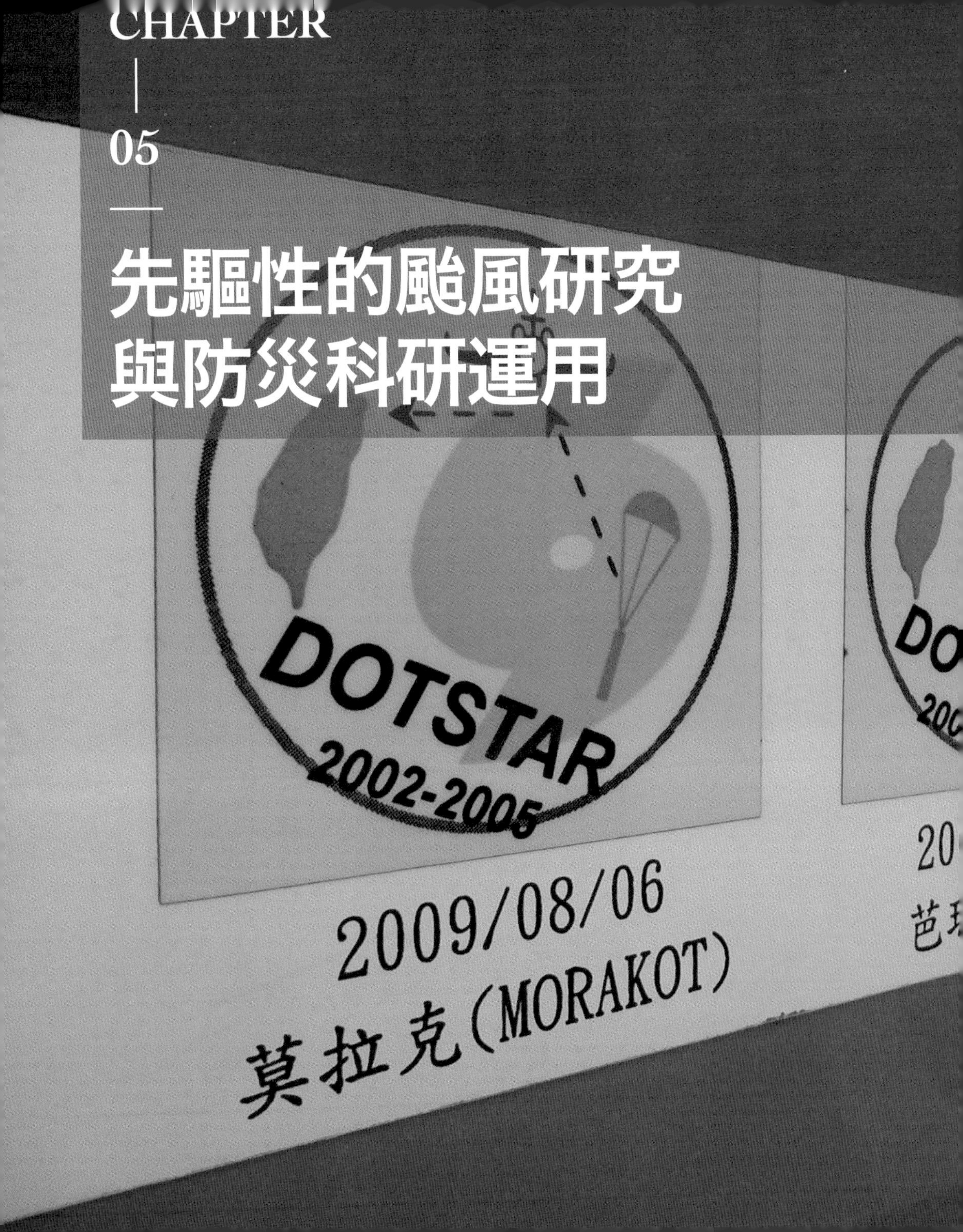

希臘神話中，擁有預言能力的特洛伊公主卡珊德拉，因拒絕太陽神阿波羅的求歡而受到詛咒，預言從不失準卻無人相信。今日氣象人員面臨的是另一種詛咒：大眾期望他們應該要有百分之百準確的預報能力。

每當劇烈天氣造成災情，中央氣象局往往被質疑預報不準。二〇〇八年，強度弱到甚至看不出颱風眼的輕度颱風卡玫基，在二十四小時內帶來九二六毫米雨量[1]，超過臺灣年平均降雨量二五〇〇毫米的三分之一，導致中南部發生嚴重水患。

二〇〇九年八月五日，監察院就此事對十四個政府機關提出糾正，其中針對中央氣象局的糾正原因包括「初期預報之雨量與實際降雨量之落差過大」。三天後發生莫拉克風災，災後兩個月，中央氣象局成為第一個被糾正的政府機關，理由包括「未能針對快速累積的豪雨量及時提出強而有力的預警，嚴重缺乏應有之專業經驗作為」。莫拉克過境後，有媒體引述美國有線電視新聞網（CNN）氣象主播對這次颱風雨量會非常大的預測，稱CNN「料雨如神」，諷刺的是，同年十月初同樣被CNN形容為「超級颱風」，並預測將直撲臺灣的中度颱風芭瑪（Parma），中央氣象局卻準確預報它將與米勒颱風（Melor）產生互相牽引的藤原效應，在呂宋島北部打轉近一週後往海南島方向而去，並未登陸臺灣。

5-1 氣象預報的局限：怎樣才叫「準」

卡珊德拉的「預言」百發百中，天氣「預報」卻有無可避免的不確定性。臺灣的天氣預報以「數值預報」為主，「統計預報」為輔，並加上人工修正。數值預報的操作方式是將三維大氣空間劃分成許多網格，並透過觀測工具取得每一網格的溫度、溼度、氣壓、風向、風力等資料，再將資料輸入數值模式，以超級電腦運算出未來可能的天氣演變。[2]

中央氣象局所設定的全球模式網格大小為二十公里見方，區域模式最小為二公里見方，這是目前中央氣象局能達到的最佳水平解析度。[3] 理論上網格愈小，運算得出的結果會愈精確，但這牽涉到超級電腦運算能力的限制。且實務上並沒有那麼多觀測工具能測量如此細微網格的大氣資料，因此有部分網格的資料是推算而來，為了降低因此而產生的誤差，預報員會將過去相同季節和氣候條件的氣象統計資料輸入電腦，藉此修正數值預報，這種方式即是「統計預報」。[4]

颱風的生命期主要都是在海上，而海面上缺乏像陸地上那樣完整的觀測網，當觀測資料愈不完整，模式初始場不確定性愈大，數值模式運算結果的可預報度也愈低，因此需要統計預報的結果輔助判斷天氣系統的演變。美國氣象學家德沃夏克（Vernon F. Dvorak）建立的德氏分析法，也是統計預報的一種。他檢視一九六九至一九八〇衛星雲圖中的颱風外觀，比對當時美軍在西北太平洋進行的颱風飛機觀測資料，分析、歸納出數十種對應不同強度的型態，並且能夠藉此估算颱風強度。[5] 氣象預報員進行颱風預報時，也會參考過去與其路徑相似、季節相近的颱風，不過即使路徑、季節相近，帶來的影響也可能有差異。二〇一五年強烈颱風蘇迪勒與中度颱風莫拉克的相似性曾在媒體上引發議論，但由於蘇迪勒行進速度較快，且缺乏西南氣流所帶來的充沛水氣，因此雨量分布、總累積雨量皆與莫拉克不同。

過去三十年來，由於颱風觀測、數值模式及資料同化技術進步，颱風二十四至七十二小時路徑預報準確度已顯著提升，儘管如此，氣象預報仍存在著不確定性與必然的風險，如同哲學家羅素（Bertrand Russell）提出的「火雞問題」：一隻火雞根據過去的經驗，發現不論晴雨，每天早上九點鐘主人都會來餵食。但是在感恩節當天早上，火雞的歸納法失準了：牠沒有被餵食，而是被做成感恩節大餐。我們即使研究了過去一百年的颱風，也不見得能在明年派上用場。

另一方面，各種觀測颱風的工具也有其局限。以衛星觀測為例，同步衛星有兩個頻道，一個是可見光，一個是紅外線，晚上沒有可見光，紅外線只能接收到對流雲雲頂的長波輻射量，進而推估雲的高度，但不知道雲的厚度，在低層大氣資料有限的狀況下，難以掌握颱風中心結構及其精準的行進路線，氣象人員把這種狀況稱為「清晨的意外」(morning surprise)，也就是天亮之後才發現颱風位置和前一天的分析結果有相當的誤差，二〇〇七年帕布颱風（Pabuk）分析位置在清晨即時重新調整數十公里，即是一個典型例子。

正因為氣象預報充滿變數、帶有相當的不確定性，所謂準確度得看長期平均才有意義。二〇一九年三月初，美國職籃例行賽進入尾聲時，出現了一場爆冷賽事：連續九年沒進季後賽的鳳凰城太陽隊，擊敗勝場數是其三倍的西區龍頭金州勇士隊。如果把時間尺度拉長，很容易能看出各個球隊的戰績是起起伏伏，這也是各國在天氣預報乃至颱風預報的常態。事實上在莫拉克風災前，中央氣象局的二十四小時颱風路徑預報平均誤差值，已連續五年低於日本氣象廳（JMA）與美國聯合颱風警報中心（JTWC）[6]，對莫拉克颱風路徑預報的平均誤差甚至是五年來最小。以單一颱風個案批評中央氣象局預報不準，就如同僅憑一場賽事結果去斷定一支球隊的優劣。

莫拉克風災後監察院提出的調查報告指出，「全球氣象異常狀況不斷發生，兼以臺灣年年有颱風侵襲，民眾期待氣象局提出準確、易懂之氣象預報，屬必然之需求。」從一九七〇年代起三十多年來，颱風來襲前二十四小時的路徑預測平均誤差，已從三百多公里縮小到一百多公里，平均每年改進二%，誤差值降低達六六%，然而即使未來維持每年二%的改進速率，換算成能縮減的誤差公里數也會愈來愈有限。[7]不論科技如何進步，最後必將撞上一堵名為「混沌」的牆。

混沌效應是大氣科學家勞倫茲（Edward Lorenz）於一九六一年意外發現的。一九五〇至一九六〇年代是天氣數值預報的起步階段，當時人們相信只要掌握某些物理定律，再加上運算能力夠強的電腦，就能夠像天文學家預測哈雷彗星週期一樣精準預測天氣。從小對氣象深感興趣的勞倫茲，以十二條大氣方程式在電腦上模擬天氣變化，他的模擬結果十分近似我們所知的天氣型態：絕不重複，但隱隱能看出某種規律，如同春夏秋冬的循環。

一九六一年的一個冬日，勞倫茲想要檢視某個特定變化的詳細內容，但不想花時間重頭開始計算，便以電腦先前得到的結果為初始條件從中間開始運算。一小時後喝完咖啡回到電腦前的勞倫茲，卻發現電腦模擬出的天氣型態與先前完全不同，若打個比方，就像從春夏秋冬變成秋春冬夏。原來勞倫茲假設千分之一的誤差不至於改變整個天氣特性，只輸入了小數點後三位的數字，沒料到這會導致完全不同的結果。[8]

一九七二年，他在美國科學促進會（AAAS）年會的演說中，以「可預測性：一隻蝴蝶在巴西輕拍翅膀，會在德州引起龍捲風嗎？」為題，說明他的發現，此後「蝴蝶效應」一詞便廣為人知。混沌現象的特性是「對初始條件的敏感依賴」，意指即使像是蝴蝶振翅這樣的微小差異，都會隨著時間迅速放大，最後造成南轅北轍的結果。勞倫茲斷言：「除非確確實實知道所有現在的條件，否則要以任何方法對相當遙遠的未來做出預測是不可能的。」[9]只要想想一般的氣溫測量通常只到小數點後一位，就能想像為何數值預報仍有不確定性。

即使我們在整個地球表面以三十公分為間隔，遍布能夠精準讀取所有大氣資料的感應器，並假設有一部運算能力無限快的電腦，在正午接收到所有資料，依然不可能百分之百準確預測到每個網格十二點零五分的天氣狀況，因為在每個感應器之間，仍有一些電腦無法察覺的微小擾動，這些擾動導致的誤差會在一分鐘內從方圓三十公分延伸到三公尺，進而擴及全球。[10]

一九九六年的中度颱風薩恩（Zane），就是能用以說明混沌效應的一個例子。依照電腦模式模擬結果，這個颱風很有可能登陸臺灣，實際上它卻一路往北，在沖繩西北方來了個九十度大轉彎，頭也不回地一路往東而去。事後有學者進行一系列的模擬實驗，略為改變薩恩颱風周圍的大氣背景條件，發現在某些條件下它確實會侵襲臺灣，在某些條件下則會朝日本前進，證實颱風動態對初始條件的敏感性。[11]

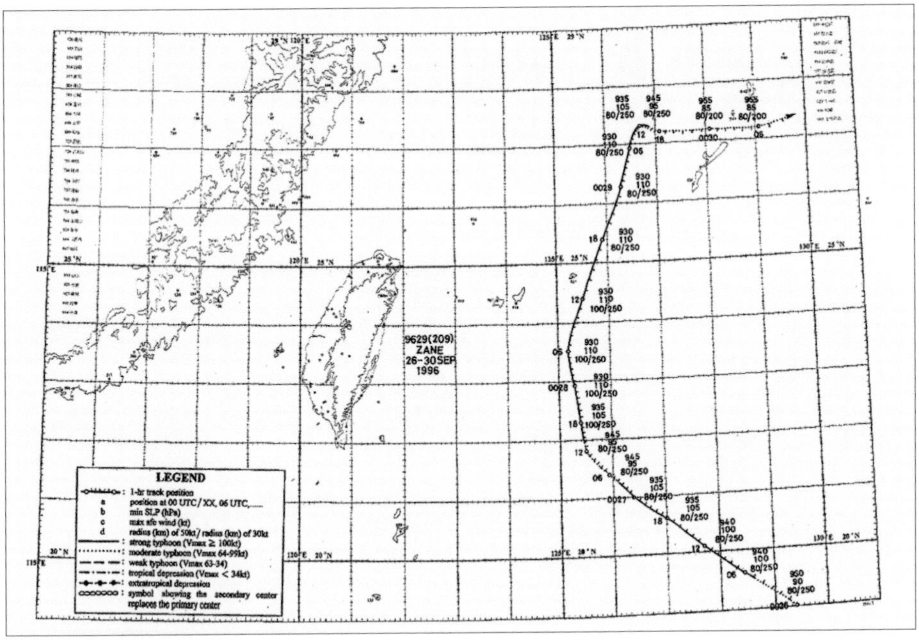

薩恩颱風路徑圖（圖片來源：中央氣象局）

在混沌效應的限制下，現階段對一般天氣系統而言，三天內的預報尚稱精確，當預報時間拉長至七到十天，參考價值隨之降低。對颱風這樣的劇烈天氣而言，更是充滿不確定性，我們只能不斷嘗試各種方法，盡力縮小誤差。

5-2 颱風，我來了——吳俊傑的追風之旅

時間回到一九七五年九月二十二日，中度颱風貝蒂[12]（Betty）穿越當時的臺東縣臺東鎮，在各地造成不小災情，共二十人死亡或失蹤、四十七人輕重傷，九百五十七間房屋全倒，其中七百一十六間位於臺東縣。在颱風帶來的一片狼藉中，有個小男孩卻對這狂暴的天氣現象感到十分好奇，甚至和弟弟偷偷打開自家大門，在戶外頂著風感受十四級陣風的風壓。

這個小男孩就是臺灣大學大氣科學系教授吳俊傑。看著太平洋和海岸山脈長大的他，從小就是個很有冒險精神的「追風少年」，除了拿著火把探索二次大戰時日軍在鯉魚山留下的每條坑道，在颱風天溜到屋外觀察颱風也是他童年的一大興趣。貝蒂颱風在他記憶中，是少見恰好從臺東市中心穿越的颱風，主因是當時太平洋高壓脊線呈東西走向，並向西延伸，引導著颱風一路往西。

中央氣象局統計，自一九一一年至二〇一八年，共有一八七個颱風登陸臺灣，其中在花蓮到恆春之間登陸的颱風占了五一．三三%，在東海岸出生的吳俊傑可說是伴著颱風成長。他對自己的颱風記憶如數家珍：家門口直徑超過一公尺的樹在颱風天被吹倒、家裡曾經淹水半公尺高、聽著狂風呼嘯聲入眠……一九七五年貝蒂颱風中心登陸時，他實地感受到颱風眼中「靜風」的狀態，以及約半小時後颱風

中心通過，風向由北風變為南風，閩南語俗稱「回南」的現象。吳俊傑回憶：「高中之後到臺北念書、出國，好像就再也未體驗記憶中身處颱風暴風中心那種震撼力了。」

如果沒有在東海岸第一線接觸颱風的深刻經驗，也許吳俊傑不一定會走上研究颱風的道路。當年地球科學並非聯考科目，幸運的是吳俊傑遇到的老師十分用心，當時他對數學、地球科學、天文都深感興趣，還買了沈君山的《天文漫談》來讀，但臺灣的大學沒有天文系，他一心想著唸數學系，卻在聯考時數學表現失常，因此到大氣科學系就讀，畢業後前往麻省理工學院地球、大氣與行星科學系深造。這位追風少年在二十五歲生日時，還特地登上美國新英格蘭地區新罕布夏州（New Hampshire）最高峰、標高一九一七公尺的華盛頓山（Mountain Washington），為的是前往此處曾測得世界最大平均地表風速[13]的氣象站「朝聖」。

雖然研究生涯與星空無緣，但在吳俊傑眼中，颱風圓盤狀的外型、逆時針旋臂的結構，就像是對流層中的螺旋星系。他在麻省理工學院的指導教授、颶風研究權威伊曼紐（Kerry Emanuel）曾於二〇〇五年出版《颱風》（*Divine Wind：The History and Science of Hurricanes*）一書，書中收錄大量與劇烈天氣現象有關的文學作品，伊曼紐在序言中寫道，少部分科學家可能會認為「多愁善感的文藝作品會模糊追尋科學真相時應有的超然態度。我提醒他們，我們之中沒有哪個人不是受了熱情的驅動，才從事這份工作的，而且這沒什麼不好意思承認的」。[14]

也許是受到伊曼紐影響，吳俊傑一向不吝展現自己對研究、對颱風的熱情。因為他在美國念書時沒有取英文名字，同學們索性叫他「Hurricane Wu」。他在自己的個人網站上為颱風寫了一首中英對照的頌歌：

夏日碧海上款步走來
佩著宇宙星雲的印記
這時刻，她踩起
亙古難解的絕美舞姿
那是百死不悔的來處與歸向，
我南國的佳人（tropical belle）。

Stepping on the azure summertide,
Bearing the prints of nebula,
She's about to wave beside---
Her siren figure for eternity
remaining an enigma.
Hitherto and hereafter shall thou
never repel,
My tropical belle!

從不同面向來看，颱風既是美女（Belle）也是猛獸（Beast），伊曼紐在《颱風》中收錄的文學作品，大多數都是描寫劇烈天氣的可怕[15]，反而是吳俊傑這位科學家看到颱風純粹的美：「當然它會帶來災害，但如果不看對人類的影響，它就是大自然力與美的展現，是大氣與海洋這兩個秉性差異極大的流體，所碰撞出的流體力學絕妙實例。」

覺得颱風很美，並不表示科學家很冷酷，對颱風的熱情，將引領著吳俊傑持續投入颱風預報的開創性研究。

一九九一年，過去只能在地面上追風的少年，有了飛上天

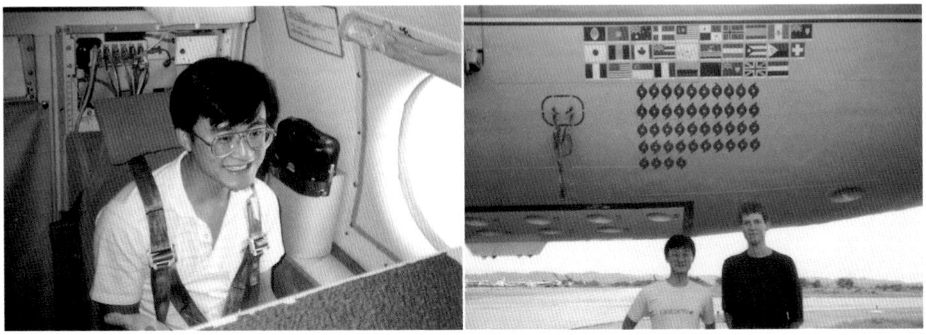

1991年吳俊傑還是MIT博士班研究生，於墨西哥阿卡波可（Acapulco）基地參與TEXMEX科學實驗，執行穿越颶風的飛行觀測任務，飛機為P-3反潛機。（圖片來源：吳俊傑）

一親「南國佳人」芳澤的機會。那年伊曼紐為了驗證自己的颱風生成理論，與美國國家海洋暨大氣總署（NOAA）及國家大氣研究中心（NCAR）合作，借來能夠穿越颱風進行觀測的P-3反潛機及NCAR的Electra飛機，以墨西哥阿卡波可（Acapulco）為基地，除了晴朗的日子以外，兩架飛機在七到八月，日以繼夜輪流飛進東太平洋海面上生成的雷暴及對流系統中，以記錄、分析它們在何種條件下會發展成颱風。

當時吳俊傑才新婚兩個星期，而且這次實驗與他的博士論文主題完全無關，但他仍志願擔任實驗助手。後來他在接受媒體採訪時，總會開玩笑說自己是去和颱風度蜜月。

吳俊傑回憶，這次實驗對他來說是難得的學習經驗。他的博士論文主題是關於颱風動力的理論研究，這是他第一次有機會親臨現場、親手操作實驗儀器，更重要的是，伊曼紐如何規劃、主導實驗進行，也在他心中留下深刻印象，「另外跟幾位世界級的教授朝夕相處，在每天的科學實驗討論中，潛移默

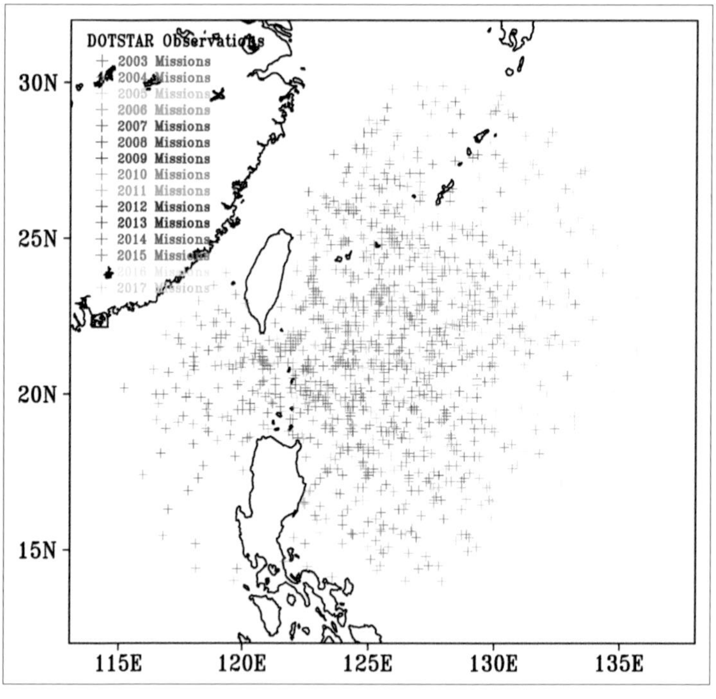

2003至2017年1291個投落送的位置圖（圖片來源：吳俊傑）

化、受益良多。」當時吳俊傑完全沒想到，這次經驗會在十多年後派上用場，成為他執行「追風計畫」的助力。

二〇〇一年，中度颱風桃芝、納莉先後帶來嚴重災情，科技部前身國家科學委員會催生「颱風重點研究計畫」，吳俊傑便在二〇〇二年提出追風計畫的構想，正式名稱為「侵臺颱風之飛機偵察及投落送觀測實驗」(Dropwindsonde Observation for Typhoon Surveillance near the TAiwan Region, DOTSTAR)，由吳俊傑擔任計畫主持人[16]，二〇〇八年國科會計畫結束後由中央氣象局提供經費，二〇一三年研究團隊將相關技術與理論轉移給中央氣象局，持續執行至今。

追風計畫名稱的縮寫，隱藏著吳俊傑對人生的看法。「dots」指的是「connecting the dots」，這個片語恰好出現在二〇〇五年賈伯斯對史丹佛大學畢業生做的演講中，吳俊傑解釋，它的含意是「人生就是把你學習歷程的點點滴滴串連起來」，你永遠無法預知這些「dots」何時會發揮作用，只要是自己感興趣的事物，都不妨投入心力去接觸。就像是一九九一年時積極參與與博士論文無關的實驗。甚至高中前的學習環境對他來說也是重要的點點滴滴：「我就讀的國中男生也要上家政課，工藝課、體育課、童訓露營課程一樣也不缺，很多事物隨我去探索，不為考試而學習的經歷，對我從事科學研究能保持熱情、衝勁，

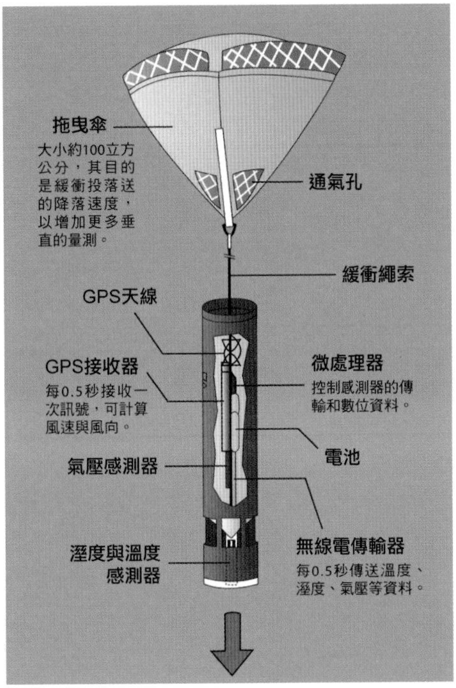

投落送結構圖（圖片來源：吳俊傑）

做自己想做的事，而不是做別人要我做的事非常重要。」

巧合的是，二〇一五年賈伯斯接班人庫克（Tim Cook）在喬治華盛頓大學畢業演講上，鼓勵學生去探索未來，尋找自己的北極星（the North Star），吳俊傑半開玩笑地說：「我還真的是先知，這兩個師徒一個在二〇〇五年要大家去找Dots，一個在二〇一五年要大家去找Star，結合起來就是我在二〇〇三年所創造的DOTSTAR。」

高中時期，吳俊傑接觸到莎士比亞劇作、希臘神話等文學作品及西洋歌曲，除了藉此學習英文，也視之為日常休閒興趣。他認為這些跨領域的養分，可能在他進行科普推廣時起到某種程度的作用：「在向不同領域的人做轉譯、傳達的時候，我想會多一點連結、悸動，可以讓大家感受到我的熱忱。」

吳俊傑曾在一次講座上說明DOTSTAR的意涵，是「在颱風的茫茫黑夜裡點亮了天空的星光」。人類首次駕駛飛機穿越颶風是在一九四三年，當時「驚喜」颶風正在接近德州，一群駐守在德州接受訓練的英國飛行員，與他們的教練達克沃斯（Joe Duckworth）上校打賭，他們受訓用的AT-6飛機是否足以穿越颶風？達克沃斯完成創舉後，美國自一九五六年起開始執行常態性的飛機觀測作業，但六〇年代後人造衛星的應用逐漸上軌道，各國習於以德氏分析法估計颱風強度，加上經費考量等因素，美國自一九八七年終止西北太平洋颱風的飛機觀測，僅維持對美國本土影響較大的東太平洋及大西洋飛機觀測。人們對西北太平洋這個颱風最劇烈、頻繁的海域的掌握，也因此黯淡了下來。

對颱風缺乏完整直接觀測，也在一個重要的科學問題上引發爭議：颱風是否會因全球暖化而增強？大氣科學家韋伯斯特（Peter Webster）二〇〇五年在《自然》（*Nature*）發表了一篇引起廣泛討論的論文，他先回顧了會有颶風生成的六大洋面一九七〇~二〇〇四年的海溫資料，發現這三十四年來海溫平均增加攝氏〇．五度，再檢視這段期間全球生成的熱帶風暴，依照美國使用的薩菲爾—辛普森颶風風力等級分為一到五級，每五年統計一次，四到五級的颶風一九七〇～一九七四年有四十個，但在一九八九～一九九四年間增加到八、九十個以上，百分比從一八%增加到三六%，分級為一的颶風則從四四%下降到三〇%。

韋伯斯特進一步將六大洋面分開檢視，以一九七五～一九八九年跟一九九〇～二〇〇四年前後兩個區間來比較，在這六大洋面中，四到五級颶風增加的百分比分別是：東太平洋二五～三五%、西太平洋二五～四一%、北大西洋二〇～二五%、西南太平洋一一～二八%、北印度洋八～二五%、南印度洋一八～三四%，全都呈現增強趨勢，他因此下了結論：颱風在過去三十年確實因暖化已有增強訊號。

但韋伯斯特的研究卻引發許多學者質疑，理由包括海溫上升不一定肇因於暖化，而是北大西洋多年代振盪（AMO）的影響，這個現象會導致海溫以約二十五年為週期，產生振幅攝氏〇．四度左右的波動。也有人指出全球碳排放量持續飆升，四到五級颶風的數量卻從一九九四年開始就持平不再增加，且颶風最大風速從一九七〇年以來都沒什麼變化。

不過這個研究真正的致命傷，在於大部分颶風的強度都是透過衛星觀測再以德氏分析法估計，具主觀判斷性質，存在不一致性，準確度比不上以飛機進行的原位觀測（in-situ observation）。全球海域僅有北大西洋自一九五〇年代以來持續進行飛機觀測，偏偏這個颱風強度量測最精確的地方，四到五級颶風增加的百分比僅五%，是所有洋面中最少的，且北大西洋颶風也僅占全球熱帶風暴的一五%左右。

另一個盲點是，衛星解析度也隨時間不斷在進步。大氣科學家柯辛（James Kossin）二〇〇七年的研究發現，若把現有衛星等級降到一九八二年的水準，重新檢視颱風強度，結果是各洋面颱風增加強度同樣有限，僅大西洋增強趨勢稍微明顯，因此韋伯斯特所提出過去三十幾年所謂颱風變強的趨勢，可能是因為衛星解析能力愈來愈好所造成的錯覺。[17]

以飛機進行相對準確的原位觀測（相對於使用衛星、雷達的間接觀測），不只牽涉到全球暖化如何影響颱風這樣的重要議題，對時常受到颱風影響的臺灣來說，如何盡可能精確地掌握颱風動向更是當務之急。臺灣是繼美國之後，全球第二個常態性執行飛機觀測颱風任務的國家。二〇〇二年追風計畫啟動，為了在颱風季到來時順利執行任務，吳俊傑安排四位研究團隊成員前往美國國家大氣及海洋總署所屬颶風研究中心（Hurricane Research Division, HRD）及環境預報中心（NCEP），進行為期兩個月的大西洋颶風偵察飛機觀測訓練任務。在經過一連串的準備工作後，於二〇〇三年五月二十三日、六月十三日和六月二十四日完成了三次測試飛行，吸取美國在飛機觀測上的經驗，而追風計畫的主角——漢翔航空公司所屬以色列生產、美國改良的Astra雙引擎噴射機，則加裝了機載垂直大氣探空系統（AVAPS）設備，並通過民航局的適航驗證。

另一個挑戰是，要在臺灣附近觀測颱風，勢必會進入日本與菲律賓的領空，一般國際民航機固定航線可以事先於飛行十天前安排過境

2002年臺灣追風計畫啟動，2003年完成三次投落送測試飛行。（圖片來源：吳俊傑）

Astra窗外對流胞（圖片來源：吳俊傑）

2003年11月2日Astra駕駛艙前方的米勒颱風颱風眼（圖片來源：吳俊傑）

事宜，颱風觀測無固定航線，且十天前颱風或許都還未生成，如何預先申請航線。幸好吳俊傑與曾任職世界氣象組織（WMO）的日本氣象學家中澤哲夫是好友，「在他的協助下，我們向日本航空局提出一個折衷方案，在颱風季前兩個月提出申請，申請範圍包括整個可能經過的空域，要出任務前兩天再把詳細飛行路線送交他們的民航管轄單位。對日本來說這是完全為DOTSTAR量身打造的特別方案。」吳俊傑說。而與菲律賓方面的交涉，也幸運地順利完成。

萬事俱備，只欠颱風。二〇〇三年九月一日，Astra從臺中清泉崗機場起飛，成功完成杜鵑颱風（Dujuan）的觀測，吳俊傑以「飛繞杜鵑渦」做為這次飛航的新聞稿標題，自一九八七年中斷的美國西北太平洋颱風飛機觀測，終於由臺灣科學團隊重新啟動。截至二〇一八年為止，追風計畫已進行六十六個颱風的觀測。

由於颱風預報一如天氣預報，具有「對初始條件的敏感依賴」的特性，取得相對準確的原位觀測資料，對降低預報誤差有一定的幫助。在每次任務中，Astra會在十三公里左右的高空繞著颱風外圍飛行，並投下大約十幾枚「全球衛星定位式投落送」（GPS Dropwindsonde），這些帶著小拖曳傘的投落送，在以每秒十公尺的速度飄落時，每〇．五秒會測量一次溫度、溼度、氣壓、風向及風速等大氣環境資料，並回傳到機上的AVAPS系統，經過電腦編碼、確認後，再透過衛星傳送給中央氣象局進行分析，並同步分享給美軍聯合颱風警報中心、日本氣象廳、歐洲中長期天氣預報中心（ECMWF）等世界主要氣象單位。

全世界的氣象站，每天都會固定在格林威治時間零點與十二點施放探空氣球進行大氣觀測，為了讓追風計畫觀測資料能同步整合到全球氣象觀測網，研究團隊必須在臺灣時間凌晨四點三十分或下午四點三十分起飛，進行全程約六小時的觀測。凌晨四點三十分起飛的飛行任務，雖然得在半夜就到機場進行準備，不過接近颱風時通常已經天亮，此時飛近颱風飛機上研究人員較可目視颱風周遭雲層變化。吳俊傑指出，大氣沒有國界，做為唯一將飛機觀測資料分享給全世界的國家，使臺灣在颱風議題上具有獨特的國際能見度及影響力。

颱風範圍可能廣達數百公里，而一枚投落送要價將近四萬新臺幣，可不能無限制地拋投，在哪裡拋投CP值最高，涉及追風計畫的核心科學議題「策略性觀測」（Targeted Observation）。大氣雖然是個混沌系統，但氣象學家能夠透過複雜的計算[18]，推測出哪些「敏感區」的誤差會擴大得特別快，這些區域便需要進行原位觀測以將誤差降到最低，數值預報系統輸入這些相對準確的觀測資料，就有機會降低最終運算結果的誤差。

颱風的動向可能受到太平洋高壓位置及強度、中高層是否有槽線[19]靠近等天氣系統，甚至另一個颱風所牽引，這些天氣系統與颱風交界重疊之處通常會是敏感區，吳俊傑說明：「然而颱風中心本身也是天氣系統的一部分，所以中心與這些系統也會相互牽絆，導致颱風內部某些區域也相當敏感。每一個系統都會對不同的颱風造成不同的影響。」[20]因此每個颱風確切的敏感區無法一概而論，追風前重要的準備工作之一，就是計算出敏感區位置，以決定最佳飛行路徑及投落送之投擲點。

策略性觀測也稱為「標靶觀測」，吳俊傑比喻，醫學上的標靶治療直接破壞癌細胞，而不像傳統化療會影響到正常細胞：「敏感區就像癌細胞所在的位置，如果一開始沒有精準地掌握，最後產生的誤差就會汙染整個預報結果。」算出敏感區後，還得考量Astra最長只能飛行六小時，如何在有限的時間和資源下取得最佳觀測結果，「有點像是投資理財，要做最佳投資組合。」吳俊傑形容。

投落送取得的觀測資料，能夠協助改善颱風的路徑預報與周圍結構分析。二〇一五年八月，中央氣

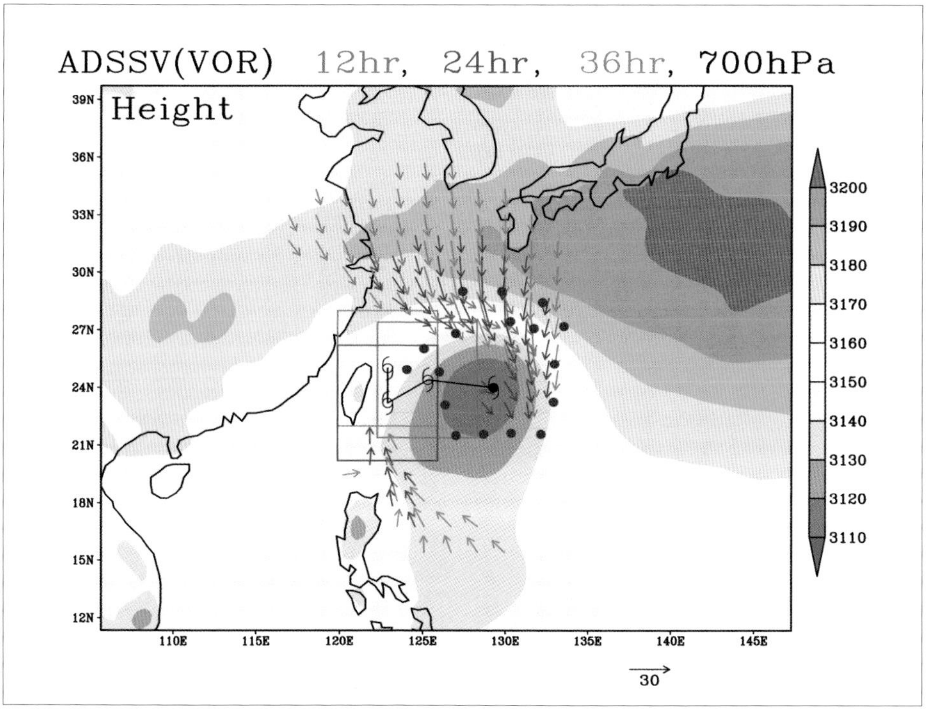

吳俊傑以ADSSV建構之標靶敏感區。ADSSV是透過共軛模式計算颱風觀測敏感區域的創新理論，並可以簡單向量圖形呈現。（圖片來源：吳俊傑）

象局便是藉由追風計畫的觀測資料，將強烈颱風蘇迪勒的暴風半徑由二五〇公里修正至三〇〇公里。國外氣象單位進行颱風預測時也會參考追風計畫資料，例如二〇〇七年韓國氣象局將聖帕颱風暴風半徑由二五〇公里修正為三五〇公里，更戲劇性的例子是二〇〇四年的康森颱風，日本氣象廳事後進行研究，比對採用及未採用追風計畫十六筆投落送觀測資料的數值預報結果，發現七十二小時路徑預報誤差可達一五〇〇公里。[21]

基金投資有賺有賠，標靶治療也並非百分之百有效，如果以追風計畫的個別任務來看，也許這次改進了預報的二〇％，下次只有五％，甚至沒有成效。不過經由統計顯著性驗證，追風計畫確實發揮了它的功能。追風計畫共同主持人之一，中國文化大學大氣科學系教授周昆炫分析二〇〇三至二〇〇九年的四十二個觀測個案，結果顯示這些投落送資料，平均可以改進美國國家環境預報中心（NCEP）全球預報系統（GFS）七十二至一二〇小時颱風路徑預報誤差達一九％。吳俊傑的碩士生廖苡珊針對二〇〇四至二〇〇六年的二十二個觀測個案進行投落送資料研究，發現同化全部的投落送資料平均能夠有效減少十二至七十二小時路徑預報誤差達七八．六公里，改善路徑預報達二六．五％。[22]

這些原位觀測資料也能用來校驗衛星遙測資料。在二〇〇三至二〇〇七年追風計畫拋投的四五七枚投落送中，有一七〇枚與QuikSCAT衛星遙測資料重疊，周昆炫比對結果顯示衛星反演[23]風速誤差為每秒二．六公尺，風向誤差為十七度。這是從未有人在西北太平洋做過的研究，為衛星資料誤差特性、未來遙測技術改進與衛星儀器設計提供重要參考依據。[24]

標靶觀測理論並非臺灣首創，但是由追風計畫團隊首次應用在實際觀測上。吳俊傑與十位跨國研究團隊成員針對各家標靶觀測方法進行總體比較的研究，被世界首屈一指的數值預報中心「歐洲中長期天氣預報中心」收錄在其技術備忘錄中（編號第五八二號），顯示臺灣在這方面的研究受到世界認可。由於臺灣執行追風計畫的成果豐碩，二〇一七年日本名古屋大學、琉球大學及日本氣象廳三方合作，啟動日本睽違了三十年的追風計畫，與臺灣追風團隊共同執行二〇一七年十月二十一日蘭恩（Lan）颱風飛機聯合觀測。香港天文臺也於二〇一八年跟進，使用全新下投式探空儀，於二〇一八年九月十五日與臺灣追風團隊合作進行山竹颱風（Mangkhut）聯合觀測，蒐集熱帶氣旋的垂直數據，包括氣壓、溫度、溼度、風速及風向等，以量度大氣層不同高度的三維結構，並預測颱風強度及變化，以加強天氣預報及相關數據分析。日本與香港均曾派員至臺灣取經參訪，並邀請追風團隊相關人員提供寶貴經驗。二〇〇三年啟動的追風計畫，迄今已發展成西北太平洋颱風的亞洲飛機投落送觀測網。

2008年，臺灣在跨國的亞太區域聯合颱風觀測計畫（T-PARC）中與美、日、德、韓專業團隊共同於日本召開規劃會議。（圖片來源：吳俊傑）

追風計畫的經驗，讓臺灣有機會分別在二〇〇八與二〇一〇年參與兩次重要的跨國聯合觀測計畫。首先是亞太區域聯合颱風觀測計畫（The THORPEX Pacific Asian Regional Campaign，簡稱T-PARC），該計畫是世界氣象組織二〇〇四至二〇一四年所執行之「全球觀測系統與可預報性實驗」（THORPEX）的一部分。期間總共對如麗（Nuri）、辛樂克（Sinlaku）、哈格比（Hagupit）與薔蜜（Jangmi）四個颱風進行聯合觀測，國家地理頻道並將二〇〇八年辛樂克颱風觀測過程拍攝成一部紀錄片《颱風獵人》（*Typhoon Hunter*），於二〇〇九年起在全球播出。

T-PARC與追風計畫最大的不同，是史上首次由來自不

T-PARC任務中常擔任機上指揮的林博雄
（圖片來源：林博雄）

同國家、四架性能不同的飛機，共同追蹤同一個颱風。Astra在颱風外圍進行標靶觀測，美國的NRL P-3反潛機配備有「機載氣象都卜勒雷達」(electra doppler radar, ELDORA)，能夠解析對流尺度的天氣現象，清楚偵測了辛樂克外圍雨帶的結構；德日合作的DLR Falcon配備都卜勒測風光達（Doppler wind lidar），能準確測量風速及風向；美國C130運輸機的任務，則是飛進颱風眼量測中心氣壓，以預測颱風強度及生命期。在探討得最為詳盡的辛樂克與薔蜜颱風中，T-PARC完整蒐集了它們的生成過程、強度發展、結構演變、路徑轉折到溫帶變性及消散的完整生命期資料。

對吳俊傑來說，二〇〇八年辛樂克颱風的觀測資料不僅改善了它的路徑預報，還意外讓他解開了辛樂克雙眼牆的形成機制，並發表極具突破性的研究論文：「英文有一個字叫Serendipity，指的是難以預期的奇妙緣分，研究物理、化學的人可以在實驗室裡做實驗，但要實際觀測颱風需要許多條件配合。做研究是相當嚴謹、按部就班的過程，一般來說你都會預期這樣做會得到什麼結果，但也有不可預期的部分。標靶觀測是原訂的科學主軸，而雙眼牆形成機制的意外新發現則是Serendipity。」

二〇一〇年與美國合作的颱風與海洋交互作用觀測實驗（Impact of Typhoons on the Ocean in the Pacific,

ITOP），除大氣觀測外亦以浮標、研究船蒐集洋面資料，讓吳俊傑再次有機會以梅姬（Megi）颱風為例，以實際觀測資料去驗證颱風與海洋交互作用的理論。他帶著一點惋惜回憶道，九一一事件後美國嚴格限制外籍人士搭乘P-3飛機，因此ITOP實驗期間他無緣如一九九二年一樣穿越颱風中心及眼牆結構。

對一般人來說，平時搭飛機光是遇到亂流就夠恐怖了，吳俊傑最常被問到的問題，就是追風計畫是否有危險性？他解釋，Astra觀測颱風時的飛行高度是十三到十四公里，比一般國際線民航機的十一公里還高一些，愈高空氣愈稀薄，浮力愈小，飛機效能（Performance）愈受限制，風險也增加，如果亂流太強，也可能讓飛機結構受損，Astra噴射機原本的設計是要避免飛到劇烈對流區，因此基本上都是在颱風外圍環繞飛行。飛行員一般會從雲隙間穿越，不過進行辛樂克颱風觀測時，飛機有足足半小時飛不出強烈對流雲區，吳俊傑說，當時真的有如坐雲霄飛車時，身體「飄」起來的失重感覺。

美國進行颶風穿越觀測的P-3反潛機和C130運輸機有四個螺旋槳，抗亂流、抗G能力強，可以穿越颱風眼牆之狂風暴雨，即便如此，當年吳俊傑搭乘P-3反潛機在墨西哥外海穿越颶風眼牆時，

2010年8月於關島進行之颱風與海洋交互作用觀測實驗（ITOP）會議現場（圖片來源：吳俊傑）

2010年8月ITOP以C130運輸機進行颱風觀測任務，兩位國際研究合作夥伴分別為日本及美國著名颱風研究學者Dr. Tetsuo Nakazawa（中澤哲夫博士）與Dr. Peter Black。（圖片來源：吳俊傑）

也免不了經歷將近一個小時的劇烈晃動。不過他說，只要說服自己相信這飛機是安全的，心中便覺得踏實許多，沒有想像中可怕。

5-3 臺灣無人機（aerosonde）探空任務的舵手
——空中田野工作者林博雄

實際上在追風計畫中，吳俊傑較常待在地面上運籌帷幄，執行計算、資料確認等工作，但是讓有志參與計畫的學生或助理登機，心理壓力可不像自己飛上天那麼容易釋懷。雖然從一九七四年後就沒有飛機因颱風觀測而失事的紀錄，身為計畫主持人，吳俊傑還是得等到飛機平安落地才能心安。令他印象深刻的其中一次任務是二〇〇八年的薔蜜颱風，飛機返航時機場已經發布W06警報，亦即再過六小時颱風暴風圈就會抵達機場，「當時我們在地面上都在想，天哪！這要怎麼降落？幸好漢翔公司飛行駕駛技術高超，在強烈側風吹襲下，以上風處單輪先著地平安降落。」

臺灣大學大氣科學系系主任林博雄認為，以現今

2008年薔蜜颱風（圖片來源：吳俊傑）

的飛航技術，追風計畫整體而言並沒有想像中危險[25]，而且大多數任務中，進行觀測時颱風還在遠遠的外海，起飛、降落時相對簡單，飛近颱風時也能根據雷達回波避開亂流，「就像開車時看到前面有個大石頭可以從旁邊繞過去一樣，日本二〇一八年就用跟我們類似、甚至更老舊的飛機進行過好幾次穿越颱風眼的飛行。反而是二〇〇七至二〇〇九年梅雨季進行的西南氣流觀測與豪雨預報實驗[26]，起飛、降落都在很不穩定的天氣，那才更具挑戰。」

吳俊傑與林博雄（圖片來源：吳俊傑）

林博雄不僅是追風計畫共同主持人之一，也是吳俊傑多年好友。服役時在花蓮機場擔任氣象官，對機場運作十分熟悉，在計畫中主要負責日本、菲律賓飛航情報區申請作業，以及與飛行員溝通等事項，並在包括T-PARC在內的多次任務中擔任機上指揮，二〇一三年計畫移交給中央氣象局執行後，持續以顧問身分提供協助。吳俊傑形容，追風計畫是他和林博雄的友誼結晶，「我曾經開玩笑跟他說，萬一哪天我先掰掰了，你就把我的骨灰放進投落送拋投到颱風裡去，滿有紀念價值的。」

林博雄對颱風的狂熱一點也不輸吳俊傑，「我的夢想是退休後去學開飛機，專辦帶大家去看颱風眼的旅行。」很多曾飛進颱風眼的科學家，都對眼前所見深感震撼，伊曼紐形容眼牆的景觀彷彿「一個三十二公里寬、十六公里高的羅馬競技場，周圍有一連串的冰晶沿著令人眩目的白牆落下」。[27]不過，飛

2000年10月，無人機Aerosonde首次嘗試飛進中度颱風雅吉（Yagi），這是起飛前的最後準備。（圖片來源：林博雄）

進颱風眼的主要目的可不是為了欣賞壯觀的景象。受限於飛機性能與考量飛行員心理壓力，追風計畫只能在颱風外圍進行觀測，雖然對颱風路徑預報、七級風暴風半徑估計有一定幫助，但想要提高颱風強度預報準確度，就得實際測量颱風中心氣壓。

有鑑於飛機觀測成本較高，無人機等無人飛行載具，也是大氣科學界寄予厚望的觀測工具之一。一九九六年，美國海軍研究辦公室、海軍研究學校、加州理工學院和普林斯頓大學共同組成了「遠程飛行器遙測研究中心」，並於同年推出Aerosonde這款無人飛機。中央氣象局一九九七年開始評估Aerosonde的科學應用價值，臺灣隨後於一九九八、一九九九年前後採購了共八架Aerosonde，並由林博雄組織「臺灣無人飛機探空團隊」（Taiwan Aerosonde Team, TAT），從二〇〇〇年開始進行颱風觀測任務。

即便Aerosonde有長達三十小時的續航時間，一九九八年就完成首次無人機橫越大西洋的創舉，且證實能在雷雨胞的劇烈天氣中蒐集資料，但從來沒有人嘗試過要讓它飛進颱風中心，而這正是林博雄等人的目標。二〇〇〇年十月，Aerosonde首次嘗試飛進中度颱風雅吉（Yagi），穿越颱風後在花蓮外海因引擎熄火墜海，雖然沒有成功抵達颱風眼，但證實它能在颱風中飛行給了團隊極大的信心。

可惜的是，二〇〇一年的四次Aerosonde觀測或發生故障或墜毀，都未能抵達颱風眼。二〇〇四年的妮妲颱風（Nida）與康森颱風（Conson）觀測中，雖然分別取得海陸比對低層探空觀測資料[28]與完整颱風水平剖面觀測資料，但六架第一代引擎的Aerosonde也至此全數毀損或墜海。

二〇〇五年春天，最後兩架送回原廠改裝引擎、配有衛星通訊模組的Aerosonde送回臺灣，第七架Aerosonde在七月十八日的海棠颱風觀測中引擎表現良好，但增強的颱風將它吹出一六〇公里的通訊範圍，而無法得知墜海地點。林博雄回憶：「當時整個團隊心情落到最低谷，因為計畫原定七月底就要結束，後來我們向國科會爭取在不增加經費的前提下，把計畫再延三個月。」

一般來說，無人飛行載具進行劇烈天氣（如颱風）觀測，有很大可能無法回收，但林博雄當時的目標是希望Aerosonde能成功收回重複使用，「如果颱風離臺灣太遠會有去無回，離臺灣太近，在機場關閉的狀況下也不能飛。」而且這個颱風也不能離他們所使用的恆春機場太遠，每一次的飛行任務都得謹慎評估其可復返的機率。

二〇〇五年十月一日，強烈颱風龍王（Longwang）朝花蓮逼近，TAT團隊終於等到機會，Astra噴射機在清泉崗一落地，林博雄就直奔恆春機場。傍晚五點五十分，Aerosonde從恆春機場起飛，朝墾丁氣象雷達站回波圖顯示的龍王颱風眼飛去。當天深夜十一點，它量測到的風速快

TAT-G1是2001年第一代Aerosonde，林博雄與組員在綠島機場操練，當時充滿年輕逐夢的衝勁。（圖片來源：林博雄）

速上升，超過每秒五十公尺，而後在午夜突然減弱至每秒十公尺以下。這是否表示Aerosonde終於順利穿過眼牆？林博雄與負責操控團隊成員等到Aerosonde完成一圈方圓五公里的盤旋飛行，確認機身處於微風環境，並透過雷達再次確認颱風眼定位數據，才宣布團隊締造了史無前例的紀錄：這是全球首度有無人飛行載具成功抵達颱風眼。「就像好萊塢電影一樣，高潮最後才到來。」林博雄回憶。

成功抵達颱風眼後，Aerosonde嘗試降低高度以進行垂直探空觀測，但接連兩次高度低於一二〇〇公尺時，都發生衛星通訊失效而作罷，隔天凌晨一點二十分以逆時鐘方向朝颱風外圍飛出，這時Aerosonde已經十分靠近陸地，為避免一旦墜毀可能傷及人員或建築，團隊再次操控Aerosonde進入颱風眼，原本計劃就此返回恆春，但在接近綠島上空時引擎熄火，在清晨三點五十分左右墜落於恆春外海。事後團隊研判，引擎異常的原因可能是火星塞積碳導致，以Aerosonde飛行過程的表現來看，只要能順著颱風環流風勢飛行，除非通過強降水對流胞，否則不會輕易失控。

Aerosonde落海前傳回墾丁氣象雷達站的資料，不僅讓研究團隊得知颱風環流接近陸地時產生的不對稱性結構特徵，其所量測到的最大風速也與花蓮氣象站都卜勒雷達反演計算結果相當接近，當時花蓮

2005年Aerosonde在龍王颱風首次飛進颱風眼之前的起飛照（圖片來源：林博雄）

氣象站的都卜勒雷達三年前剛建置完成，透過Aerosonde的實際量測，使雷達遙測反演概念得到驗證。

可惜的是，二〇〇一年九一一事件發生後，美國全面禁止無人飛機出口，臺灣成了第一個也是最後一個使用Aerosonde進行颱風觀測的國家。[29]但林博雄並沒有放棄取得颱風眼的大氣資料這個目標。他與一群Aerosonde計畫時期結識的航太界友人，正在研究如何設計附掛自動導航系統與環境感測器的3D列印滑翔機，在執行追風計畫的同時一併拋投，讓滑翔機直抵颱風眼。

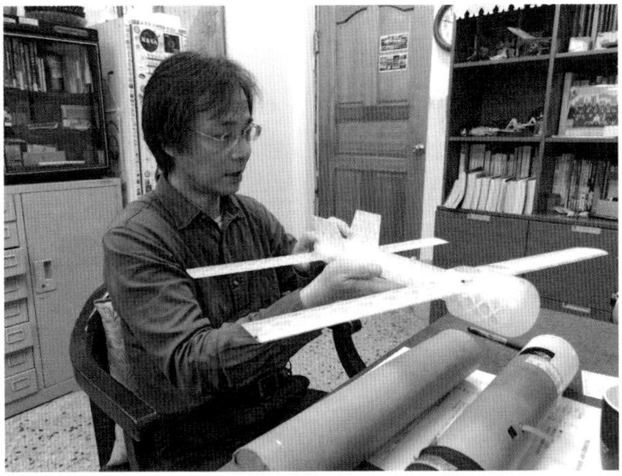

林博雄展示目前正在研發中的3D列印滑翔機，它可折疊置入投落送中。（攝影：王梵）

3D列印滑翔機的結構，是否有可能穿越颱風？林博雄表示，重點在於機身形狀要均勻，加上適當的重量及重心位置、自動導航機身平衡與順風偏轉能力，如此滑翔機就只會晃動而不至於被摧毀。「我們已經用一個真實的颱風個案進行電腦模擬，在十四公里高度、離颱風外圍一五〇公里處出發，發現它確實能夠抵達颱風眼。當初的Aerosonde計畫也有很多人認為不可能成功，既然電腦模擬的結果可行，為什麼不試試看？」

執行過Aerosonde計畫後，林博雄就一直在思考用來觀測颱風的無人飛行載具是否有可能自產，按他估算，一台3D列印滑翔機的成本約一百美元，約是一枚投落送的十分之一，而Aerosonde必須裝在汽車車頂、在機場跑道起飛，地勤前置作業十分龐雜，需要的人力也多，現在透過成本較低的方式，便有可能達到一樣的效果。對林博雄來說，這個構想就只差實際驗證，若一切順利，預計二〇二〇年就能進行測試。

另一方面，追風計畫觀測結束後，颱風接近臺灣、登陸後還會持續轉變，這期間若能進行更多原位（in situ）觀測，對預測颱風影響也有幫助。林博雄指出，颱風接近陸地時，有可能借助探空氣球帶著滑翔機升空來進行觀測：「Aerosonde重量接近三十公斤，無法靠氣球吊上空中，如果是一公斤的滑翔機那就可行。」

5-4 揭開地形密碼：因莫拉克而啟動的LiDAR空載光達技術

颱風帶來的影響，有時甚至是在中心出海後才發生。二〇〇九年八月八日，對許多防災人員來說都是一個不安的夜晚。從八月六日下午五點水土保持局針對九十一條溪流發布黃色警戒起，到八月八日晚間十一點的第十報，黃色警戒溪流已達三三四條，紅色警戒溪流有三八八條，許多地區的累積雨量都已超過警戒基準值[30]，並且以破紀錄的速度持續增加。然而卻幾乎沒有土石流災情傳出，對有經驗的防災人員來說，沒有消息很可能代表著壞消息，因為這表示通訊中斷了。來自小林村的最後一則訊息，是當地防災志工陳漢源八日晚間八點三十一分傳送的簡訊，通報雨量已達一一〇〇毫米。直到八月十日，陸軍航空特戰指揮部直升機進入小林村空域，才發現小林村發生了大規模崩塌，整個村莊都被掩埋在深達二十幾公尺的土石之下。

如同第三章所提及的，臺灣特殊的地質條件，是影響災害型態的重要因子之一。莫拉克風災後，隨著地質敏感區等詞彙躍上媒體版面，身為臺灣地質研究重鎮的中央地質調查所，也感受到來自各界的期待與壓力。中央地質調查所環境與工程地質組組長費立沅，回想起莫拉克風災帶來的改變十分有感觸：「以前地質敏感區只是一個學術名詞，莫拉克之後的梅姬颱風、國道三號順向坡滑動，使《地質法》終於在二〇一〇年十一月三讀通過[31]，地調所也才能依據其中的〈地質敏感區劃定變更及廢止辦法〉正式公告四類地質敏感區。」

在《地質法》三讀通過前，經濟部莫拉克災後重建產業組第一次會議即已做出決議：「本次颱風災害已更凸顯地質調查之重要，請地質調查所思考及規劃未來工作重點。」當時大家最想探討的問題，莫過於像小林村這樣的災難會不會再發生？

而莫拉克讓中南部許多地區的地形地貌完全改觀，莫拉克颱風災前山崩數量約二萬三千七百個，山崩面積約一九四四六公頃；風災後山崩數量增加到約四萬五千一百個，接近風災前的兩倍，山崩面積也達五六三五三公頃，幾乎是災前崩塌面積的三倍[32]，增加了很多大範圍崩塌地。重新進行地質調查以提供當地居民防災資訊、居住地重建與遷建參考成了當務之急，以更長遠的目標來看，重大天災頻頻發生，更需要完善的基礎調查做為國土保育依據。

在這樣的背景下，中央地質調查所於二〇〇九年九月啟動了「國土保育之地質敏感區調查分析計畫」，以六年的時間，運用空載光達技術（Light Detection And Ranging, LiDAR）進行全島一米解析度數值地形模型的測繪。光達技術最早是在二〇〇〇年由成功大學引進，二〇〇五年中央地質調查所便開始運用此技術，進行為期七年的「大臺北特殊地質災害調查與監測」，莫拉克風災成了一個契機，讓我們能更全面地認識自己所生存的島嶼，「同時也因為大臺北調查的經驗，讓我們有信心能執行這個計畫。」

費立沅說。

光達的原理其實與雷達並無二致，但光達發射的不是傳統雷達的無線電波，而是波長較短的雷射光，依照使用目的可選擇不同波段的紫外光、可見光或近紅外光等，由於雷射光相較於無線電波波長較短、能量更集中，因此光達相較於雷達有更好的解析度。建立數值地形模型時是運用波長約一微米的遠紅外光，以每秒二十至四十萬次的頻率從飛機上發射訊號（或稱打點），再接收反射的回波。只要根據訊號發射與反射回波的時間差，就可計算出地面到飛機的距離，進而描繪出地形模型。[33]

這對於找出潛在大規模崩塌

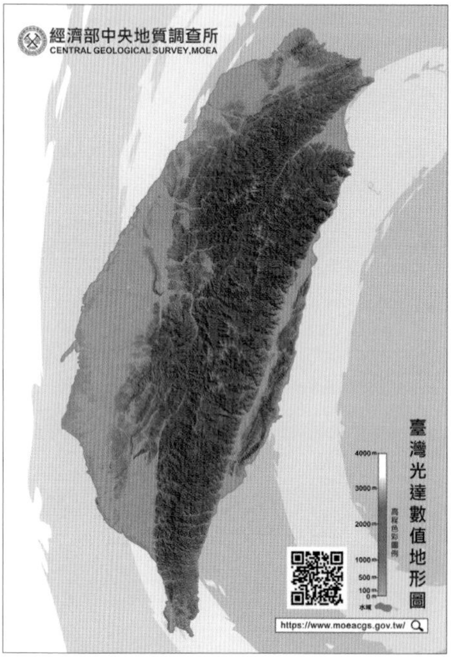

全臺光達數值地形圖

中央地質調查所歷經近七年時間，完成臺灣島數值高程地形資料，是歷年來最清晰無植生的裸地影像，可看到真實的山巒起伏、蜿蜒河谷、岩層分布、地質構造等。（圖片來源：中央地質調查所謝有忠）

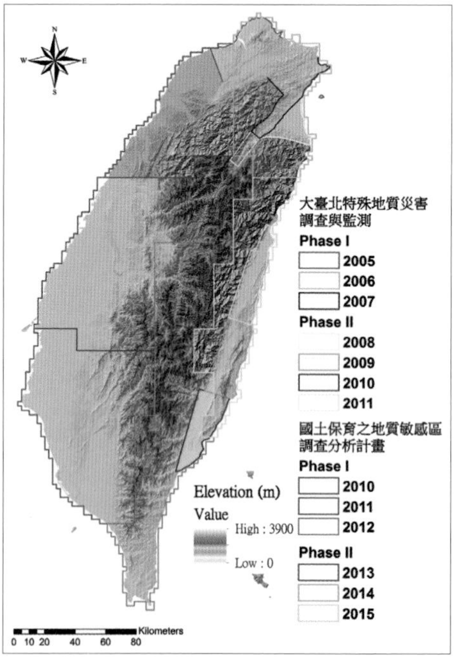

全臺1m解析度光達數值地形測製

中央地質調查所自2005開始執行大範圍空載光達數值地形測製計畫。最初為大臺北特殊地質災害調查與監測計畫，自2005至2011年，執行範圍為北部地區、東北部地區及東部地區；國土保育之地質敏感區調查分析計畫自2010至2015年推動，完成全島1m解析度光達數值地形之測製，成果交由內政部提供各界使用。（圖片來源：中央地質調查所謝有忠）

區域有何幫助呢？大規模崩塌不是一天造成的，它在演育過程會形成一些可供判釋的地形特徵，包括第三章提過的崩崖、多重山脊，以及圓弧形裂縫、坡趾隆起等。過去進行崩塌地圈繪時，僅能依賴不同時期的航空攝影照片，從植被狀態比對出「已發生」的崩塌，或現場測量、踏勘，但「潛在」大規模崩塌的蛛絲馬跡，往往隱藏在茂密植被下而難以發覺，「見樹不見地」，是航空攝影的局限。

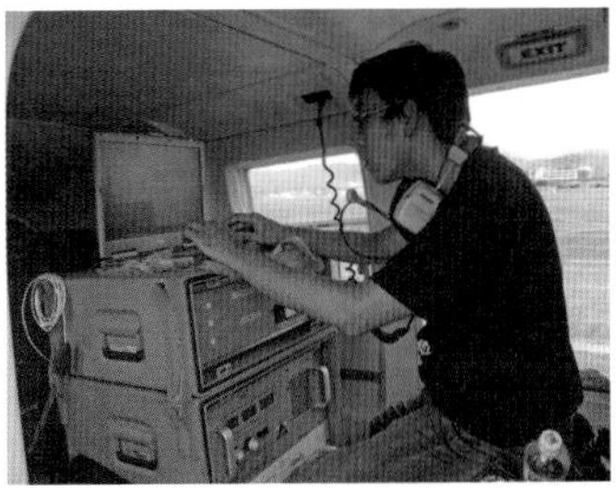

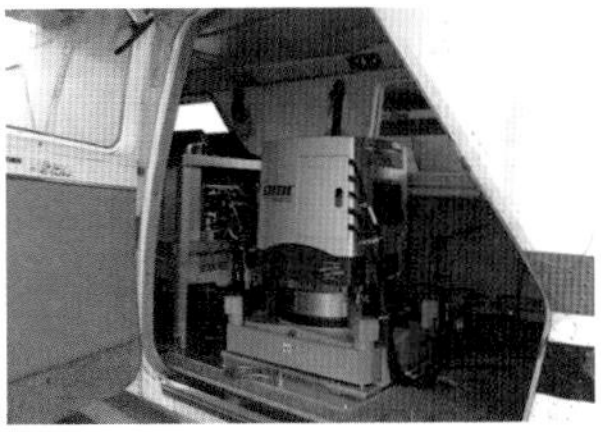

③ | ①
  | ②

空載光達設備與操作實景

① 安裝在機艙內的空載光達儀器。

② 安裝在機艙內的航照攝影機。一般在空載光達作業時也會同步拍攝航照影像，由航拍員統一操作兩項設備。

③ 航拍員是飛機上除了正、副駕駛以外，負責實際操作航攝作業的人員，必須檢視操作畫面，設定好各項參數。

（圖片來源：中央地質調查所謝有忠）

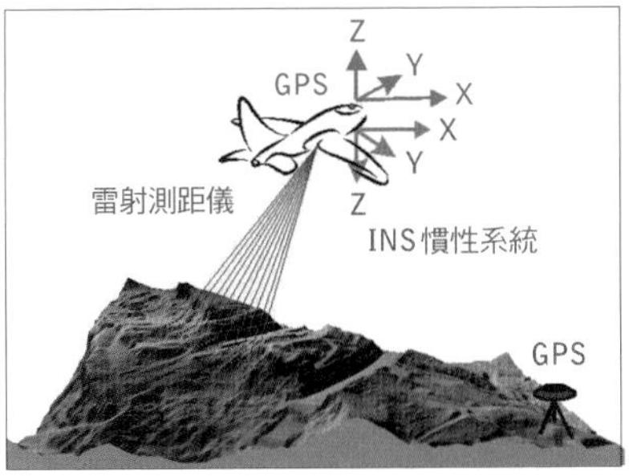

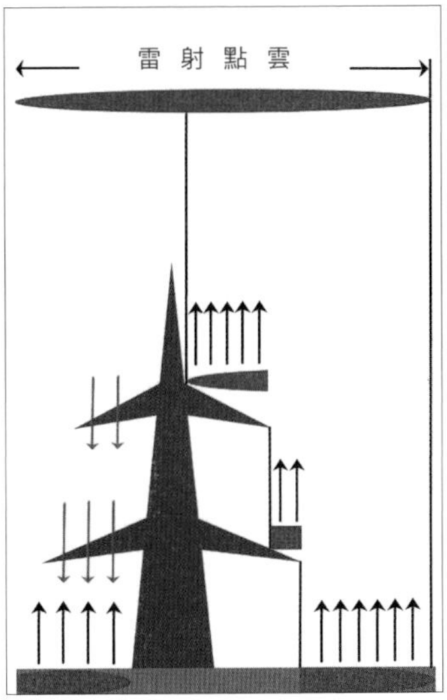

② | ①

空載光達原理圖

① 空載光達資料具有多重回波的特性。用以代表地面反射訊號的雷射點雲，係藉由不同高度物體反射的特性，記錄多次回波的時間，而能計算出各個不同反射物體所代表的高程。最下面的長板代表地面，所有從該處反射的訊號即是地面點。

② 空載光達作業需要空中與地面的配合。所需的重要儀器系統，包括飛機上的空載光達雷射測距儀、INS慣性系統、飛機上的GPS衛星導航系統以及地面固定站GPS衛星導航系統。

（圖片來源：中央地質調查所謝有忠）

空載光達掃瞄資料的剖面圖看起來像是連連看遊戲，其中每個點都含有三維坐標，稱為點雲（point cloud），呈現植被與建物高度的資料稱為「數值表面模型」（Digital Surface Model, DSM）；去除所有地上物的點雲後，將所有的點連在一起，便能得到「數值高程模型」（Digital Elevation Model, DEM），判釋潛在大規模崩塌區域時使用的是DEM資料。[34]

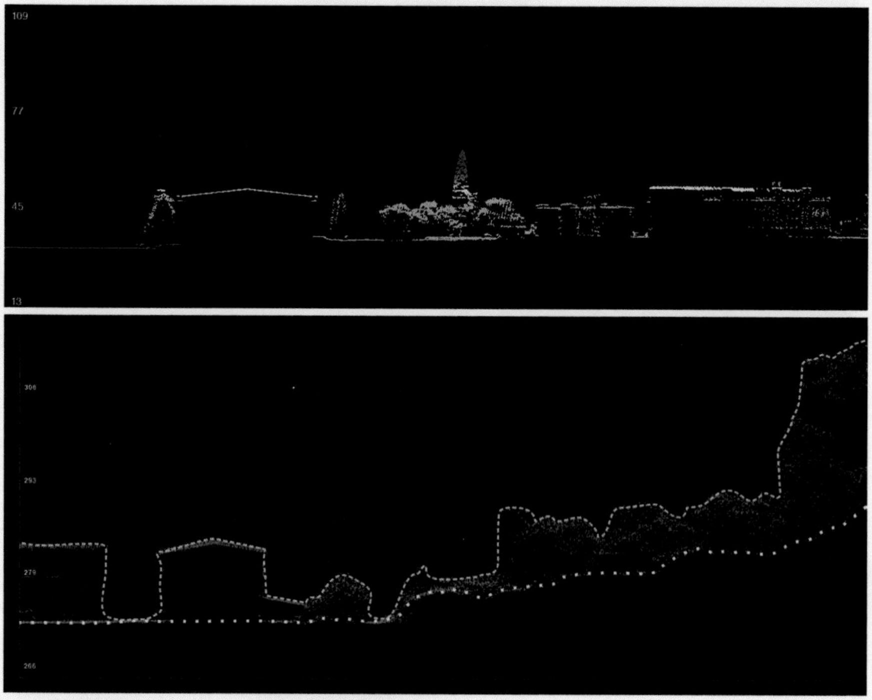

數值表面模型（DSM）和數值高程模型（DEM）

①
②

① 雷達回波點雲剖面

② 光達掃瞄儀獲取的地面反射訊號，經過資料處理後，可以得到許多種類的雷射點雲資料。圖中白色點稱為非地面點，代表地面植生或構造物；橘色點稱為地面點，代表地表面的真正高程。由這些資料即可計算出數值表面模型（DSM）和數值高程模型（DEM）資料，各有其應用層面。（圖片來源：中央地質調查所謝有忠）

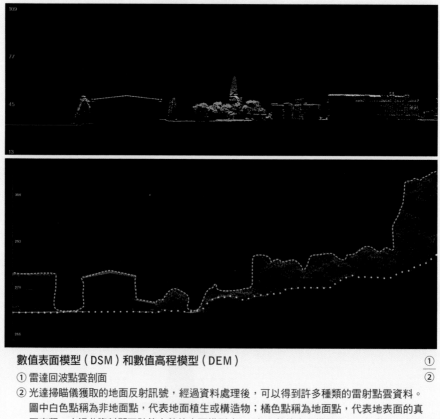

光達技術的優勢，在於它能夠像照X光一樣濾除建物與植被，讓研究人員看見接近真實的地表狀況。其原理在於，雷射光觸及建物時會一次全部反射，但經過植被覆蓋區域時，就像陽光灑落樹林間時有部分被遮蔽、有部分在地面形成光斑一樣，會產生多次反射訊號，這些不同的反射型態進行資料處理與人工篩選、檢核後，就能呈現出光溜溜的地表模樣。

費立沅說明，衛星影像或航空攝影只能判釋裸露地，但這些分散的裸露地，有可能只是一片大範圍崩塌地的冰山一角，有了光達資料後，便有機會將其判釋出來。以福衛二號衛星為例，目前其黑白、彩色影像解析度分別為三公尺、五公

②|①

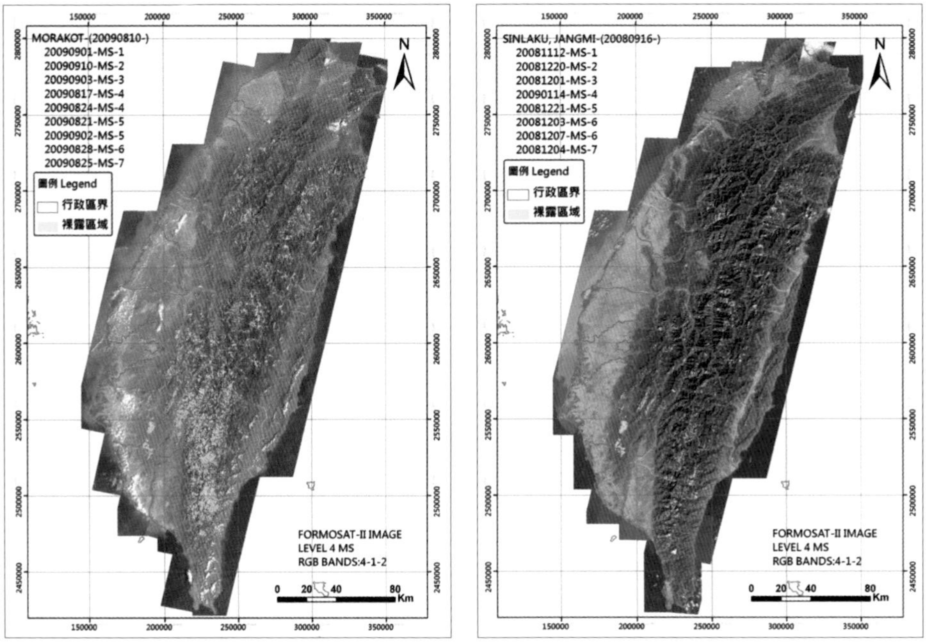

莫拉克前後福衛二號崩塌比較圖

① 2008年福衛二號莫拉克風災前影像。紅色表示植被分布區域，黃色點則通稱為裸露地，一般多為山崩後留下的地表光禿禿的區域。風災前裸露地既零星且分散。（圖片來源：中央地質調查所費立沅）

② 2009年莫拉克風災後福衛二號影像。與前圖相較，裸露地範圍明顯增多且擴大，於中南部與東部地區最為明顯，也就是受災最嚴重的地區。（圖片來源：中央地質調查所費立沅）

尺，而藉由光達繪製的數值地形模型精確度可達五十至一百公分，即使是隱藏在樹叢中高度僅一公尺的小崩崖，仍有機會被判釋出來。[35] 藉由光達資料，輔以航照影像、既有地質圖與地形坡向資料進行綜合判釋，中央地質調查所已在全臺找出超過一千處可能發生大規模崩塌的區域，其中約一百處會影響聚落安全。[36]

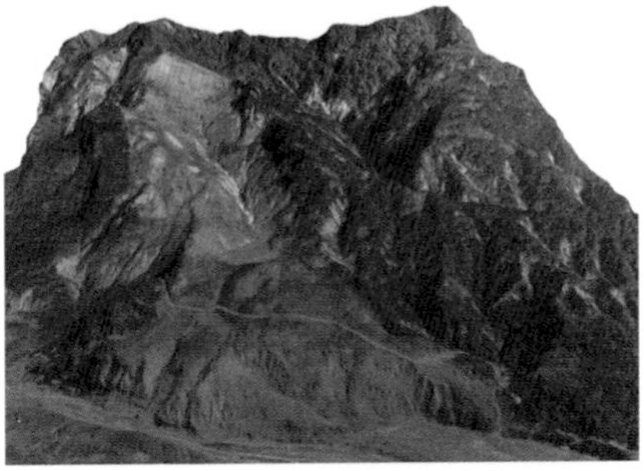

利用災後數值地形及航照影像，模擬高雄小林村及東側獻肚山崩塌之三維地形圖，可清楚看到發生大規模崩塌後的地形及植被的改變。
（圖片來源：林慶偉）

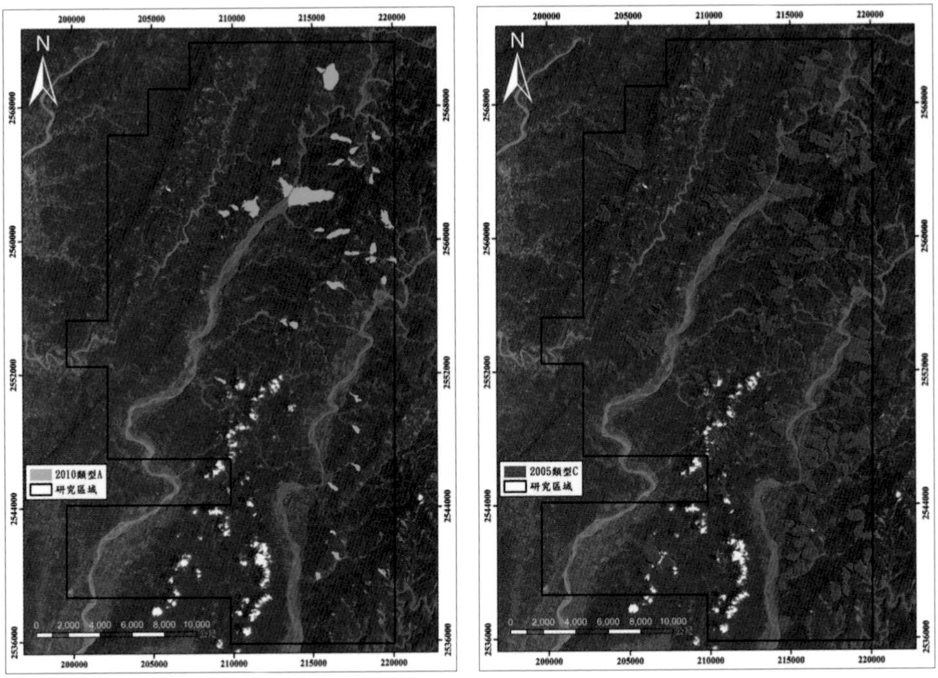

莫拉克前後光達數值地形比較圖 ②|①

① 利用2005年內政部光達數值地形於旗山溪流域判釋出199處潛在大規模崩塌區域

② 2009年之莫拉克颱風於199處判釋的潛在大規模崩塌中，有34處發生大規模崩塌，發生率約17%。
（圖片來源：林慶偉）

這只是瞭解大規模崩塌的初步成果。光達判釋工作並不是飛機飛過一趟就一勞永逸，費立沅說明，從光達影像上看到的許多線段，在地質術語上只能先稱為線型（Lineament），它有可能是層面、節理面或斷層，必須參考地質圖並至現場調查做進一步分析。此外，由於樹木具有垂直向上生長的特性，因此樹木歪斜的狀況也能反映坡地滑動的歷程[37]，這些現象和一些微小的地質徵兆，例如僅有五到十公分寬的張力裂縫，仍需現場踏勘才能充分掌握狀況。二〇一〇至二〇一五年完成初步調查後，中央地質調查所自二〇一七年開始執行為期五年的計畫，進行潛在大規模崩塌區域精進判釋、十公頃以下的潛在中等規模崩塌區域判釋、補充現地調查、機制分析等工作。

小林村災變發生時，多數媒體仍以土石流稱之，但大規模崩塌的性質以及人們對它的瞭解程度，與土石流相比都差異甚大。二〇〇一年桃芝颱風造成二百一十四人死亡，同年的納莉颱風，是臺灣首次在災害實際發生前執行疏散撤離，當時撤離人數高達二萬四千人，

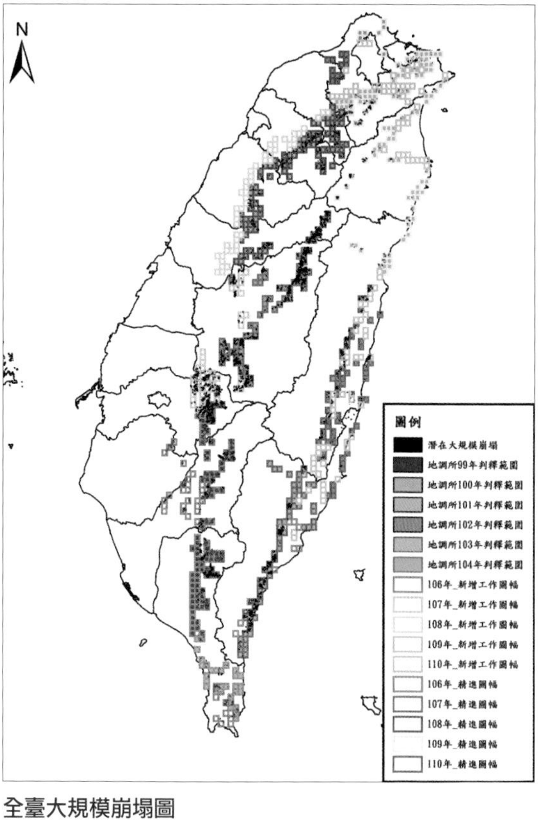

全臺大規模崩塌圖

中央地質調查所判釋潛在大規模崩塌圖幅分布範圍，以具有保全對象之區域為優先，每年約700平方公里，做為後續精進調查的基礎。（圖片來源：中央地質調查所謝有忠）

引發不少民怨，二〇〇四年的敏督利颱風減為九千五百人，此後一直到莫拉克颱風為止，撤離人數至多一、兩千人，少則數百人。國家災害防救科技中心坡地與洪旱組組長張志新解釋，疏散人數變少並不表示災害規模變小，而是因為經驗的累積：「剛開始做災害預警時要求具有風險的地方加以疏散，後來逐漸發現實際發生的災害規模沒有預期中大，可以縮小疏散範圍。防災研究往往是從災害中學習，但是莫拉克颱風時撤離人數達到二萬四千七百七十五人，可以看出當時相關單位確實認知到它的影響會很大，但像是小林村這樣的事件，當時仍在我們經驗值之外。」

①
②

2010年國道三號順向坡滑動事件地形圖

① 國道三號七堵山崩事件前的數值表面模型（DSM）地形資料，圖中植生狀況與國道削坡、高架路段及橋梁等，皆可清楚看到。
② 數值地形暈渲圖（DEM）表現出光禿地表的形貌。表示國道三號七堵山崩事件前的地形狀況，圖中橘紅色平面則為山崩後地面光達掃瞄成果，藉由不同時期的地形資料，可以計算崩落之體積約為20萬立方公尺。（圖片來源：中央地質調查所謝有忠。文獻來源：蘇泰維、謝有忠等，〈國道三號災前災後的地形演變〉，《地質》季刊29-2，頁16-19。）

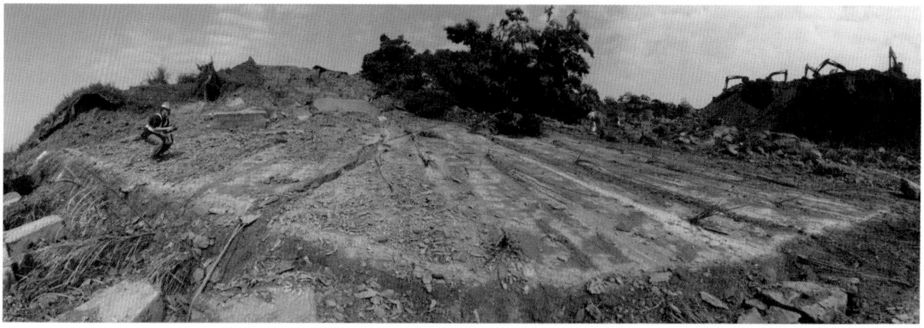

國道三號七堵山崩事件殘餘之順向坡滑動，為青灰色濕潤的新鮮岩層，還可見到被扯斷的岩錨鋼纜。（圖片來源：中央地質調查所費立沅）

費立沅直言，大規模崩塌研究從莫拉克風災後才起步，「還有很多事我們並不瞭解，地下水扮演的角色就是一個例子。像小林村厚達八十公尺、充滿孔隙的崩積層，其中的水存在何處、如何流動？這些都難以掌握。」以土石流之類的淺層崩塌、地滑、大規模崩塌這三種坡地災害類型做比較，淺層崩塌主要由降雨入滲所引發，與地下水位關係不大；地滑主要控制因素為地下水位，地下水位達到一定高度才會發生；大規模崩塌的水文控制條件最為複雜，包含降雨入滲、土壤含水量及地下水位等三種，且詳細作用機制仍有許多待釐清之處。[38]

那麼是不是累積雨量愈高的地方災情會愈嚴重呢？可惜事情沒這麼單純。莫拉克颱風期間（八月六日至十日）所觀測到的最高降雨量，是阿里山奮起湖氣象站的三〇六〇毫米，高雄縣傷亡人數最多，但桃源鄉御油山測站測得的總累積雨量二八二三毫米僅位居第三。更別說二〇一〇年國道三號順向坡滑動事件，在無風無雨的狀況下崩落了約二十萬立方公尺的土石，顯見雨量雖然是誘發大規模崩塌的重要因素，但並非唯一因素。卡珊德拉的困境在此又以不同形式出現：知道某些條件下可能會發生大災難，卻無法預知它會何時發生。

即使從光達資料能判釋出某些潛在大規模崩塌的地形特徵，「但這跟判斷它的活動性高不高、什麼時候會滑動是兩回事，這兩個問題需要各式各樣的監測方式來嘗試回答。」費立沅說。目前大規模崩塌的監測與研究工作，分別由中央地質調查所、農委會水土保持局與林務局在不同地區進行[39]，但要從基礎調查邁向警戒基準值訂定、境況模擬及防災預警階段，仍有一段路要走。

5-5 從災害觀測、預警到防災

二〇一九年五月水土保持局舉辦的「氣候變遷下大規模崩塌防減災計畫」專家諮詢會議，其中一個討論焦點便是大規模崩塌是否能像土石流一般訂出雨量警戒值？最後與會專家一致認為，雨量在大規模崩塌扮演的角色太過複雜，現階段仍須進行更多詳細研究，避免過度預警反而使民眾喪失戒心。即便是土石流這種從初期調查到疏散避難流程建立已累積二十多年經驗的災害，若以紅色警戒發布次數對照實際發生土石流的次數，準確率也不到三〇％。這是預報科學的限制，不是卡珊德拉故意要當放羊的孩子。

不論雨量誘發大規模崩塌的機制為何，颱風在臺灣導致的傷亡主要都是降雨造成是不爭的事實。然而，若將過去數十年天氣預報的進展比喻成電玩破關的過程，「定量降水預報」（Quantitative Precipitation Forecast, QPF）[40]就像是大魔王等級的存在。莫拉克風災發生當年，世界各國氣象單位幾乎都僅就降雨機率、可能會下大雨或小雨做「定性」預報，只有臺灣基於雨量在防災作業上的關鍵性，會在颱風來臨前對降雨量做「定量」預報，也就是實際上可能會下多少雨。[41]這是明知不可為而為之的挑戰，使得雨量「預報不準」的抨擊成為中央氣象局不可承受之重。

降雨預報準不準，是以「預兆得分」（threat score）的方式判定。假設氣象單位預報A＋B區域第二天會降下五十毫米以上雨量，而第二天實際降下五十毫米雨量的區域為B＋C，這次降雨預報的預兆得分就是B／（A＋B＋C）。若預報完全正確，A＋B和B＋C區域會完全重疊，得分就是一。[42]臺灣從一九九八年開始發展定量降雨預報技術，二〇〇五年十二月三十一日正式發布二十四小時定量降水預報，二〇一九年五月十九日首次推出每三小時更新一次的定量降水預報。美國國家環境預報中心自一九六〇年九月開始進行定量降水預報，美國也是臺灣改進降雨預報的主要技術合作國家，兩國在預兆得分上相去無幾。以降雨量五十毫米為例，二〇一二年中央氣象局十二小時預報的預兆得分是〇．二三，二〇一七年這個數字已逼近〇．四[43]，不幸的是，現有科技仍很難突破雨量愈大得分愈低的門檻，對近年頻頻發生豪雨甚至超大豪雨的臺灣更是嚴峻的挑戰。[44]

氣象預報原本就會隨著更新的觀測資料不斷修正，時間距離愈近的預報愈準確，降雨預報也是如此。莫拉克颱風期間，中央氣象局自八月六日至九日間七度上修山區最高累積雨量，從一〇〇〇毫米上修至二九〇〇毫米，在一般人眼裡，這種「一修再修」的特性時常被解讀為「不夠專業」，還會成為政治人物卸責的理由。八月五日上午，氣象局原本研判颱風會往北方前進，因此特別提醒北部地區注意大雨，但當天下午發現颱風路徑有偏南趨勢時，就開始提醒南部地區注意防範，莫拉克帶來的大雨讓許多人感到措手不及，部分原因恐怕是對氣象預報的本質有所誤解，沒有持續關注更新預報的結果。

降雨預報如此困難的原因，除了雲從形成到降水過程的物理作用極難掌握，還有臺灣多山而複雜的地形。[45]為了進行數值預報所蒐集的初始條件本身就充滿變數，模式難以精確模擬的複雜地形又增添了不確定性。此外，由於雷達的無線電波是直線前進，容易受到地勢高低起伏遮蔽而觀測不到山另一頭的降雨，受限於交通問題，雷達也不可能都設置在山頂上。

鄉民口中的「護國神山」也在降雨預報的考驗中參了一腳。吳俊傑與美國國家大氣科學研究中心（NCAR）學者郭英華教授，一九九九年即發表了一篇研究，以一九九六年賀伯颱風為例，指出中央山脈對颱風預報是禍福參半的存在（mixed blessing）。[46]山脈雖然會破壞颱風結構，並使颱風環流因接觸到山而摩擦耗損、威力減弱，但也會帶來舉升作用，因山脈而抬升的氣流若與夏季的西南氣流或秋季東北風結合，可能會使某些區域降雨量特別大。二〇一六年，日本氣象衛星捕捉到梅姬颱風眼牆與中央山脈接觸後潰散的過程，經媒體披露後引發一片讚嘆聲，但二〇一〇年同名的梅姬颱風，即使中心距離臺灣有一千多公里，卻因外圍環流與東北季風產生共伴效應（亦稱秋颱），加上地形舉升影響，在宜蘭縣蘇澳鎮、南澳鄉降下超大豪雨，導致蘇花公路遊覽車墜崖意外。

地形也會使颱風的路徑變得詭譎難測，或是在最後一刻突然減速，連帶影響降雨預報。二〇〇五年海棠颱風（Haitang）接近臺灣時，眼牆西側氣流受地形擠壓而向南加速，形成狹道效應（channeling effect），使颱風路徑偏南，但同時大範圍的導引氣流又牽引著颱風往北走，形成打轉一圈的路徑。

山脈並不為保護某個國家或地區而存在，也不應該在豪雨成災時被稱為「豬隊友」。畢竟災難的嚴重程度，很大部分取決於人類的社會經濟狀況，以及對災難是否有所準備。莫拉克風災災後十年來，臺灣的防災相關技術與措施也在嘗試前進。首先是「臺灣地區防災降雨雷達網建置計畫」，預計在北、中、南三個都會區及雲嘉南、宜蘭兩個低窪易淹水地區，各建置一部C波段雙偏極化都卜勒氣象雷達，目前高雄林園、臺中望高寮的兩座雷達站已正式啟用，可望進一步提升豪雨預警能力。

中央氣象局原有的五分山、花蓮、墾丁、七股四座氣象雷達屬S波段都卜勒氣象雷達[47]，監測範圍達四六〇公里，主要目的是監測大範圍的天氣現象，但想要更準確地預報近年愈來愈頻繁的短延時強降雨，需要取得更密集、高解析度的觀測資料。臺灣的氣象測站雖然已經很密集，但彼此之間仍相距至少十多公里，如果一朵雨雲只有五公里大小，可能就會成為漏網之魚。防災降雨雷達為C波段雙偏極化都卜勒氣象雷達，針對一・五公里以下的低空區域進行觀測，這是S波段雷達的觀測死角，防災降雨雷達只針對七十五公里範圍內的降水進行觀測，發射能量僅約S段雷達的四分之一[48]，S波段氣象雷達空間解析度為一至二公里，每十分鐘回傳一筆資料，防災降雨雷達空間解析度為一五〇公尺，每兩分鐘回傳一筆資料。

此外，在西南氣流的源頭、過去一直缺乏氣象觀測資料的南海，中央氣象局於二〇一七年八月在東沙島建置了一座剖風儀雷達（wind profiler radar），探測高度最高可達十六公里，每六分鐘回傳一筆三維風場垂直分布資料。當年八月二十二日天鴿颱風（Hato）中心恰好通過東沙島，剖風儀精準捕捉到颱風完整的風力垂直結構，這些珍貴的觀測資料，將可進一步改善數值預報的準確性。[49]

莫拉克風災發生時，降雨量幾乎是駐守在各應變中心的防災人員所能取得的唯一資訊，其他像是河川水位、潮位變化等，不是付諸闕如就是分散各處，對於災害情況難以全盤掌握。張志新以雨量站為例：「中央氣象局、水利署、水土保持局、各縣市政府都有雨量站，如果沒有整合在一起，不會得到最完整的面向。」莫拉克風災促成了國家災害防救科技中心能逐步將各政府機關的資訊，歷經多年努力整合在「災害情資網」中，如果中心圈繪出的易致災地點如都會易淹水地區，附近恰好有警政單位的錄影監視系統（CCTV），也會整合進災害情資網中。[50]「這也許無法避免災害發生，但能讓我們比較早知道到底發生什麼事。」張志新說。

電腦運算能力的改進，也讓防災人員能夠做更多沙盤推演。國家災害防救科技中心近年嘗試進行部分地區的淹水災害模擬與監測，張志新表示：「要即時模擬一個地區可能的淹水情況，得從山區降雨逕流、平地降雨到海岸潮位都有一定的掌握，這是最近幾年才有辦法做到。以莫拉克那時候的電腦運算能力，可能要耗掉兩天才能把可能淹水的地方分析完，等分析完颱風都走了。現在只需要一到兩小時就能得到模擬結果，至少可以預估十二到二十四小時後的事情。」

不過由於即時淹水災害模擬所需的運算資源仍非常可觀，目前可行的做法是針對颱風預報路徑上的主要受影響地區，進行河川水位預報、淹水災害模擬及下游暴潮風浪模擬，未來若有可能引發災害的颱風接近，就能應用此技術進行局部性分析，或許可以提早幾小時發布災害預警，或是更能正確掌握發生災害的區位與嚴重程度。同時也可以運用整合在災害情資網中的監測資訊，例如河川水位站的水位，來即時修正預報。

國家災害防救科技中心的另一個嘗試是發展河川上游小區域洪災預警技術，這項工作的關鍵是盡可能掌握保全對象附近每條河川的支流大小、深度，以便精準預測淹水的影響。張志新說明：「我們是透過空拍機影像轉換為數值高程資料來建立河川上游斷面地形，再以二維模式分析山洪暴發可能的影響範圍，若能使用該區域的光達資料，分析起來會更有效率。技術上把地形弄清楚這件事比以前容易了，門檻在於，如果要納入全臺灣河川上游支流，也需要龐大的運算資源。」

不過這些淹水情境模擬的瓶頸，還是定量降水預報這個

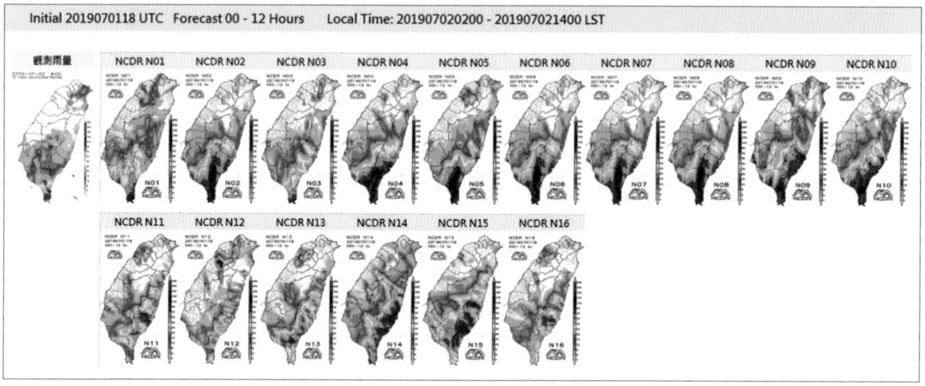

系集預報圖

在系集預報系統中，彙整了不同的數值預報模式，利用統計方式歸納分析，將各別單一模式預報的不確定性減到最小。（圖片來源：災防科技中心）

大魔王，以及天氣預報的終極門檻：混沌效應。為了降低過往單一模式數值預報的不確定性，二十一世紀後各先進國家的氣象單位，開始廣泛使用「系集預報」這個新方法。

簡單說，系集預報的概念就是「三個臭皮匠，勝過一個臭皮匠。」（之所以不說諸葛亮，是因為天氣預報很難像借東風那麼神準。）一個單獨的臭皮匠就是一種數值預報模式，每一個不同的模式在系集預報系統中稱為「成員」。[51]由於單一數值預報模式無法窮盡所有大氣初始條件，必然要經過簡化，而各個模式簡化時使用的參數各不相同，因此可能使得某種模式在進行某種型態的天氣預報時表現較突出，例如國家災害防救科技中心的N1模式用在預報颱風降雨的表現，就優於其他季節降雨預報。利用統計方式歸納分析多個不同模式的氣象預報結果，將各別單一模式預報的不確定性減到最小，便是系集預報的原理。

系集預報的應用範圍很廣，舉凡颱風路徑、降雨預報、洪水預報、河川水位……都可以套用這個概念。要注意的是，系集預報的主要目的並不是把所有成員的預報結果拿來做平均，而是要盡可能把各種不同狀況都考慮進來，這是一種風險管理的概念。實務上防災人員時常會把最嚴重的情境拿來分析，讓指揮官心裡有個底。

如果只看平均結果，就看不到像是莫拉克風災這樣的極端事件。問題來了，當所有系集預報結果一字排開，我們是否一定要以最高規格來做防災？風險管理的基本概念，是優先處理會引發最大損失及發生機率最高的事件，其次再處理風險相對較低的事件。我們時常在媒體上看到的「百年一遇」、「兩百年一遇」，指的就是風險發生的機率。

百年一遇這個詞常被誤解為「這麼嚴重的天災每百年才會發生一次」，其實正式用語應該是「重現期」一百年以上，重現期是水文學的專有名詞，也稱為重現期距，洪水頻率一詞也是相同的概念。臺灣氣候變遷推估與資訊平臺計畫的說明，可以幫助我們正確瞭解重現期：「重現期沒有固定週期意義，假設一場大豪雨事件的重現期為五十年，並不代表五十年後才會發生相同降雨量，而有可能是幾天後、幾個月後、幾年後、五十年後，或甚至六十年後。這取決於檢視的歷史觀測資料長度，假設以一千年的資料長度來檢視，五十年重現期的大豪雨事件可能會發生二十次，但這二十次並非定期發生，而是不定期發生，或是集中於前期發生。」[52] 例如休士頓在二〇一五到二〇一七年間，就連續三年遭遇重現期五百年以上的洪水侵襲。

根據水利署分析延時二十四小時降雨歷史紀錄的結果，莫拉克颱風期間中南部主要河川流域的雨量站，測得重現期兩千年以上降雨量者有二十八站，五百年以上者三站，兩百年以上者六站。[53] 然而，目前臺灣只有淡水河以兩百年洪水頻率為標準實施防洪排水設計，總經費高達上千億。

張志新坦言，該如何面對發生機率低的大災難是個大哉問。就以「防洪牆或堤防應該要蓋多高」這個問題來說，高度每增加一個單位，牆體就要更寬，地基也要更深，興建費用也會以倍數增加。這些硬體建設還可能降低人們對天災的警覺心，認為防洪牆裡安全到足以進行高密度開發，一旦重現期超乎預期的洪水來臨，後果就會比沒蓋防洪牆來得嚴重許多，這就是二〇〇五年紐奧良在卡崔娜颶風過境後的情景。[54] 另一方面，即使是高風險聚落，遷移的社會、文化衝擊也無法等閒視之。

但這不表示我們什麼也不能做。莫拉克風災是我們重新深入瞭解國土環境的起點，災後國家災害防救科技中心以中央地質調查所當時進行的聚落安全評估標準為基礎，展開「易致災環境指標調查與評估」計畫，實地勘查全臺一千多個山區聚落，把風險相對較高的三百多個聚落資訊公開在「災害潛勢地圖網站」[55]，這項調查主要以坡地災害為主，從落石、順向坡、土石流到大規模崩塌都包含在內。

在現行《災害防救法》架構下，僅有土石流一種坡地災害有明定業務主管機關，大規模崩塌預定在政府組織改造完成後歸屬於環境資源部[56]，易致災環境指標調查與評估的用意，是在其他坡地災害正式納入防災體系前建立基礎資料，各地村里行政單位也可以先依據這些資訊進行防災疏散避難規劃或教育訓練，而一般民眾則能藉此對自己居住的地方有更深入的瞭解。

如果民眾能和政府一起做防災，面對災害時會有更充分的準備。水土保持局自二〇〇四年推動土石流社區自主防災，已有不錯的成果，而在大規模崩塌等其他坡地災害方面，像是備受矚目的高風險區域之一清境農場，在很難像廬山溫泉一樣遷村的前提下，費立沅建議可以透過產官學合作，由當地旅宿業者進行自主監測，例如設置能夠監測坡面位移的單頻ＧＰＳ設備，「還可以做跑馬燈秀給遊客看：現在計算後得到的ＧＰＳ位移量是多少、警戒值是多少，這是企業社會責任的展現。」

繆爾伍德（Robert Muir-Wood）在《翻轉災難》（*The Cure For Catastrophe*）一書中指出，防災文化與防災政策一樣重要，荷蘭人充分認知到自己的國家沒有哪個角落不會遭遇水患，即使有防洪牆的保護，仍有充分準備能在洪水警報來臨時將貴重物品搬到樓上，因為總有一天自己的家十之八九會淹水。[57]張志新說：「我們沒辦法去預防每一個像莫拉克那樣極端的災害，因為成本實在太高，也不一定能做到，但如果我們再遇到一次莫拉克，藉由各種調適措施讓淹水範圍減少、淹水時間縮短、復原重建更有效率，這是有可能做到的，但如果說要百分之百避免災害發生，那是不可能的。」

畢竟，預測天災就像和老天玩俄羅斯輪盤，人類可以透過科技增加贏面，但不會永遠是贏家。

（本文作者：林書帆）

注釋

1 中央氣象局臺南縣楠西鄉曾文站數據。

2 數值預報操作方式參考李名揚，〈氣象預報為什麼會不準？〉，《科學人》第九二期（二〇〇九年十月），頁一〇四至一〇九。

3 洪景山，〈用電腦做天氣預報是什麼碗糕？——淺談數值天氣預報〉，《科學月刊》第五七七期（二〇一八年一月），頁五七至五八。

4 李名揚，〈天氣預報走入鄉鎮〉，《科學人》第一二四期（二〇一二年六月），頁七二至七四。

5 黃椿喜、賴竟豪，〈從衛星看颱風形成過程〉，《科學月刊》第五六九期（二〇一七年五月），頁三八四。

6 行政院國家科學委員會莫拉克颱風科學小組，《莫拉克颱風科學報告》，（臺北：行政院國家科學委員會，二〇一〇年），頁一四〇。

7 張碧慧，〈滿身風雨終無悔─專訪颱風獵人吳俊傑教授〉，《國家公園季刊》二〇〇九年十二月號，頁八〇。

8 本段混沌效應發現歷程，參考詹姆斯・葛雷易克（James Gleick）著，林和譯，《混沌：不測風雲的背後》（*Chaos: Making a New Science*）（臺北：天下文化，一九九一年），頁二七至二九。

9 安德魯・瑞夫金（Andrew Revkin）、麗莎・麥肯利（Lisa Mechaley）著，鍾沛君譯，《天氣之書：100個氣象的科學趣聞與關鍵歷史》（*Weather: An Illustrated History: From Cloud Atlases to Climate Change*）（臺北：時報文化，二〇一八年），頁五三。

10 《混沌：不測風雲的背後》，頁三三至三四。

11 這位學者就是臺灣大學大氣科學系教授吳俊傑，詳見張志玲，〈追風故事——探求綺麗的颱風異想世界〉，《科學發展》第四四四期（二〇〇九年十二月），頁四三。

12 截至二〇一八年為止，貝蒂颱風是臺灣有發布警報的颱風中出現最多次的名字，有七次之多。不過二〇〇〇年後颱風命名方式改採十四個颱風委員會成員國所提供的一四〇個名字，貝蒂此後沒有機會再累積自己的紀錄了。

13 紀錄為五分鐘間平均每秒八三・五公尺，逼近二〇一〇年強烈颱風梅姬美國海軍飛機所觀測到的一分鐘平均每秒八四・八八公尺。據說華盛頓山一年約有三分之一時間風速逼近颶風等級。

14 凱利・伊曼紐（Kerry Emanuel）著，吳俊傑、金棣譯，《颱風》，頁一六。

15 艾蜜莉・狄金生（Emily Dickinson）「我想風的源頭是水」是少數的例外，巧合的是，這段詩文與現今科學對颱風的理解若合符節：我想風的源頭是水／如果它是天空孕育而生／聽起來就不會這麼深沉／汪洋留不住一點氣流／地中海的音調／吹進了潮流的耳／一片大氣中／海必然找到了關聯。

16 科學研究需要團隊合作，追風計畫參與單位及人員完整名單請見追風計畫網站 http://typhoon.as.ntu.edu.tw/DOTSTAR/tw/，以及吳俊傑〈追風計畫十年回顧——中年 Wu & LinPo 的奇幻歷程〉，中華民國氣象學會會刊第五四期。

17 本段韋伯斯特的研究與其他學者的回應參考吳俊傑二〇一四年的演講，取自 https://scitechvista.nat.gov.tw/c/sVU3.htm。全球暖化是否會使颱風增強是一個尚在爭論中的議題，可參考吳俊傑〈颱風是否隨全球暖化而躍舞？〉，取自 https://www.lungteng.com.tw/LungTengNet/HtmlMemberArea/publish/Newpaper/013/science/

18 追風計畫研究團隊藉以推演出敏感區的數理模式包括（一）全球預報模式之深層平均系集風變異；（二）系集變換卡爾曼濾波器；（三）奇異向量，以及研究團隊自行研發的「颱風駛流敏感共軛向量」（ADSSV）。引自吳俊傑〈亞洲首例飛航探測——追逐颱風的卓越計劃〉，《科學月刊》第四八一期（二〇一〇年一月），頁五〇。

19 「槽」與「脊」相對，在氣象學上指大氣壓力較低之狹長區域，通常是天氣圖上未閉合等壓線（或等高線）向氣壓較低一方突出的最大彎曲地帶；槽之軸線稱為「槽線」（Trough line）。

20 吳俊傑，〈亞洲首例飛航探測——追逐颱風的卓越計劃〉，《科學月刊》第四八一期（二〇一〇年一月），頁五〇。

21 張志玲，〈追風故事——探求綺麗的颱風異想世界〉，《科學發展》第四四四期（二〇〇九年一二月），頁四四。

22 此處指的是美國國家大氣研究中心的 MM5 模式（Fifth-Generation Penn State/NCAR Mesoscale Model），見吳俊傑《追風計畫十年回顧——中年 Wu & LinPo 的奇幻歷程》，文中有更完整的追風計畫研究成果。

23 氣象衛星不像風速計、溫度計是直接原位量測大氣資料，而是透過偵測不同波段電磁波輻射資訊進行「間接」觀測，此遙測數據需經過「反演」才能得到溫度、風速等資訊。投落送取得的原位觀測資料能協助校驗衛星反演資料的誤差。

24 吳俊傑〈亞洲首例飛航探測——追逐颱風的卓越計劃〉、《追風計畫十年回顧——中年 Wu & LinPo 的奇幻歷程》。

25 伊曼紐在《颱風》第十三章「颶風追追追」裡，有早期颶風觀測失事案例的完整紀錄，以及相關技術進步的詳細說明。最後一次重大意外發生在一九八九年，幸好飛機最後平安返航。伊曼紐也提到，雖然偶有這些令人心神不寧的事件，但絕大多數颶風偵察任務都很平順。

26 全名為Southwest Monsoon Experiment / Terrain-influenced Monsoon Rainfall Experiment，SOWMEX / TiMREX。同樣由漢翔公司的Astra執行任務。

27 《颱風》，頁三一。

28 海陸比對低層探空觀測資料係指全球各國氣象作業單位（包含臺灣的中央氣象局）每天在00:00UTC、12:00UTC從陸地施放氣球（由下而上）酬載的無線電探空儀（RADIOSONDE），以及在相同時段從颱風周遭海洋上空從飛機拋投（由上而下）DROPSONDE的兩種資料，這兩種資料都能獲得對流層高解析的大氣剖面資訊，尤其是對流層下方（低層）資料，這是颱風在海上移動與發展的關鍵部位。

29 以上無人機颱風觀測研究歷程及龍王颱風觀測經過，除根據林博雄訪談，另參考盧濟明，〈台灣無人飛機大氣探空〉，《科學發展》第五三八期（二〇一七年十月），頁二四至三一。林博雄、李清勝、林民生、李文松，〈無人飛機探空：一種用於探測大氣環境之特殊無人飛行載具〉，中華民國九十年全國計算機會議（二〇〇一年）。林博雄，〈颱風伴隨強風與豪雨之觀測與預報技術發展—子計畫：利用無人飛機探空進行颱風環流之海上現場觀測（III）〉（二〇〇三年），取自http://ntur.lib.ntu.edu.tw/bitstream/246246/2178/1/922625z002012.pdf。

30 依據水土保持局二〇一九年資料，全臺土石流潛勢溪流共計一七二五條，依各地環境條件差異，雨量警戒基準值為三〇〇至六〇〇毫米不等。莫拉克風災期間所發布的警戒溪流數量創下歷史新高，除北北基、花蓮與彰化外，幾乎所有縣市都在土石流警戒範圍內。參考行政院農業委員會《莫拉克颱風農業應變處置實錄》（臺北：行政院農業委員會，二〇一〇年），頁四二。

31 經濟部一九九六年即開始研擬《地質法》草案，二〇〇四年一度三讀通過，但卓伯源等四十二位立委旋即以影響開發、損及民眾權益為由提出復議，使法案延宕至二〇一〇年。提案立委名單及完整事由見立法院公報第九三卷第六期院會紀錄。

32 《地質》第二八卷第四期（二〇〇九年十二月），頁五五。

33 本節光達原理與特性主要參考以下幾篇文章：https://pansci.asia/archives/42202、http://sa.ylib.com/MagArticle.aspx?Unit=easylearn&id=2064、https://scitechvista.nat.gov.tw/c/sZEB.htm、https://twgeoref.moeacgs.gov.tw/GipOpenWeb/wSite/ct?xItem=140860&ctNode=1233&mp=105。

34 參考郭素秋、鄭玠甫、黃鐘、林柏丞、胡植慶〈空載光達技術在台灣山區舊社考古學研究的應用：以排灣族文樂舊社為例〉，《考古人類學刊》第八七期（二〇一七年十二月），頁七一。以及呂怡貞，〈空載光達技

術　國土保育利器〉，取自http://sa.ylib.com/MagArticle.aspx?Unit=easylearn&id=2064。

35 但如果是已經高度開發而失去原始地形特徵的山坡地，就不易使用光達資料判釋出潛在大規模崩塌的徵兆，這方面合成孔徑雷達干涉技術（InSAR）能補光達之不足。其原理可參考陳柔妃、林慶偉，〈大型山崩判釋新利器——結合InSAR與光達數值地形〉，《中華技術》第一一九期（二〇一八年七月），頁四〇至五一。

36 由於更詳細的調查研究仍持續進行，具體數字也會有變動。

37 費立沅，〈掌握山崩的前兆〉，《科學發展》第五二四期（二〇一六年八月），頁二八。

38 見謝正倫，〈極端降雨下深層崩塌發生機制之研究〉（二〇一四），取自http://ir.lib.ncku.edu.tw/handle/987654321/143547。

39 這些單位的調查、監測成果請見科技部網站http://dmip.tw/Lone/document/doc.aspx。二〇一八年中央地質調查所與青山工程顧問公司出版《潛在大規模崩塌之調查及觀測技術手冊》，介紹了不少最新監測技術如多點式地中變位儀（SAA）的優勢與限制，以及國內因應大規模崩塌的實務做法。

40 學術上常用的詞是「降水」，後文將「定量降水預報」視為一專有名詞，其他地方仍以較通俗的「降雨預報」稱之。

41 颱風帶來的災害型態在不同國家略有差異，例如美國東岸主要是平原地形，地形降雨相對較少，致災原因主要是暴潮，加上幅員遼闊，撤離距離與成本都非常可觀，因此美國十分重視颱風路徑預報的準確性，但不會特別在意雨量預報。

42 李名揚，〈氣象預報為什麼會不準？〉，《科學人》第九二期（二〇〇九年十月），頁一〇八。

43 見中央氣象局《一〇一預報年報》與《一〇六預報年報》，取自https://www.cwb.gov.tw/V7/about/yearpaper.htm。

44 因應極端強降雨愈來愈頻繁，中央氣象局於二〇一五年修正雨量分級定義，超大豪雨定義由二十四小時累積雨量三五〇毫米改為五〇〇毫米，以前的超大豪雨現在稱之為大豪雨。兩者的預兆得分目前都在〇至〇・一之間。

45 更詳細的說明可參考李名揚，〈氣象預報為什麼會不準？〉。

46 Chun-Chieh Wu, Ying-Hwa Kuo(1999).Typhoons Affecting Taiwan: Current Understanding and Future Challenges. *Bulletin of the American Meteorological Society*, 80(1), 67-80.

47 五分山氣象雷達站已於二〇一四年三月更新為雙偏極化雷達。雙偏極化技術的優勢、防災降雨雷達特性請見https://www.cwb.gov.tw/V7/service/notice/download/publish_20150608145912.pdf。

48 這牽涉到民眾最為關心的電磁波問題，這方面的疑慮會影響到氣象站的選址，需要完善的風險溝通，若民眾無法被說服，可能就必須選擇觀測效果次佳的設站地點。

49 參考中央氣象局二〇一七年十二月記者會說明https://www.youtube.com/watch?v=ULE3lvqdBQ。

50 部分讀者可能會如作者一般聯想到隱私問題，不過這些CCTV影像只有具權限的防災人員才能看到，且解析度經過調低，不容易清楚辨識五官，部分也是為了減低系統負荷。

51 系集預報系統對每個成員還是有一定的要求，例如每個成員的準確率應該要差不多，就像不是阿貓阿狗都能打大聯盟一樣。詳見科技大觀園的這篇文章：https://scitechvista.nat.gov.tw/c/skWG.htm。

52 參考https://tccip.ncdr.nat.gov.tw/v2/knowledge_faq_view.aspx?kid=20150623184403，本段經作者略為改寫。

53 〈莫拉克颱風暴雨量及洪流量分析〉，經濟部水利署（二〇〇九年）。取自http://www.taiwan921.lib.ntu.edu.tw/88pdf/a8801rain.pdf。

54 羅伯・謬爾伍德（Robert Muir-Wood）著，張國儀譯，《翻轉災難》（*The Cure for Catastrophe: How We Can Stop Manufacturing Natural Disasters*）（臺北：一中心有限公司，二〇一九年），頁四二至四三。

55 進入網站首頁https://dnap.ncdr.nat.gov.tw/，選擇「聚落層級」便可以查詢自己住家附近的狀況。

56 不過這並不意味相關基礎調查與研究是停滯的，關於大規模崩塌防治工作推動歷程，可參考張志新主編〈大規模崩塌災害防治行動綱領〉，二〇一五年。

57 《翻轉災難》，頁三八九、四〇七。

CHAPTER 06

機會或是命運

耐災生活的未來藍圖

新店溪華中河濱（圖片來源：臺北市政府工務局）

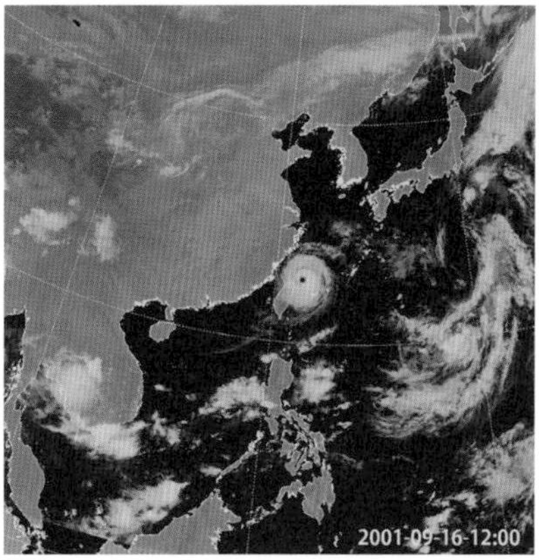

納莉颱風衛星雲圖（圖片來源：中央氣象局）

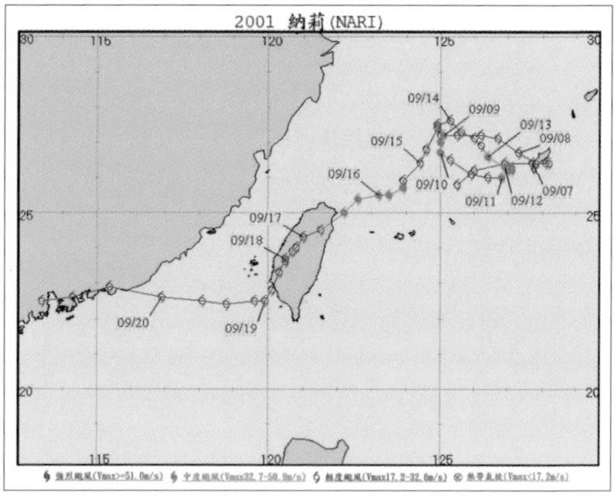

納莉颱風路徑圖（圖片來源：中央氣象局）

莫拉克颱風重創了南臺灣，而在受災較少的北部地區，人們的記憶並不深刻。尤其對於大臺北地區的居民而言，二〇〇一年納莉颱風帶來的傷害更較莫拉克驚心動魄，至今仍然是許多臺北人心中的陰影。[1]

「還記得那一天，白天猶如黑夜，我就知道要出事了。」做為防災前線人員的臺北市政府水利工程處處長陳郭正[2]如此回憶。納莉颱風路線詭譎，是罕見東北往西南穿越臺灣的颱風，從東北角三貂嶺一帶登陸，臺南安平附近離開，登陸期間達四十九小時二十分鐘，整個颱風警報發布更長達一百五十一小時五分鐘（超過六天），迄今仍然是歷史上警報次數最長的颱風。[3]

2001年9月17至18日，納莉颱風肆虐臺北，內湖區東湖路被洪水圍困。（攝影：柯金源）

納莉行進緩慢，可以看到颱風警報多次用「中心近似滯留現象」或是移動路徑三至六km／hr來描述颱風動態，整個過程拉長了對臺灣的影響時間，豪雨造成臺北市區大淹水，甚至淹至了捷運隧道與地下站體，使得捷運停駛長達數個月之久，災後淹水痕跡仍刻劃在十多個捷運車站的牆壁上，提醒這一次的災害。

為什麼納莉颱風重創臺北市？除了影響時間長之外，地表的我們在面臨大雨來襲時，發生了什麼問題？

6-1 防災工程的保全與局限

隨著經濟發展，人口不斷向都市遷徙，形成許多高人口密度的地區，例如大臺北盆地就匯集了多達七百萬人，相當於全臺人口的三成。為了確保大量人口的居住安全，都市防災的議題日益重要，以臺北經驗為首的都市防洪經驗，讓我們得以重新認識城市與河流之間的關係。

內外有別——人與河流被拉開的距離

河流是人類文明的起源，是城市的母親，更是大地的動脈。[4] 在遠古時代，人們逐水而居，靠老天降雨吃飯，不論灌溉、洗滌，無一不與河流息息相關。但曾幾何時，隨著都市化與現代化快速進展，人們遠離了河流，不再臨溪取水；水庫、淨水場、自來水公司取代河川，成為都市人用水的依靠。河川對於人們來說，只剩下排水遊憩的功能和氾濫的記憶。

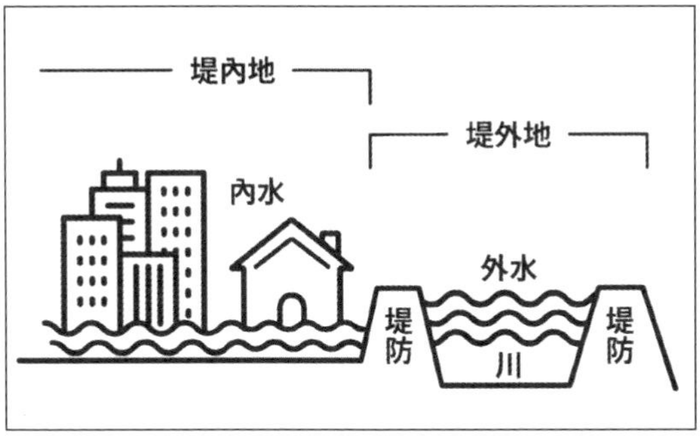

內水與外水示意圖（繪製：潘澄；參考來源：經濟部水利署）

排水確實是河川相當重要的功能之一。大地承接了雨水以後，除了蒸發或土地吸收以外，會沿著地面往低處流動，最後匯聚成河入海，完成一趟水循環。這些地面上流動的水，稱為逕流，小如大雨滂沱後臨時出現的小水流，大如河道裡的巨流，都是一種地表上的逕流。

不過，當都市文明發展之後，水的自然流動被人們有計劃地區隔開來。為了有效保護市民免於受到洪水衝擊，堤防劃定了內水與外水的界線，雨水下在水利保護設施（如堤防或護岸）所保護的區域之內者稱為內水，反之從上游集水區匯流入河川的水則稱為外水。人們得到保護，卻也加深了與水之間的疏離感。

當大雨降下在城市之中，一般人多希望盡快將討厭的內水排入河川，再趕快排進海裡；雨下得愈急，水來得愈快、愈要有效率地把水排掉，避免水災。因此，大臺北地區最早的防洪建設，就設定在排水與擋水的目標上。

永不妥協的大臺北水利整治

一九五九年畢莉颱風（Billie，西北颱）襲擊北部，臺北損失嚴重，之後幾年都有颱風，造成淡水河氾濫，包括一九六一年波密拉颱風（Pamela）、一九六二年歐珀颱風（Opal）與愛美颱風（Amy），尤其一九六三年葛樂禮颱風更促成了臺北防洪計畫的推動。隨著臺北市擴大升格、精省、六都升格等等變革，中央與地方政府之間不斷協調，陸續推出好幾代防洪計畫，嘗試保護人口最為稠密的政經中心。歷代防洪計畫的擬定，與颱風肆虐都脫不了關係，可以說盆地裡的防洪建設史就是一部颱風災害史。

本來在基隆河與淡水河匯流之處，左岸為五股獅子頭，右岸為關渡；觀音山的岩體綿延過河至關渡，猶如獅子頭，大屯山山脈向南延伸至關渡則如象鼻，形成天然的隘口，古稱「獅象捍門」或「獅象守口」。[5] 河道中央矗立的獅子頭隘門雖能夠屏蔽潮汜，卻也使得河道排水出海不易，對於當時期待快速排水而言是一大阻礙。

一九六三年葛樂禮颱風重創臺北，高強度降水、颱風暴潮引發海水倒灌，石門水庫洩洪之下，河中島嶼社子島在水裡泡了三天三夜，死亡人數多達二百餘人。於是到了一九六四年，政府採納美國陸軍工兵團的提議，將隘口炸除，讓河水不再淤堵。為了讓社子島泡水的慘劇不再重現，一九六五年，基隆河迎來了史上第一次截彎取直（士林段），舊基隆河道填平為今天的基河路，而

經由數值地形模型（DSM）可以看到淡水河以及大屯山群的地勢
（資料來源：中央地質調查所謝有忠）

由淡水河下游俯瞰的臺北盆地，三條支流一覽無遺。（圖片來源：google earth）

跨越基隆河與淡水河之間的支流番仔溝亦填平，讓社子島從完整的島嶼變成半島。

好景不常，雖然隘口炸毀之後，河水能夠更快速出海，但在漲潮時，潮水長驅直入，拉長了受到潮汐影響的河段（感潮河段）。時五股鄉洲後村（今五股溼地）首當其衝，大潮一來就變成沼澤，肥沃的良田變成鹽化的爛地，旋即被劃分為禁建的一級洪水管制區。

另一方面，為了解決淡水河在大稻埕與三重之間河道狹窄的問題，經過長期的規劃調整，從原本的塭子川疏洪道到一九七九年核定建設二重疏洪道，一步步分擔淡水河的水體。洲後村與附近村莊在一九八四年遭強制遷村，已不堪種植的沼澤變身疏洪道，最後變成今天的溼地。

在二重疏洪道核定的同時，翡翠水庫的建設也獲得核定，歷經八年完工，不只具備民生蓄水與發電功能，在蓄洪上也產生一定的作用，緩解下游的負擔。

③|②|①

淡水河支流——大漢溪、新店溪在石門水庫與翡翠水庫發揮作用、二重疏洪道完竣之下，再加上堤防建設，已經大幅獲得了整治，但在右側的支流基隆河[6]就沒有這麼幸運了。

◐ 基隆河第二次截彎取直

隨著大漢溪、新店溪的水路獲得改善，臺北市政府起心動念，要汲取士林段的成功經驗，將基隆河進入臺北盆地後塗鴉似的河道截彎取直。一九八七年琳恩颱風降下豪雨，將基隆河沿岸變成水鄉澤國，更加堅定了臺北市政府截彎取直的決心，自一九九一年歷經兩年工程，拉直了南港、內湖、松山、大直地區的基隆河河道，將原本拐彎的河流，拉成了近乎直挺挺的線。雖說截彎取直旨在讓河水快速流過，但末代官派臺北市長黃大洲自承將截彎取直視為都市更新開發計畫比較恰當，原因無它，截彎取直後獲得的新生土

基隆河第一次截彎取直前後航照影像

① 1956年航照圖　② 1965年航照圖　③ 1974年航照圖（圖片來源：中央研究院人社中心GIS專題中心）

地，成就了日後的內湖科技園區等等。[7]當時市政府曉得此舉將減少河川的蓄洪量，因此特地挖深了水槽，容納更多的水量，避免水位提高。

截彎取直的結果，確實改善了部分水患的情形，但在本來就常淹水的汐止、五堵等中游地區，淹水的情形卻變得更加劇烈。水利署第十河川局局長曾鈞敏說，「原本彎曲的曲流間數百公頃的河川地是可以當成洪氾區滯洪的，經過截彎取直後，這些土地變成了新興工、商業用地，減少了很大的緩衝空間，不過這也是每個國家在發展時常常面臨到防洪與都市發展之間取捨的問題。」

事實上，先人的智慧，或許早已埋藏在地名之中，汐止原稱水轉骹（Tsuí-tńg-kha，清代方志記載為水返腳或水轉腳），陳培桂《淡水廳志》稱「潮漲至此地」，指古來潮汐自河口入陸，竟能漫過蜿蜒的氾濫平原，至此方休。雖然這個解釋尚存爭議，因為基隆河的感潮河段只到圓山一帶，但豪雨若逢大潮，汐止地區確實是容易淹水的。氾濫平原不僅削減了上游來的水勢，還削減了下游來的潮汐，如今欲使河水快快排出而拉直，如果遭遇西北颱吹動洪水和海潮沿著筆直的河道而上，水反而排不出去了。

不只是漢文老地名，原住民語的老地名亦凸顯了古人的生活經驗。現今東南亞最大的玉成抽水站，位於成美橋邊，恰巧位於截彎取直的小彎段（南湖大橋至成美橋）與大彎段（成美橋至中山橋）之間，鄰近松山與南港的交界處。此處西邊所鄰接的松山火車站、饒河街一帶，古稱錫口，源於巴賽族[8]麻里折口社，或譯貓里錫口社，社名即指「河流彎曲處」。今天我們只曉得松山而不聞錫口，蓋因日本人將之改名的緣故。[9]河流彎曲處乃是最容易氾濫和溢堤之處，截彎取直之後，所需承擔的風險也就由平均分散在他處變成集於一身了。

以今天的知識格局和後見之明來看，就如同炸毀獅子頭改變了臺北的水文，我們對於基隆河截彎取直或許會有不同的看法，但在當時都市發展的脈絡下，截彎取直是人定勝天的直觀做法，就算歷史重來，或許還是會上演相同的戲碼。因此，盆地防洪的故事無法也無意義回頭，只能繼續發展下去。

納莉颱風帶給臺北的啟示

雖然基隆河完成了第二次截彎取直，但在水患的防治上效果有限，基隆河仍會氾濫，臺北盆地仍會淹水。納莉颱風或許就是一記當頭棒喝，讓臺北盆地的居民認識到在災防的領域不能鬆懈，還有很多努力要做。

納莉來襲當時在臺北市養工處任職的陳郭正說，「納莉會那麼慘，第一個就是上天給我們的雨量非常得大，再來它的主要原因就是外水溢進來。」

在二重疏洪道的同一份計畫裡，還包含了另一件事——沿河修建堤防或防洪牆。隨著計畫核定，大臺北地區的堤防建設亦如火如荼地展開，並逐步加高以符合重現期兩百年的洪水位要求。目前堤防在大臺北地區已臻完備，並劃定了內水與外水的界線，有效保護市民免於洪災，直到今天仍扮演不可或缺的角色。

但在納莉颱風來臨時，大臺北地區的河堤尚未完整達到大臺北防洪計畫所要求的兩百年防洪保護標準高度，南港大坑溪附近較低（兩百年防洪保護標準，標高應達一三．〇六公尺），象神颱風之後雖陸續補強，但納莉來襲時，南側尚未完竣。「那時候才剛做，還是土的樣子，結果沒想到納莉的水位出奇得高，高到把土堤刷了一個洞進來。刷了一個洞，就像水壩洩了個洞一樣，又因為南港地勢比較高，所以水就沿著鐵路和忠孝東路，順著地勢一路來到新生大排。」

溢堤在先是主因，抽水站罷工更是雪上加霜。位於松山、南港、內湖交界，號稱東南亞最大的玉成抽水站，本來努力把內水輸送到堤外去，但在溢堤之後，堤內的水體淹過抽水站冷卻水塔的馬達，馬達故障，抽水站於焉停擺。「一輛車子，冷卻系統壞了，你想還能開多久呢？當然不用多久就完蛋了，所以玉成的抽水機掛掉了。」陳郭正說道。「本來是還可以把水再往外打的，結果現在連往外打的抽水站也掛了，當然相形之下就非常嚴重。大家一直講是玉成掛了所以納莉才會淹那麼嚴重，其實不是，是先溢堤，然後連帶讓這些抽水站掛掉。」

玉成抽水站是東南亞最具規模的抽水站
（圖片來源：臺北市政府工務局）

納莉颱風給臺北市上的寶貴一課，莫過於抽水設施的自保，避免它在關鍵時刻不聽使喚。堤防高築雖令人安心，卻也令人鬆懈，此前放在堤防內的抽水設備，未曾考量淹水後可能停擺而失效，但在納莉颱風之後，抽水設施的自保變成防洪的重要策略。陳郭正感慨地說，「大家都掛了沒關係，但是它要活得好好的。至少雨停了，我讓它退水，它要可以抽出去，不然太嚴重了。」

臺灣的世界奇觀：員山子分洪道

除了抽水機具的自保之外，納莉颱風還促成了北臺灣相當重要的防洪建設——員山子分洪道。

早在琳恩颱風時，臺灣省水利局即看準基隆河在瑞芳地區大迴轉，距離海岸線最短距離不足三公里，於是計劃在此築堰，打算貫通一個隧道型的分洪道，分擔基隆河上游流下來的降雨。基隆河截彎取直後，為了解決汐止、五堵時常淹水的窘境，此一計畫更顯現重要性，但全世界找不出幾條一路靠近海邊又迴轉的河流，遑論設置分洪的需求，在沒有前例的情形下，規劃期間即飽受批評，計畫在中央部門之間來來回回，終究舉棋不定。一九九八年瑞伯颱風（Zeb）、芭比絲颱風先後侵襲臺灣，都未能下定決心。然而，從二〇〇〇年象神颱風，再到二〇〇一年納莉颱風，臺北市經歷了彷若「重返臺北湖」的嚴重水災，時任院長張俊雄拍板定案，繼任院長游錫堃簽字落款。

二〇〇二年六月，員山子分洪道工程正式開工，直到二

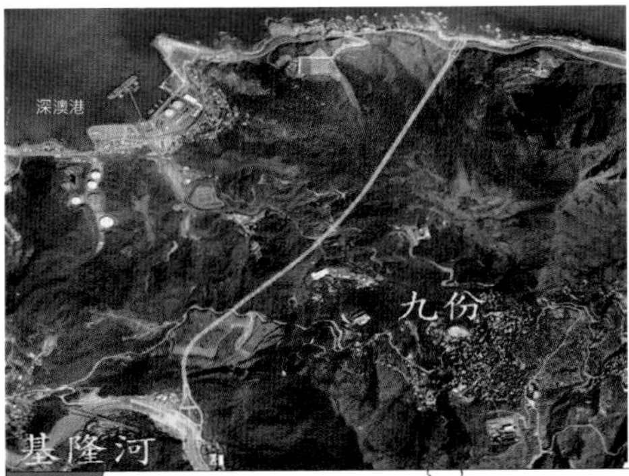

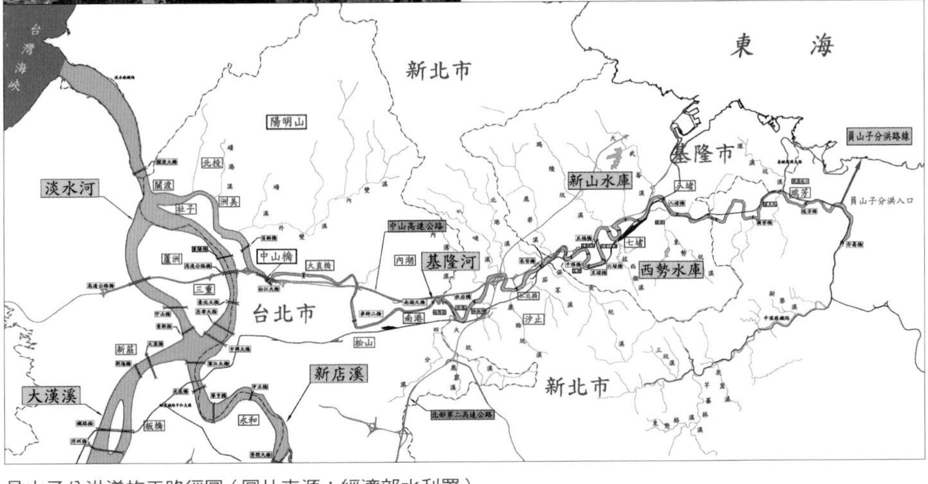

員山子分洪道施工路徑圖（圖片來源：經濟部水利署）

〇〇五年十月竣工。自首次分洪起，迄今十五個年頭之中，已分洪四十八次，累計分洪量達兩億立方公尺（兩億公秉，相當於三座日月潭的水量，或八萬座奧運賽事級游泳池的水量[10]）。[11]如今汐止、五堵一帶不再淹水，卻產生了令人擔憂的新現象：居民過度依賴員山子分洪道，自認從此能夠高枕無憂。有些下游民眾熱心監看政府公開資訊，每每在盆地大雨來襲時上網確認分洪狀況，一旦未見分洪動作，便急著致電關切。「員山子只能攔截和分擔上游來的水，雨水在下游下得再多也不會逆流到員山子，我們這邊是要怎麼分洪？」員山子分洪管理中心主任王朝勳分享經驗。其實這樣的陳情電話，正呼應了災防教育的問題，民眾和政府的處置作為之間，尚需努力加以連結。

從員山子分洪道竣工十五年來的分洪紀錄來看，分洪次數逐年愈發頻繁，從最初數年平均每年洩洪三次，到最近三年平均每年洩洪達五次，

③|②|①

這可能反映了某種氣候變遷的現象。尤其，豪雨不再是颱風的專利，春雨、梅雨季節亦不乏以日期命名的豪大雨事件，員山子的第一次分洪（二○○四年九一一豪雨 ，分洪道尚未竣工，即應急分洪）就是一例。近年來分洪情形屢破紀錄，尤其二○一七年卡努颱風（Khanun）外圍環流與東北季風產生共伴效應，在基隆河上游帶來豪雨，員山子分洪道在短短二十四小時內三度應急分洪，一下子就追平了往年的平均次數。

淡水河三大支流之中，悠悠基隆河歷經截彎取直與員山子分洪道等重大建設，還遭遇了納莉颱風衝破土堤的事件，難道基隆河就注定比新店溪、大漢溪容易淹水嗎？其實不然。「我們政府很早就開始治理新店溪與大漢溪，像二重疏洪道就是為了解決淡水河道狹窄的問題，另外新店溪上游有翡翠水庫，大漢溪上游有石門水庫，都能發揮儲水蓄洪的功能，但基隆河上游則沒有，所以後來常聽到問題發生在基隆河的部分。」曾鈞

① 員山子分洪道施工前 ② 施工後（圖片來源：經濟部水利署）
③ 員山子分洪道出海口（攝影：柯金源）

敏說。「雖然這個詞不是很好，但『風水輪流轉』，新店溪不是不會暴漲，蘇迪勒颱風重創烏來就是個例子。」莫拉克颱風在中南部山區和東部造成的影響非常慘重，但北部人的記憶更鮮明的是象神、納莉、蘇迪勒這些颱風，或許也是一種風水輪流轉吧。

◐ 從排水到保水：一公分的努力

從最一開始炸掉獅子頭隘口，到後來的員山子分洪工程，一路上的拆遷與建設，都是以迅速排水為治水的核心主軸。不過，這樣的思維，隨著時代演進，開始有了變化。

在過去，堤防的建設是以回歸頻率兩百年為設計標準，但這不過是科學上的計算罷了，事實上並不是指兩百年後才會遇到撐不住的大水，在此之前都能過得舒適安逸。況且隨著氣候變遷，極端氣候事件愈發頻仍，兩百年一遇也慢慢縮短到不知幾年一遇了。「其實你真正再去做回歸，數字都會跑掉的，不是固定的。」臺北市政府工務局水利科科長林士斌說明，「經過莫拉克颱風也好，納莉颱風也好，每一次的挑戰、每一次的災害之後，我們發現工程本身是有極限的。現今我們強調的是『容受度』的概念。」

2015年蘇迪勒颱風重創烏來，新店溪氾濫成災。（攝影：柯金源）

所謂容受度，指的是城市在單位時間內能夠容納、接受雨水的程度，以臺北市而言，目前雨水下水道系統能夠容受每小時七八・八毫米的雨量，超越納莉颱風帶來的每小時七六毫米。「過去五十年前的設定，並沒有預見未來的情境，那是我們很常講的『舊的方法沒有辦法解決新的問題』。我們現在新的問題就是一再超標的極端事件，不一定是颱風，像臺北市曾經一小時下超過一百多毫米的雨，已經到七八・八毫米將近兩倍的量了。」

從極限到容受度，是治水觀念上的一大革新。面對日益加劇的極端氣候事件，臺北市已擁有號稱全亞洲馬力最強的玉成抽水站，還要再加強馬力嗎？還能再拉高堤防或防洪牆嗎？工程上的種種限制，迫使人們必須發展新的思維——如果多多利用都市內有限的空間，不要急著把內水排放到堤外變成外水，不就能減輕雨水下水道的負擔？不就能減少溢堤的機會？「就是要Keep the water as long as possible, as much as possible，讓都市能具備保水貯留能力。在堤防及雨水下水道建設到位之後，下一步就是推動滯洪池及保水貯留設施，讓都市可以涵養雨水久一點，貯留多一點，分擔暴雨對雨水下水道系統造成的負擔。」林士斌說。

透過保水的概念，利用滯洪與保水貯留設施來增加容受度，已取代過去期待迅速排水的思維，成為臺北市的水利施政新目標。臺北市長柯文哲於二〇一九年的施政報告中，不諱言「目前臺北市每小時降雨量七八・八毫米還可以忍受，我們的目標是在十年內慢慢增加到八八・八毫米。不過這個過程中，我們沒有很躁進，就慢慢把整個都市設計的規則改變，慢慢去增加整個臺北市對天然災害的忍受性」。從現有的每小時七八・八毫米增加到八八・八毫米，短短一公分的雨量乍聽之下似乎是防汛能力的一小步，卻將是防汛史上的一大步！

容受度增加一公分為什麼很困難？試想：如果短短一小時內烏雲在臺北市全境內均勻增加了十毫米的降雨量，水量將增加多少？將十毫米乘上臺北市的面積二七一・八平方公里，答案是多達二百七十一萬八千公秉、重達二百七十一萬八千公噸的水體，能夠填滿一〇八七座奧運賽事級游泳池。[12]要想在一小時內容納這麼龐大的水體，除了仰賴公共雨水下水道和滯洪池的建設，也要靠公私協力設置保水設施，才可能將時雨量容受度再往前突破一公分。

值得注意的是，保水雖然翻轉了排水的思維，但不代表水利防洪從此就不用注重排水了。畢竟如果單一個小時超過容受量十毫米，我們還有保水的空間，但若連續下了三小時，情況又會變得如何？在保水的同時，仍然要視上下游的情況調節排水，取得適當的平衡才行，也就是說，除了要有健全的雨水下水道，既有的堤防仍然是我們的守護神，有其重責大任。

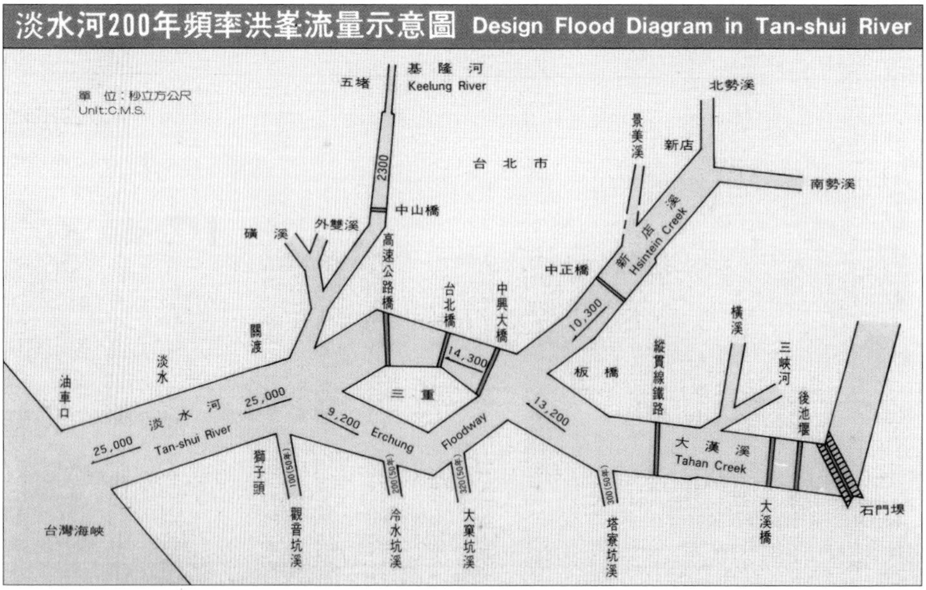

淡水河200年頻率洪峰流量示意圖

臺灣河川防洪頻率設計分為200年、100年、50年、25年及10年五種類型。全臺24條中央管理河川為100年防洪頻率，縣市管理河川設計為25年，區域排水系統為10年。淡水河系因為鄰近臺北都會區，人口密集、政經地位重要，因此設計200年防洪頻率。從水文資料去預估該河川200年會遭遇最大的洪峰，再從這個洪峰量套入公式去設計該河川每一個河段堤防高度。堤防高度跟河道成反比，河道寬的河段，堤防可以稍低。（圖片來源：經濟部水利署）

防洪計畫的新難題

當堤防、防洪牆建置完善，徹底將河道內外阻隔開來，水利防洪的下一個難題是什麼？答案是保養與更新。

地表上的任何物質，不論是自然景觀或人造建築，都無時無刻不經歷風化作用，水利設施也不例外。臺北地區防洪計畫雖以兩百年重現期為防範標準，但並不代表能保兩百年不會發生災情，堤防本身也不太可能屹立兩百年不壞，違論兩百年指的是換算為年發生率〇．五％的機率，並非每間隔兩百年才會到來一次。

歷經風吹日曬雨淋，堤防的防汛能力必然逐年穩定下降，也有使用年限的問題。因此平時就要做好保養、維護甚至更新，才能在下一次如莫拉克或納莉風災這般大水來襲時，發揮應有的防洪效果。

堤防或防洪牆上的疏散門，在你我的日常生活中，扮演著重要角色。都市土地有限，我們以河川高灘地做為休閒、親水之用，災害來臨前，需要緊急撤離還給河川，因此堤防上為了人類而設置的洞（亦即「疏散門」），必須於平日防汛演練時確保開闔問題，功能正常，否則一旦災害來臨時失靈，將造成無可挽回的後果。

◐ 水利新招——逕流分擔與出流管制

近年超標的降雨事件頻傳，傳統築堤防洪工程手段已無法應對氣候衝擊，再加上都市高度發展後，水道不易再拓寬、堤防不宜再加高，內水積淹排除變得困難，重大建設遭災害損失亦較其他類型災損嚴重。有鑑於此，在政策面上，政府公部門正如火如荼展開行動，不斷加強容受度來應變。

在法律面，甫於二〇一八年五月修正通過的《水利法》，因應氣候變遷並為了確保防洪設施功效，新納入了「逕流分擔與出流管制」一章，規範政府機關擬定讓水體在地表能夠彼此分擔、不要急於出流的管制計畫。13以臺北市而言，讓二七一．八平方公里之中多一點的面積來分擔河川的負載（逕流分擔），讓滯洪池拖住水體往河川排放的步伐（出流管制），恰恰呼應了《水利法》的規範。

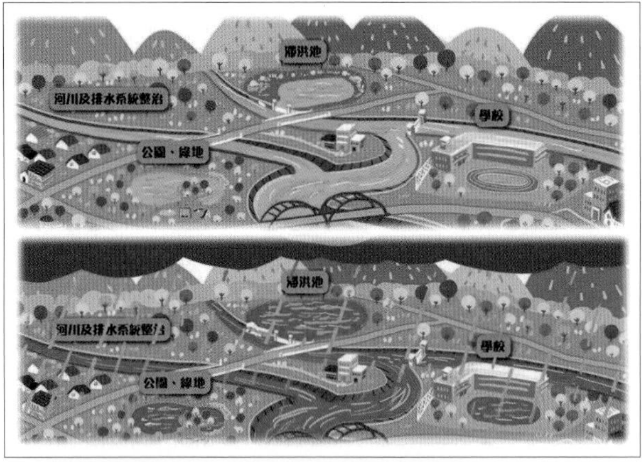

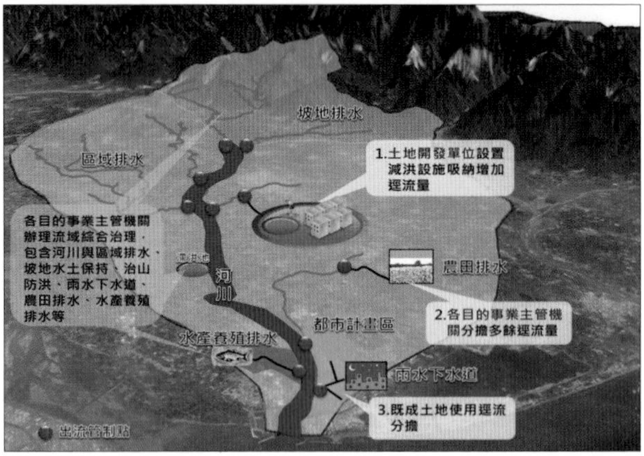

①
②

① 逕流分擔概念圖。為了讓雨水不立即流入河川及排水，土地與水道共同分攤降雨逕流，公共設施也都需要兼具滯洪功能。

② 出流管制圖（圖片來源：經濟部水利署）

逕流分擔與出流管制的概念入法，無疑是臺灣水利史上的一大里程碑，不論學界或政界，中央抑或地方，水利專家無不贊同這樣的觀念。從排水到保水，重新摸索城市與雨水的共存之道，已經是政府機關在治洪思維上的重大翻轉。但是，光靠政府努力是不夠的，新環境典範在防災方面，仍未深入民心，民眾的傳統排水觀念無形中成為政策上的掣肘。欲使我們的都市更進一步擁有韌性，需仰賴市民翻轉想法，重新思考人與水的關係，找回「河流是文明之母」的感動與敬畏。

6-2 由海綿打造的吸水城市

提高容受度、入滲量或城市韌性的作為，以及逕流分擔與出流管制的規範，其實大都源自一個關於「都市與水」新關係的想法——「海綿城市」。

◐ 模仿森林的水文模式

海綿城市指的是讓城市重新找回土地吸水的能力，城市本體就像一塊海綿一樣，能夠涵蓄水分，收放自如。

想像一個城市在建設以前，是一片原始森林，當大地遍布著土壤或綠色植物，還沒有被瀝青、水泥等不透水的鋪面取代的時候，從天上降下來的雨水都到哪裡去了呢？大約一半的水分都下滲到了土裡，滋養了大地，另外四〇％則蒸發到了空氣中，只有一〇％的雨水在地表匯聚成逕流。[14]那時沒有人造的不透水鋪面，小雨很快就滲透地表，大雨在地表匯流，偶爾淹水，都是再自然不過的現象，森林本來就具備自己的水文功能，能夠滲透、蓄水，甚至能夠靠植被來蒸散。

然而，都市土地大量鋪上了不透水的瀝青，蓋了許多不透水的水泥房屋，土地變得又乾又硬，無法涵養雨水；雨水得不到土地的包容，只能匯聚在一起，變成水患的潛在禍源。當不透水鋪面遍布城市超過七五％的面積時，滲透量銳減至約一五％，蒸發量也因植被減少而掉到三〇％，剩餘超過一半的量都變成了地表逕流。水的去向被重新分配，城市在暴雨之下當然面臨淹水危機。

不透水鋪面席捲了廣大的城市面積，似乎是臺灣各城市必然的命運。以都市化最密集的臺北為例，不是綠色的地方，幾乎都是水泥房子和柏油路，整個盆地猶如密而不透的聚水盆，難怪只能依賴排水系統把碗盆裡的水輸送到堤外。城市固然不可能回到森林的狀態，恢復與昔日同等的滲水、蒸散能力，但若能警覺不透水鋪面的使用所造成的危機，像一塊海綿一樣適度地吸水、涵水，不也能夠容納水體，提升治洪韌性嗎？

率先在華人圈提倡這種「海綿城市」觀念者，當屬臺北大學都市計畫研究所的廖桂賢教授。[15]「一個城市怎麼可能回到森林？那本來就是不可能的。但是，經過我們重新設計之後，模仿城市的水文回到在開發之前那種自然的模式，是有可能的，譬如說計算能夠蒸散的量是多少、滯蓄的量是多少。」廖桂賢將西方新興「城市與水共存」的想法引入臺灣時，選用海綿一詞來比喻城市。廖桂賢坦言，其實城市與水之間的愛恨情愁，很早就有人談了，只是各個城市的先天自然條件與後天開發歷程不同，各自有需要面對的議題。「讓城市能夠吸水，美國三十年前就在做了，那個時候叫作『低衝擊開發』（Low-impact development, LID），但是強調的，不是防洪這件事情，不是減洪滯洪，而是強調水質的淨化，都市逕流、雨水的水質淨化。」

三十年前美國東岸的馬里蘭，即是廖桂賢所說的先驅城市，以低衝擊開發之姿問世，強調水質的淨化，並非防洪、減洪或滯洪，美國在《淨水法案》（*Clean Water Act*）推出後，要求城市所排放的水，必須達到規範的水質標準。當時大多數城市建設的下水道，並未區分雨水與汙水，雨汙合流一併進入汙水處理廠。

骯髒的汙水需經處理方能排放或再利用，那麼雨水呢？剛落下來的雨水縱然沖刷了空氣中的懸浮微粒和汙染物，相對仍是乾淨的，惟在地表匯流的過程中，宛如洗地水一般，不斷帶走馬路、屋頂、土地上的髒汙，最後也變得髒兮兮的，不宜直接排放，需要進場處理。但在大雨來襲的時候，雨水與汙水塞滿管線，為了避免超過負荷的水體壓力「弄爆」管線，設計有溢流孔，就像一般家裡的洗臉盆或浴缸一樣，將滿出來的水排掉。結果，大雨來襲時，便發生混合汙水溢流（Combined sewer overflow, CSO）的問題——雨水混著汙水，包含人類的糞便等，都跟著直接排入河川、湖泊或港灣。試想，大雨隨便一來，動輒讓江河湖海變得汙穢不堪，誰能忍受？於是發展出了不要將雨水排入下水道，也不要直接排入河川的想法。

同樣一個處理水質、減緩水量的概念，到了其他地方，往往因地制宜，為城市的背景量身打造，名稱亦有所不同，歐洲稱為「永續城市排水系統」（Sustainable urban drained system），澳洲稱為「水敏城市設計」（Water-sensitive urban design），基本的觀念都是一致的。新加坡亦然，當汙水下水道接管率可謂達一○○%，河川最大的汙染源，不再是工業或家庭廢水，而是雨水，自然要從雨水影響水質的角度來處理。

但在臺灣，談海綿城市的時候，整個脈絡稍有不同，一則我們已將汙水下水道和雨水下水道分開，並無混合汙水溢流的問題；一則因山勢陡峭，河流太快沒入海中，沒有充足的氾濫平原能夠消耗水體的能量，故在大雨來襲時，相較於水質，水患的問題更為嚴重；再者，政府公部門已習慣「水利歸水利，水質歸環保」的分工。

每一個城市都因先天的環境條件和後天的規劃設計，而有不同面貌，在多采多姿的樣態背後，往往各自面對著歧異的問題，城市彼此之間或可互相借鑑，但鮮有能夠百分之百複製的經驗。在臺灣，水利防洪利用海綿城市的構想提升了韌性，將海綿城市納入水利防洪的一環，因而政府近年來從宣傳「海綿城市」改稱要打造「韌性城市」，但兩者著重的觀念略有不同。

臺灣的做法雖與海綿城市在其他國家要解決的水質問題，以及諸如減緩玻璃帷幕造成的都市熱島效應不同，但每個城市都正努力在自己獨特的水文之上書寫篇章，希望砥礪出水與城市之間更多宜人的風貌，織就屬於自己的故事。

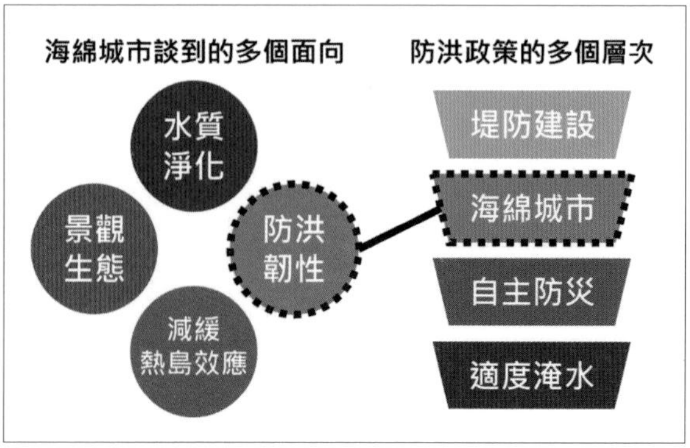

在水利防洪的思維中，海綿城市只是眾多策略中的其中一環，而在海綿城市的思維中，水利防洪亦只是眾多功效其中一環。（圖片來源：經濟部水利署）

從源頭負責任：自己的水自己處理

以海綿城市做為城市防洪韌性的一環來說，臺灣已經在政策與法律面展開行動。對於《水利法》新納入的「逕流分擔與出流管制」規範，廖桂賢表示：「我覺得『分擔』講得很好，但是還沒有抓到要害，痛處還沒有完全打到。它所謂的分擔，是說土地跟河道要同時去分擔那個水，這個當然是非常有道理的，過去我們就是趕快排排排，從河道趕快出去，現在土地也應該要分一些水——完全正確，本來河川就會氾濫，或是天上下雨，本來土地就會承水，我們不斷地要把它排走，是違反自然的。現在把本來自然的狀態還給自然，想辦法來承擔，這個是好的。」「但我更進一步把分擔看成是一種責任。上天下雨，或是河川氾濫的時候，我們每一個人都有本來應該承受的水，可是今天用排水系統把它排掉。假設我在上游而你在中游，上游的水會排到你，你又把它排到下游，一路排下去——。」廖桂賢在受訪時比劃著說。「我看到的分擔，是回到所謂海綿城市、低衝擊開發、水敏城市這些概念，強調的是在源頭去處理各自的水，也就是『自己處理自己的水』這個概念。我如果在上游就把水處理掉，在上游滯留、入滲，不排到中游，你也一樣滯留、入滲，不排到下游，就是一種負責任的雨水逕流治理方式。」

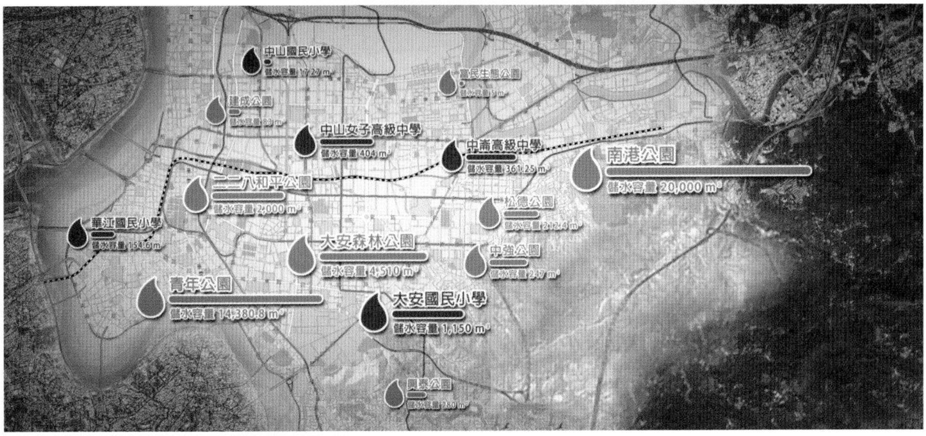

臺北市雨撲滿位置示意圖。雨撲滿是重要的保水貯留設施。（圖片來源：臺北市政府工務局）

當逕流治理拉高到負責任的層次時，不論逕流分擔與出流管制，其實都只是責任的實踐而已。美國之所以叫作低衝擊，正是因為和過去高衝擊的排水方式有所區隔。廖桂賢在「分擔」之上更加提點「責任」，是希望每一個人分擔責任的同時，會管制自己的出流，不造成別人的負擔。

政府在打造海綿城市的作為方面，除了綠化之外，不斷將人行道新設或改設為透水鋪面，減少不透水的面積、增加雨水的入滲量，正是實踐從源頭就攤掉洪災的方法。

以臺北市為例，「臺北市現在面對水災的治理，第一層保護是雨水下水道、抽水站、防洪牆，分隔內水與外水，讓水順利地流出去；第二層就是要打造海綿城市，用各種方法讓雨水留在都市土地裡多一點、久一點，減少短時間大量雨水逕流的負擔。」林士斌解釋。「我們希望在下水道之外，每一塊土地也要吸水、保水。不但要健全都市水循環及提升防洪容受度，理想上還想要做到水資源永續利用與回收，確保供水穩定且優質，此外，打造水棲地、水環境生態，都是要解決都市水環境的問題。」

至於個人實踐海綿城市的做法，只要能夠從排水改為保水，點點滴滴都是好的。單舉自家屋頂上的承水而言，與其快速地排入城市管線，不如留起來灌溉社區或清洗髒汙，甚至就算不做任何利用，僅僅讓雨水滯留幾天再排出，也都能減緩河道的壓力，增加城市的韌性。在城市中央取代原始森林者，私人建物實屬大宗，只要人人都增加一點留水的觀念，就是一種負責任的方式。

海綿城市的實踐，不需要高端的技術或建設，只要市民培養出與政府一起分擔責任的決心即可。目前最欠缺的，其實是宣導與教育。廖桂賢感慨地說，「水是我們自己的責任，但我們卻覺得自己淹水都是政府的錯，沒有想到自己是不是住在低漥的淹水地區，雨水是不是都降在不透水鋪面，別人淹水是不是因為我把水排出去——我們完全沒有這樣的想法。」另一方面，「我們的水利工程師很習慣將事情攬

在身上，卻也把市民寵壞了。」政府公部門縱然提倡自主防災，但在扭轉市民思維的路上，或許仍有一段距離。

①
②
③

①②③ 溼地是城市重要的海綿。臺北市社子島溼地迎來嬌客黑面琵鷺與花嘴鴨。
（圖片來源：臺北市政府工務局）

談到自主防災，陳郭正舉出一個經典案例提醒大家。二〇一七年〇六〇二梅雨鋒面來襲，臺北市內湖大湖山莊街的社區受災嚴重。陳郭正說道，「其實臺北市比大湖山莊街嚴重的地方很多，士林、北投雨下得非常大，當時有拍到一張照片，一棟大樓將地下停車場入口用防水閘板閘起來，四周淹水，就這棟大樓地下室沒事。雨過後退水，打開閘板車子就出來了。但是相對比較大湖山莊街，所有水都灌進了地下室。」

大湖山莊街其實早在二〇〇一年納莉颱風之後，市政府就有補助閘板設施，這次致災，居民們談到面臨的幾個問題。陳郭正描述他們的說法，「第一個，『我不知道水會淹這麼快』，第二個，『我不知道閘板在哪裡』，第三個，有找到閘板，但是『太重了，家裡面都是老人，沒辦法來組裝閘』。」

納莉颱風記憶已久遠，民眾災防意識下降，閘門未能適時派上用場——這顯然有需要改進的地方，之後市府發動了第二次補助，將閘板改成開關閘門，只要社區保全留意執行即可。

新閘門解決了過去操作不便的問題，但仍然沒有解決水來得太快、不及反應的問題。「（民眾）要怎麼知道水來了？可以教他們看我們看的東西。」陳郭正說，「下水道水位計，花了非常多的錢，以每年將近七八百萬在維護。」下水道水位計是一種感測裝置，收集許多下水道水位的即時資料。「市政府將所有下水道水位做成公開資料，可以指導社區保全監看。」

「但是，雨量再超過就沒辦法了，得讓它適度淹水。」林士斌說。「市民的痛苦完全可以理解啊！我如果說『我保證不淹水』，這絕對是騙人的，『我保證淹水會再發生』才是真的。」沒辦法不淹水，除了水利處顧抽水站，民眾必須自主防災，「如果能避免民眾財產損失，他們會不會更接受我們（打造韌性城市）的觀念？所以接下來，就是要教市民如何自主應對，如何讓財產不要有損失。」陳郭正語重心長地說。

現今全球仍有許多地方不斷都市化，若能減少不必要的開發，讓出空間給綠地，包括街道旁非常小的植栽帶，以及沒有被水泥封住的諸如生態溝槽或雨水花園，乃至於人工溼地、綠屋頂，都能實踐滲水、儲水與蓄水，並讓植栽發揮蒸散的作用，緩解因水泥、玻璃帷幕反射所導致的熱島效應，韌性增強了，城市也更宜居。

觀照歷史，若從負責任的角度重新思考臺北盆地史上重大的水利政策，我們是否會有不一樣的想法？在人口變遷與都市化的框架下，政府除了河堤等基礎建設，先將基隆河截彎取直，後又建設了員山子分洪道，但這個框架終究仍會面臨人口與氣候變遷的挑戰。員山子和一般的防洪建設一樣，皆會老化，或許只是推遲了災害來臨的時刻。面對氣候變遷，唯一不變的恐怕只有河流的特性，「河流還是會找回它的氾濫平原的，」廖桂賢感嘆，「只是不知道會花上多久的時間。」不論水利設施如何與河流或大自然搏鬥，人類有膽子向河要地，就得明白遲早有一天要還，只是歸期長短罷了。

6-3 災防的實踐藍圖

臺灣是個高山島，海洋環抱，溪河豐饒，季節性雨水親澤土地，當人類於水土之間開拓生活的同時，大自然的平衡也產生了變化。過去一百年來，不論是水利單位的工程建設，或者像海綿城市這樣的概念，談的都是人在大地與水之間的故事。隨著人類與自然之間的關係不斷變化，必須重新檢視，對待自然的態度。

臺北市河濱公園（圖片來源：Wikimedia_commons）

經年飽受颱風侵襲的臺灣，面對自然環境變遷的反思，表現在災防科技、教育等政策面上，始終不斷前行，且逐漸獲得了成果，而從更高的價值與保護意義上來看，法律規範的步伐，亦未曾停歇。

八八風災至今，除了《水利法》修法時納入了防洪新思維之外，為了更加珍惜、善用我們有限的土地，正視島嶼與水之間既親密卻又得保持距離的問題，臺灣陸續通過了《溼地保育法》、《海岸管理法》及《國土計畫法》，俗稱「國土三法」。國土三法從法律面上界定國土與水之間的關係，儼然是一部集大成的「水土交響曲」。

◑守護土與水的親密接觸——《溼地保育法》

在國土三法之中，《溼地保育法》是最晚開始推動、卻是水土交響曲的第一樂章，最早三讀通過並開始施行，在二〇一五年二月二日正式上路。[16]

溼地指土與水交界之處，包含沼澤、潟湖、泥煤地、潮間帶、水域等區域，還包括水深在大潮低潮時不超過六公尺的海域。[17]與土交界的水，可以是鹹水，也可以是淡水，例如流經都市的河水，河岸經常有隨水量變化或沉或浮的土地，就是一種溼地。溼地在過去往往被認為是不重要或無法利用之地，人們常在此棄置垃圾，或填土來「向河要地」。今天我們知道溼地是第一線分擔逕流的土地，其重要性不言而喻，也因此《溼地保育法》在眾多法律之中率先談到「滯洪」（把水留下來）的概念，而隨後又有了《水利法》的逕流分攤與出流管制來與之呼應。

不過，在地狹人稠的都會之中，我們建立了堤防來分隔內水與外水，將河川高灘地[18]建設球場、停車場，人類對這些土地的徹底運用，所付出的代價就是溼地生態的犧牲。《溼地保育法》並非要人類完全退出，而是要確保溼地天然滯洪等功能、維護生物多樣性，促進溼地生態保育及永續利用。我們或許能夠在未來取得平衡，在部分運用高灘地的同時，兼顧部分溼地的生態，讓彼此之間能夠生生不息。

氣候變遷接招！《海岸管理法》與《國土計畫法》

緊接在《溼地保育法》施行兩天後公布施行的是《海岸管理法》，所要應對的是島嶼最重要的生命線——海岸。海洋定義了島嶼的形狀，第一線接觸的海岸構成了島嶼的輪廓，是我們與海水最緊密連結的部分。

隨著氣候日益變遷，不僅海平面上升使得海岸線開始變化，颱風來襲引發的暴潮更須嚴陣以對。《海岸管理法》為水土交響曲的第二樂章，明確將「因應氣候變遷」寫入立法目的，並要求將洪氾或暴潮溢淹處設為海岸防護區，避免颱風來襲時暴潮與大浪加重危害。

國土三法的重頭戲，也就是最全方位、最重要的《國土計畫法》，在八八風災後多次熱烈討論，獲列為優先法案，最後終於在二〇一五年底三讀通過，並於二〇一六年五月一日施行。《國土計畫法》第一條就開宗明義，說明立法的第一個目的是為了因應氣候變遷，比確保國土安全還要搶眼。國土計畫具有多項基本原則，其中之一就在於國土規劃應考量自然條件及水資源供應能力，並因應氣候變遷，確保國土防災及應變能力。經過了兩年緩衝期後，內政部已於二〇一八年四月三十日公告實施《全國國土計畫》。

《全國國土計畫》最精采的片段，莫過於氣候變遷調適策略及國土防災策略。尤其在國土防災策略部分，海綿城市、低衝擊開發、逕流分擔與出流管制，全都在計畫裡一一呈現。

具體而言，在城鄉發展地區，該計畫要求「落實一定面積以上之開發基地、產業園區，優先以自然方式滯洪排水」，呼應了海綿城市的思維。在未來，海綿城市及低衝擊開發的概念，還將「納入土地使用相關審議規範，加強建築基地及公共設施逕流吸收設計標準，增加都市防洪減災能力」。另一方面，「針對主要都會地區之都市防洪排水，於既有土地使用分類下進行逕流分擔，各類土地開發基地應配合進行出流管制。」當《國土計畫法》演出水土交響曲的第三樂章，全新的觀念也就如火如荼地推動了起來，例如《水利法》旋即在《全國國土計畫》推出後一個月內——二〇一八年五月二十九日修正，逕流分擔與出流管制的條文正式在二〇一九年二月一日上路施行。

在三個樂章的延伸之下，水土交響曲未來將如何繼續譜寫，豐富臺灣人對於大地與水的認知，緩解災害所帶來的壓力？依照《國土計畫法》的規定，地方政府也要提出計畫，並推出《國土功能區分圖》。雖然地方政府的計畫並未被要求提及災防，但實踐海綿城市的藍圖，相信很快會於各地推動起來。[19]

臺北市部分河岸堤坡已趨於老舊，為了維護防洪安全，進行堤防整建工程。本圖為景美溪恆光橋至道南橋段之間，因為堤防護坡長年破損，整建除了補強原堤防結構外，特別考慮生態營造需求，將於堤坡表面鋪設蜂巢格網。因為有凹凸的深度，所以能提供植被生長，讓植物繁衍，使得原本灰黑黯淡的混凝土牆面，增添綠意，更加豐富河濱公園的生態。（圖片來源：臺北市政府工務局）

災害之前，人人都是「利益關係人」

不只是臺灣飽受災害侵襲，近年來，全球各地皆不時傳出重大災情，因此有關災防的大小事，政府認為應當與國際接軌，積極借鏡其他國家的經驗，並密切關注世界上災害防救的發展趨勢。其中，最受注目的是聯合國國際減災策略組織（United Nations International Strategy for Disaster Reduction, UNISDR／現在改名為UNDRR, UN Office for Disaster Risk Reduction）所舉辦的世界減災會議。

世界減災會議匯集了全球各地的學者一起腦力激盪，學習彼此的經驗，試圖訂立共同的目標來減少災情。目前會議已舉辦三屆[20][21]，最近一次在二〇一五年於日本仙台落幕，檢討了上一屆會議在二〇〇五年所推出的《兵庫行動綱領》與《兵庫宣言》到底成效如何，繼而為二〇一五至二〇三〇年的減災目標打造了《仙台減災綱領》。

「這是聯合國的災害治理方針，由所有的國家共同討論出未來十五年應該往哪個方向走，每個國家也都試圖將國內的災害治理與仙台減災連結。」國家災害防救科技中心體系與社經組組長李香潔是介接《仙台減災綱領》做為未來國家災防政策制定的重要推動者，她認為，「《仙台減災綱領》討論的重點的確國內比較少著墨，是未來我們要主動瞭解的方向。」

《仙台減災綱領》相較於以往的宣誓，特別強調了「利益關係人」（stakeholder）的角色。利益關係人原是管理學的辭彙，指的是在一個組織團體中，所有能夠影響組織或受到組織影響的人。這個辭彙最早問世於一九八〇年代初期，隨後引入工商管理學界。在一個企業中，相較於握有股份、能夠決策的「股東」（shareholder），其實員工、客戶、供應商、投資人、貿易夥伴甚至競爭對手，都能夠影響企業或受到企業的影響，就是所謂的利益關係人。

當世界各國的防災經驗或政策已經有了初步的成果，立基其上的《仙台減災綱領》，進一步確立了防災不只是政府帶頭而已，民間團體與民眾都扮演著重要的角色。舉例來說，災害來臨時可能相對需要更多協助的老弱婦孺，其實也能夠主動協助災害風險管理——長者能夠提供豐富的經驗與生活智慧，身心障礙者促成無障礙的通用設計，婦女也敦促性別議題與女性災後謀生能力的評估，孩童則可透過教育做出貢獻。

除此之外，原住民的傳統生活知識也是值得政府借鑑的地方。為什麼部落的耆老在選址上有所堅持？哪裡才是部落能夠長居久安的歇腳處？在漢人的「風水寶地」思維之外，臺灣原住民代代相傳的智慧更是防災的寶庫。此外，新住民亦能夠利用原鄉的知識，為防災經驗注入活水，突破既有的防災盲點，並利用平時培力，在災害來臨時成為自主救援的助力。

更有甚者，學研團體、企業或金融機構、媒體等也都是相當重要的利益關係人。學術界對於災害風險的研究，與政府決策之間密切相關；企業對於員工也有防災教育的支援必要（你知道自己平日所處的工作場所或學校的逃生動線嗎？），其所成立的慈善基金會則是救災軟實力；媒體就更不用說了，在傳遞災害訊息、安撫人心上扮演關鍵角色。

「《仙台減災綱領》有一個重點，就是它覺得人的想法跟經驗很重要，而且是不同的 stakeholders，各式各樣的利益關係者的意見或角度，應該都要被採納與重視。例如原住民、新住民、青少年或是老人的角色，這些人有他們的想法，他們並非是被動等著被救援的那些人，他們也具有積極性與主動性的救災角色。」李香潔補充。

海綿城市著重的是每一個人都要負責任，《仙台減災綱領》則強調利益關係人，沒有任何人能夠摒除在外，你我都是利益關係人，甚至扮演多重角色的利益關係人。防災、救災本就不單是政府的事，而是每一個人的事，必須由所有人攜手協力才有可能打造安樂的家園。像這樣的全民參與，才是成熟的災害防救觀念，也是國際災防的最新趨勢。

◐優先推動「更耐災的重建」

除了利益關係人之外，在世界各國豐富的討論之下，《仙台減災綱領》最後權衡了輕重緩急，擬定四大優先推動項目，包含明瞭災害風險、管理災害風險、改進耐災能力，以及在重建中達成「更耐災的重建」。臺灣先天上災害頻仍，因此在更耐災的重建上頗具經驗，例如八八風災的橋梁重建，就是一個代表案例。

八八風災沖毀了許許多多的橋梁，部分橋梁還是許多小村莊唯一的聯外道路，橋梁毀壞使得當時民眾撤離或其他救災行動都窒礙難行，因而在後續重建時，非常重視重新建構橋梁設計的新思維。在災後

莫拉克災後重建的屏東霧台谷川大橋，其前身為「第一號橋」。
台24線「第一號橋」位於屏東縣三地門鄉與霧台鄉之交界，跨越荖濃溪支流隘寮北溪，是三地門鄉與霧台鄉之間重要橋梁，在莫拉克風災遭洪流沖毀，河道也被沖寬至200公尺，河床大量淤高，且原橋址上游附近就有大規模崩塌及土石流潛勢災害，形成重建橋梁橋墩甚高、基礎甚深之高風險及高挑戰性施工環境。莫拉克災後，為加速山區道路跨河橋梁重建並減少對坡地大面積開挖，橋墩基礎大都設計為井筒式基礎，對於落墩於行水區之井筒基礎，考量河床堆積層有循環被沖刷之可能，故須將井筒基礎設置於岩盤面下，因而穿越河床堆積層之開挖可採臨時沉箱下沉以擋土，當沉箱坎入岩盤後再於岩盤內開挖井筒基礎。本工程最艱鉅處是矗立於主河道區的P3墩井筒基礎深度34公尺，墩柱高度74公尺，大概25層樓高，已超越國道六號國姓交流道68.1公尺高的橋墩，而成為國內橋墩高度最高之橋梁。新橋的主河道橋墩，從墩基至橋面高達99公尺，橋身並採140公尺大跨距，以增加通洪斷面 。[22]（圖片來源：中央地質調查所謝有忠）

橋梁勘災調查中，工程團隊發現毀壞的橋梁常見河川護岸沖刷崩塌、橋基遭流石或流木撞擊或磨損、橋臺與堤防交界損壞等情形，且毀壞的橋梁往往緊鄰山崖或位居河流彎道處，因此，在重新設計新橋梁時，場址、形式都必須納入考量。

八八風災之後重建的新橋梁，除了順應河川流向與地質條件，迴避土石流潛勢區外，更重要的是採取了「大跨距、深基礎、高橋墩」的三大原則。跨距增大旨在減少橋墩數目，以免大水來臨時阻擋了水流，進而毀壞橋基或不利排水；基礎加深係為了提高抵抗洪水或流石、流木衝擊的能力；提高橋墩是為了拉高橋面，以因應河道堆積，避免在水位暴漲時輕易吞沒橋梁而沖毀，或潰堤而牽連橋臺。今天，許多重建後的橋梁已通過了多次颱風豪雨的洗禮，仍屹立不搖，足見這些原則的意義。

你的細胞響了嗎？災防告警系統

《仙台減災綱領》在四大優先推動項目外，提出七大目標，包含了世界減災會議首次提出來的許多數量化目標，例如要在二〇三〇年前實質降低災害死亡率、災害影響人數、相對於國內生產毛額（GDP）的直接經濟損失，並要在二〇二〇年前大幅增加具有國家和地方災防策略的國家數目。

七大目標之中，還有減少災害對關鍵基礎設施的破壞、強化對開發中國家的國際合作，以及改善民眾對早期預警系統的可及性。臺灣在二〇一六年推出的災防告警系統，正是對早期預警系統的率先實踐，同時也呼應了上一屆《兵庫行動綱領》所強調的「強化跨層級應變能力」。

災防告警系統全名「災防告警細胞廣播訊息系統」(Public Warning Cell Broadcast System,

PWS），就是近年來災害來臨時，大家的手機都不約而同警報大作的系統。這個系統並非只是預報災害，而是為民眾爭取時間——當政府部門在第一時間預測或監控災情時，若能減少消息傳遞的時間成本，民眾便能有更多時間應對災害，將損失減到最低。

拜科技所賜，短短一世紀之內，有線電話、衛星電視、呼叫器、網際網路、個人行動電話陸續興起，我們接收新知的平均時間爆炸性縮短，從時到分，從分到秒，再到逕稱為「即時」，使得第一時間的全民災防有機會得以實現。

最早政府曾與電信公司合作，以簡訊服務來廣傳訊息，但這種一對一訊息系統的頻寬有限，必須分好幾批才可能將資訊完全發送（想像一下跨年晚會現場手機不通的情景），時間差使得訊息傳遞效果大打折扣，且所費不貲，必須有所革新。

隨著第四代行動通訊技術（4G）的發展，臺灣災防的訊息機制亦搭上了便車。在行政院災害防救辦公室的要求下，國家通訊傳播委員會（NCC）配合災防科技中心的時程規畫，在二〇一三年公布《行動寬頻業務管理規則》與《行動寬頻行動臺技術規範》，要求4G得標者利用細胞廣播（Cell Broadcast, CB）技術，建置災防告警系統，並輔導業者建立負責傳送訊息的「細胞廣播控制中心」。細胞廣播技術係一種廣播訊息的技術，利用手機內建的支援，透過指定的頻道，在一定區域內以一對多的形式播送簡訊。

具體而言，當政府各部門欲向民眾廣播訊息時，就將資料傳遞給災防科技中心管理的災害訊息廣播平臺，傳遞至各電信業者的細胞廣播控制中心，最後由（指定區域的）基地臺發送至民眾的手中。利用細胞廣播來傳遞的告警訊息，依災防科技中心劃分而有不同種類，使用的頻道也各自不同，共計有國家級警報（部分手機譯為總統級警報）、緊急警報、警訊通知、每月測試用訊息等四種。[23]

今天，你我的手機之所以能夠在地震時甚或地震前，搶先接收到地震速報，就是細胞廣播技術的功勞。

經過幾年發展與測試，災防告警系統於二〇一六年登場，率先在五月六日發送了首則地震報告，我國災防科技史正式跨入新的一頁。爾後，除地震外，大雷雨即時訊息、颱風強風告警、海嘯警報陸續納入，使得全民災防的守備範圍更加寬廣，各種天災人禍盡在掌握之中，務求杜絕漏網之魚。二〇一八年十二月十二日，行政院農委會動植物防疫檢疫局利用此一系統，廣播有關非洲豬瘟防疫的訊息，更加凸顯了此一系統的應用，並不局限於水災、地震，還能應用在無數層面。

災防告警系統除了涵蓋的災害種類繁多，在地域上亦有良好的應用。舉例來說，北部某溪流暴漲，或東部豪大雨警戒時，相關訊息可排除讓並非警戒區的中南部民眾收到。花東地區發生地震時，金馬地區亦未必需要相應的戒備。災害情報隨著尺度不同而具有地域性，得由細胞廣播系統來實現劃分。

最新的科技讓臺灣實現了《仙台減災綱領》的目標，串起政府與每一個人——利益關係人——之間的訊息傳遞橋梁，改變了我們對防災的認知與習慣，讓大家能夠生活得更安心。

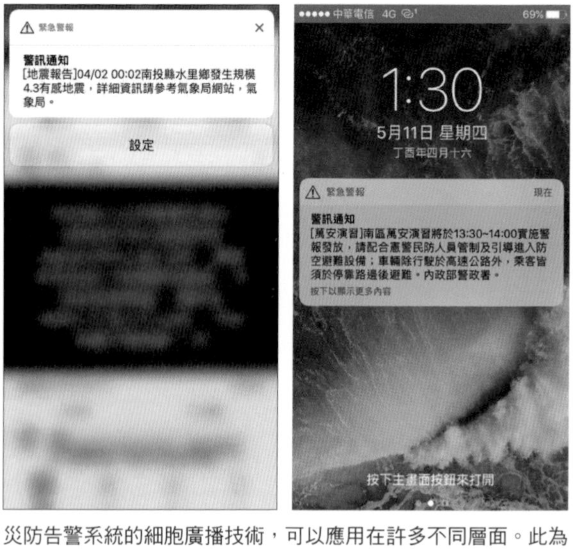

災防告警系統的細胞廣播技術，可以應用在許多不同層面。此為手機接受訊息畫面。（圖片來源：災防科技中心）

「臺灣給民眾災害資訊上的普及傳播，也就是訊息覆蓋率，在國際上都算是做得非常好。」李香潔說。不過，如同堤防可能對堤內居民帶來的鬆懈感，坐擁高科技的現代人亦不能單純依賴災防訊息播送。災害防救最關鍵的事情，仍然在於每一個個體在收到訊息之後的作為，而我們所接收到的防災教育，以及所具備的防災意識與經驗，才真正決定了民眾的應變格局。

怎麼辦？我是國家級邊緣人!?

當列車上、辦公室裡或教室裡警報齊聲迸發，每個人霎時間都成了低頭族，短暫面面相覷後，開始適當應變，而你的手機卻悄然無聲。當你和朋友在郊外踏青，在海邊戲水，或在農場裡度過懶洋洋的午後，卻不幸遭逢大雨，你的朋友收到大雨來襲的告警以及預計結束的預告，而你的手機毫無反應，你一臉茫然。「怎麼辦？難道我是國家認證的國家級邊緣人？」

你曾經這麼想過嗎？當大家都接收到了政府傳來的消息，唯獨你的手機漏接了訊息，是不是很令人焦慮呢？其實，接收不到訊息，有很多可能的原因。首先，雖然災防告警系統被NCC列為「4G手機的強制檢測項目」，且3G服務執照業已於二〇一八年底屆期，但4G手機仍未完全普及。災防告警系統正式上路係二〇一六年，使用老舊手機（二〇一六年二月以前取得型式認證者）的情況仍很普遍，若該手機不在提供升級服務之列，則可能不具接收功能。相關事宜可透過NCC的官方網站來查詢。

其次，雖然新的4G手機出廠時已內建系統，且毋須安裝應用程式，但若手機曾設定拒收告警訊息，那麼當然就不會收到訊息。除了國家級警報外，用戶可以藉由手機介面自行開啟或關閉接收功能，惟具備防災意識的民眾，應該都知道何者才是最適當的手機狀態吧。另外，在偏僻無網路通達之處，或者手機處於飛航模式時，自然亦收不到廣播訊息。

有趣的是，相對於在國內可能偶爾有「被當作邊緣人」的遭遇，但出國旅遊時卻也偶有收到外國告警訊息，「被外國認同」的經驗，這可不是提醒你準備移民！細胞廣播技術係世界通用，只要持具備接收功能的手機，前往提供相應於我國PWS之系統的國家，並且啟動國際漫遊服務，就可接收當地災防單位發送的告警訊息。反之，來臺旅客使用與我國電信業者合作的外國業者漫遊服務，亦可接收到由臺灣災防單位發送的告警訊息。

下一次漏接告警訊息的時候，別太緊張，亦別急著怪罪於政府，先想想自己的手機是否恰好處在無法接收訊息的狀態吧！讓自己的手機保持暢通，雖然很簡單，但不也是一種負責任的態度嗎？請放心，沒有國家認證的邊緣人，敞開心胸接收政府的熱訊吧！

災害告警系統的訊息種類與參與政府單位

詳細的發送原則與訊息內容範例，均載於災防中心的網站上面，供民眾參考

<table>
<tr><th>發送單位</th><th colspan="2">示警名稱</th><th>頻道</th></tr>
<tr><td rowspan="4">交通部中央氣象局</td><td colspan="2">大雷雨即時訊息</td><td>警訊通知</td></tr>
<tr><td colspan="2">地震速報</td><td>國家級警報</td></tr>
<tr><td colspan="2">海嘯警報</td><td>警訊通知</td></tr>
<tr><td colspan="2">颱風強風告警</td><td>警訊通知</td></tr>
<tr><td>交通部公路總局</td><td colspan="2">公路封閉警戒</td><td>警訊通知</td></tr>
<tr><td>經濟部水利署</td><td colspan="2">水庫放水警戒</td><td>警訊通知</td></tr>
<tr><td>行政院農業委員會水土保持局</td><td colspan="2">土石流警戒</td><td>警訊通知</td></tr>
<tr><td rowspan="2">衛生福利部疾病管制署</td><td colspan="2">傳染病</td><td>警訊通知</td></tr>
<tr><td colspan="2">國家旅遊疫情</td><td>警訊通知</td></tr>
<tr><td rowspan="2">內政部警政署民防管制所</td><td rowspan="7">防空警報</td><td>空襲警報</td><td>國家級警報</td></tr>
<tr><td>萬安演習空襲警報</td><td>警訊通知</td></tr>
<tr><td rowspan="5">國防部</td><td>飛彈空襲警報（飛彈落地）</td><td>國家級警報</td></tr>
<tr><td>飛彈空襲警報（飛彈落海）</td><td>緊急警報</td></tr>
<tr><td>飛彈空襲警報（空中解體落海）</td><td>緊急警報</td></tr>
<tr><td>飛彈空襲警報（空中解體落地）</td><td>國家級警報</td></tr>
<tr><td>飛彈空襲警報（警報解除）</td><td>緊急警報</td></tr>
<tr><td>行政院原子能委員會</td><td colspan="2">核子事故警報</td><td>警訊通知</td></tr>
<tr><td>行政院人事行政總處</td><td colspan="2">停班停課通知</td><td>警訊通知</td></tr>
<tr><td>直轄市、縣（市）政府</td><td colspan="2">疏散避難</td><td>緊急警報</td></tr>
<tr><td>經濟部台灣電力股份有限公司</td><td colspan="2">電力中斷</td><td>警訊通知</td></tr>
<tr><td>經濟部台灣中油股份有限公司</td><td colspan="2">爆炸</td><td>緊急警報</td></tr>
<tr><td></td><td colspan="2">工業火災</td><td>緊急警報</td></tr>
<tr><td>經濟部台灣自來水公司</td><td colspan="2">緊急停水</td><td>警訊通知</td></tr>
<tr><td>行政院環境保護署</td><td colspan="2">空品警報</td><td>警訊通知</td></tr>
<tr><td>中央災害應變中心（內政部）</td><td colspan="2">重大災害警報</td><td>緊急警報</td></tr>
<tr><td>行政院農業委員會</td><td colspan="2">動植物疫災</td><td>警訊通知</td></tr>
<tr><td>行政院農業委會（農糧署）</td><td colspan="2">低溫警報</td><td>警訊通知</td></tr>
</table>

注：各項發送及應用陸續增加中

當下一個巨災逼近時，我們都準備好了嗎？

如同《仙台減災綱領》所說，對於災害應變和復原重建的準備，平常就要做，尤其生活於不利的環境之下，為了適應這種環境、在這種環境下生存，每個人都要培養「防災即生活」的情境。在瞭解自身所處的災害潛勢與危險因子後，每個人都要練習成為土地上的一小塊海綿，同時也是災害防救的利益關係人，災防意識和負擔雨水一樣，是人人必須擁抱的責任。除了培養災防意識與自我承擔能力，也要能有幫助他人的能力，如果不承擔、不互助，責任最終會像滾雪球般變成巨災，將人們吞噬。

（本文作者：雷翔宇）

注釋

1 千禧年後在北部地區流行一句順口溜：「象神來了，桃芝夭夭，納莉逃？」以挖苦的口氣道盡三個重創臺灣的中度颱風。

2 時任臺北市政府工務局養護工程處正工程司兼代雨水下水道工程科科長。

3 關於歷史警報排行，詳見第一章。

4 有些文明更直接稱呼河流為「水的母親」，例如泰語「แม่น้ำ」（河流之意，音maenam），字面上就是水（น้ำ）母（แม่）之意。昔華語圈誤將流經曼谷的昭披耶河（แม่น้ำเจ้าพระยา，Maenam Chao Phraya）稱為「湄南河」，這個湄南就是河流的音譯。

5 郁永河《裨海紀遊》（一六九七）記載：「初二日，余與顧君暨僕役平頭共乘海舶，由淡水港入。前望兩山夾峙處，曰甘答門，水道甚隘，入門，水忽廣，漶為大湖，渺無涯涘。」甘答門即今關渡門。

6 坊間普遍流傳全臺主要河流僅淡水河、基隆河命名為河，其餘命名為溪是因為河體進入氾濫平原後河道寬闊，不如溪流湍急的緣故。然而根據地理學者韋煙灶老師的研究，河與溪在臺灣的用法差異，可能與閩、客、華語之間的習慣有關，屬文化差異。見韋煙灶著，〈客、閩族群對河流通名之用法差異〉，《地理研究》（二〇一六年）。

7 黃大洲著，《改造：基隆河截彎取直紀實》（臺北：正中書局，二〇〇一年）。

8 巴賽族係臺灣平埔族，屬於凱達格蘭族的分支。

9 當時日人宣稱更名係因此處與四國松山景色相當，實則可能為了避諱俗語。「錫口」在日語雖採音讀，但訓讀上與「鈴口」同音，別有所指，並不雅觀，遂予更名。

10 奧運賽事要求游泳池尺寸為長五十公尺、寬二十五公尺，且至少兩公尺深。

11 員山子分洪道於完竣的前一年度（二〇〇四），臺北遭遇三場大水，亦即九一一豪雨、一〇二五納坦颱風、一二〇三南瑪都颱風。當時行政院顧不得尚未完工，緊急授命應急分洪，惟因工程未竣，承包施作的鹿島建設公司仍有機具位於隧道內，部分遭分洪沖毀，直至二〇一九年八月尚未完全與我國政府和解，仍有訴訟在進行當中。

12 下在山上的雨是不能忽略的，雨水匯流到河川，仍會進入盆地，一樣需要面對。

13 《水利法》第八十三條之二第一項條文、新增條文理由扼要說明了相關立法係為了因應氣候變遷、都市高度發展及其衍生的問題。

14 國立自然科學博物館九二一地震教育園區特展「水保防災起步走」與「洪災審判庭—環境變遷．防洪思維」展示內容。

15 二〇〇九年，旅居海外的廖桂賢教授著成《好城市》

（臺北：野人文化，二〇〇九）一書，率先在臺灣使用海綿來譬喻城市吸水、保持韌性的觀念，並於二〇一一年推出簡體字版。十年之間，獲得許多規劃設計相關的學校參考，海綿的譬喻亦隨著城市水文概念翻轉，散播到華語文圈。

16 《溼地保育法》最初在推動時稱為《溼地法》，但後來為了強調保護溼地的決心，所以加上了「保育」的概念。

17 臺灣《溼地保育法》有關溼地的定義，與《拉姆薩爾溼地公約》（一九七一）一致。

18 低水河槽岸頂至堤前坡趾（或河岸坡趾）間的河床（在常水量之情況下無水流的地方）稱作高灘地。

19 根據《國土計畫法》規定，直轄市、縣（市）政府必須於二〇二〇年四月三十日以前公告實施《直轄市、縣（市）國土計畫》，並公告《國土功能分區圖》。

20 一九九四年，第一屆世界減災會議在橫濱落幕，推出《橫濱戰略與行動計畫》，旨在建立災防體制、納入風險評估、提升災防意識、因應未來變化趨勢。臺灣在一九九七年成立防災國家型科技計畫辦公室，就是呼應這個國際潮流。一九九九年九二一大地震後，臺灣在千禧年推出《災害防救法》，後又將防災國家型科技計畫辦公室改制為災防中心，都是在這個時期的成果。

21 二〇〇五年，第二屆在神戶檢視十一年來的成果，發表《兵庫行動綱領》與宣誓性質的《兵庫宣言》。包含了五大主軸——確保減災是國家最優先工作、瞭解災害風險區位以強化預警系統、減災教育與災害意識、降低災害風險因素、強化跨層級應變能力。

22 財團法人地工技術研究發展基金會，《地工技術》第一七三期（二〇一三年九月）。

23 國家級警報、緊急警報、警訊通知係預設開啟接收，而每月測試用訊息則是預設關閉，故一般民眾除非更改設定，否則不會收到每月測試用訊息。

誌謝

王朝勳　余世凱　吳宜昭　吳俊傑　李宗融　李明營　李香潔　李錫堤　汪文豪　林士斌
林冠伶　林博雄　柯孝勳　柯金源　孫天祥　徐子富　張志新　梁庭語　許震唐　陳文山
陳永明　陳郭正　陳　黎　曾鈞敏　費立沅　黃柏誠　楊志彬　廖倩儀　廖桂賢　楊昇學
劉沛滕　潘　澄　蔡佳穎　鄭兆尊　戴東霖　謝有忠　蘇元凰　Prof. Kerry Emanuel

嘉義來吉

陳有福　阿里山鄉來吉村
柳婉玲　社區工作者
梁淑芬　來吉社區發展協會
楊媽媽　來吉村樂透農場
黃世輝　雲林科技大學
高德生　鄒族文化工作者
鐘聖雄　原莫拉克新聞網記者

高雄

王民亮　大滿舞團
郭萬蔚　大滿舞團
徐大林　大滿舞團
羅潘春美　大滿舞團
陳昭宏　小鄉社造志業聯盟
徐銘駿　日光小林社區發展協會
李懷錦　寶來人文協會
李婉玲　寶來人文協會
王鵬字　高雄圖書館六龜分館
蔡正彥　至善基金會社工員（駐點桃源區）

屏東

鄭婉阡　社團法人屏東縣林仔邊自然文史保育協會
陳錦超　社團法人屏東縣林仔邊自然文史保育協會
蔡蕙婷　社區工作者

臺東

杜義中（杜爸爸）　壢坵村小米達人
杜義輝　壢坵村牧師
謝聖華　藝術家
劉炯錫　臺東大學生命科學系
杜佩玉　壢坵部落少妮嫣手工烘焙坊
陳芬瑜　農村發展基金會
藍保・卡路風（謝藍保）　土坂部落TALEM
黃志明　金峰鄉小米產銷第三班（嘉蘭村）
周思源　原穀傳說企業社
古明哲　排灣族族語老師
卓幸君　社區工作者

中央研究院人社中心
交通部中央氣象局
行政院農業委員會水土保持局
國立成功大學防災研究中心
國立交通大學防災與水環境研究中心
國立屏東科技大學災害防救科技研究中心
國立臺灣大學地理環境資源學系
經濟部中央地質調查所
經濟部水利署
臺北市政府工務局

Voice
春山之聲 007

颱風：在下一次巨災來臨前

Typhoon: Becoming Resilience Before the Next Disaster

＊記二〇〇九年莫拉克風災後的重建與防災故事

合作出版——春山出版
國家災害防救科技中心

作者——雷翔宇、黃家俊、林書帆、林吉洋、莊瑞琳
寫作與製圖協力——梁庭語、朱吟晨、孫天祥、連以婷、王梵、謝有忠、蔡佳穎、林冠伶
審定——張志新、陳永明（第一、二章）、鄭兆尊（第一、二章）、費立沅（第三、五章）、汪文豪（第四章）、吳俊傑（第五章）

國家災害防救科技中心
發行人——陳宏宇
編輯審查——張志新、柯孝勳、陳永明、鄭兆尊、汪文豪
專案執行——梁庭語
地址——二三一新北市新店區北新路三段二〇〇號九樓
電話——〇二—八一九五—八六〇〇

春山出版
總編輯——莊瑞琳
主編——王梵
行銷企畫——甘彩蓉
封面設計——王小美
內文排版——張瑜卿
地址——一一六七〇臺北市文山區羅斯福路六段二九七號十樓
電話——〇二—二九三一—八一七一
傳真——〇二—八六六三—八二三三

總經銷——時報文化出版企業股份有限公司
地址——桃園市龜山區萬壽路二段三五一號
電話——〇二—二三〇六—六八四二
製版——瑞豐電腦製版印刷股份有限公司
初版——二〇一九年八月
定價——四五〇元

國家圖書館出版品預行編目資料

颱風：在下一次巨災來臨前／雷翔宇等著.
－－初版.－－臺北市：春山出版，國家災害防救科技中心
2019.08
面；公分.－－（春山之聲；07）
ISBN 978-986-97359-9-5（平裝）
1.颱風 2.防災工程
328.55 108011113

有著作權 翻印必究（缺頁或破損的書，請寄回更換）

＊本書作者群：林書帆（前言、第五章）、雷翔宇（第一章、第二章、第六章）、黃家俊（第三章）、林吉洋（第四章）、莊瑞琳（第二章）。

春山 出版

EMAIL SpringHillPublishing@gmail.com
FACEBOOK www.facebook.com/springhillpublishing/

填寫本書線上回函

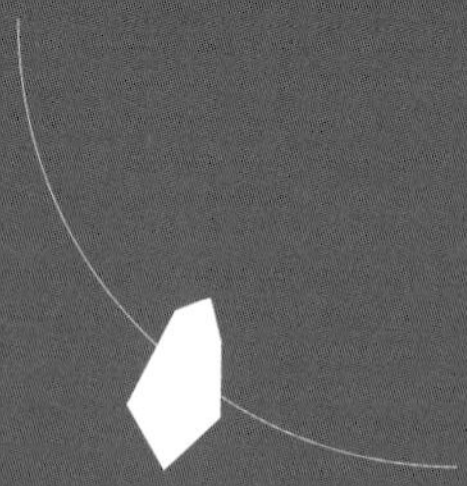

All Voices from the Island

島嶼湧現的聲音